渤海山东海域海洋保护区生物多样性图集

—— 第一册 ——

陆生植被

王茂剑　马元庆　主编

BOHAI SHANDONG HAIYU HAIYANG BAOHUQU
SHENGWU DUOYANGXING TUJI

LUSHENG ZHIBEI

海洋出版社

2017年·北京

图书在版编目(CIP)数据

渤海山东海域海洋保护区生物多样性图集. 陆生植被/
王茂剑, 马元庆主编. — 北京:海洋出版社, 2017.5
　ISBN 978-7-5027-9754-6

　Ⅰ. ①渤… Ⅱ. ①王… ②马… Ⅲ. ①渤海−自然保
护区−生物多样性−山东−图集②渤海−植被−生物多样
性−山东−图集 Ⅳ. ①Q16-64②Q948.15-64

　中国版本图书馆CIP数据核字(2017)第068744号

责任编辑:杨传霞　赵　娟
责任印制:赵麟苏

海洋出版社 出版发行
http://www.oceanpress.com.cn
北京市海淀区大慧寺路 8 号　邮编:100081
北京朝阳印刷厂有限责任公司印刷　新华书店北京发行所经销
2017年5月第1版　2017年5月第1次印刷
开本:889mm×1194mm　1/16　印张:26
字数:660千字　定价:236.00元
发行部:010-62132549　邮购部:010-68038093　总编室:010-62114335
海洋版图书印、装错误可随时退换

《渤海山东海域海洋保护区生物多样性图集 陆生植被》编委会

前　言

　　渤海是我国的内海，通过渤海海峡与黄海相通。辽河、滦河、海河、黄河等众多河流的汇入，带来了丰富的营养物质，众多海洋生物在此栖息繁殖，生物多样性极为丰富。为保护众多珍稀濒危海洋生物和栖息环境，渤海海域建立了众多的海洋保护区，截至 2015 年年底，渤海山东海域内共有国家级海洋保护区 13 处，其中海洋自然保护区 1 处、海洋特别保护区 9 处、海洋公园 3 处，总面积约 23 万公顷，占全省海洋保护区总面积的 36%。海洋保护区的建设，既可以有效地防止对海洋的过度破坏，促进海洋资源的可持续利用，维护自然生态的动态平衡，保持物种的多样性和群体的天然基因库；也可以保护珍稀物种和濒危物种免遭灭绝，保存特殊、有价值的自然人文地理环境，为考证历史、评估现状、预测未来提供研究基地。

　　渤海山东海域海洋保护区众多，为系统、全面地了解各保护区海洋环境和保护物种现状，由山东省海洋环境监测中心牵头，滨州、东营、潍坊和烟台等市级海洋环境监测和预报中心配合，历时四年对渤海海域内山东省国家级海洋保护区生物多样性开展了本底调查，首次系统编写了保护区内常见的陆生植被、鸟类、海洋生物、底栖生物和游泳动物等生物多样性系列图集。本系列图集的出版，不仅为保护区能力建设和保护提供了基本资料，还可作为科研人员进行物种鉴定的参考工具书。

本系列图集共 5 册，其中陆生植被图集为第一册。该图集共调查和拍摄了渤海山东海洋保护区内常见陆生植被 323 种（含 3 个亚种、11 个变种、3 个变形、4 个栽培种），隶属于 4 门 7 纲 48 目 74 科 225 属。其中，苔藓植物 1 种，蕨类植物 2 种，裸子植物 5 种，被子植物 315 种。每个物种按照全株、茎（枝）、叶（叶序）、花（花序）、果（果序）等典型特征进行拍摄，并对典型植物全株进行了视频拍摄，读者可扫描图中二维码进行查阅。

本图集的编写和出版得到山东省渤海海洋生态修复及能力建设项目、山东省科技发展计划（2014GSF117030）和山东省海洋生态修复重点实验室等项目的资助，在此表示衷心感谢。陆生植被图集拍摄和物种校准得到潍坊学院宋桂全老师和山东省林业科学研究院房用研究员热心指导，谨致谢忱。

本图集编写过程中植物识别特征主要参考了《中国植物志》《山东植物志》《山东植物精要》《山东木本植物精要》和《山东特有植物》等专著，中文种名和拉丁学名参照中国植物物种信息数据库，在此表示诚挚的感谢。

由于编者水平和时间条件的限制，本图集难免存在缺点和错误，诚恳地希望专家和读者给予批评指正。

编　者

2016 年 8 月

渤海山东海域海洋保护区生物多样性图集

陆生植被

目 录

渤海山东海域海洋保护区生物多样性图集

陆生植被

葫芦藓科 Funariaceae

　　矮小土生藓类，往往在土表疏丛生。茎直立，单生，稀分枝；多具分化中轴。茎基部丛生假根。叶多丛集于茎顶，且顶叶较大，往往呈莲座状，卵圆形、倒卵形或长椭圆状披针形，质柔薄，先端急尖或渐尖，具小尖头或细尖头；叶缘平滑或有锯齿，往往具分化的狭边；中肋细弱，往往在叶尖稍下处消失，稀长达叶顶部或突出叶尖。叶细胞排列疏松，呈不规则的多角形，稀呈菱形，基部细胞多狭长方形，细胞壁薄，平滑无疣。雌雄多同株，生殖苞顶生。雄苞盘状，生于主枝顶，除具多数精子器外，往往具棒槌形配丝。雌苞常生于侧枝上。雌苞叶与一般叶片同形。蒴柄细长，直立或上部弯曲。孢蒴多呈梨形或倒卵形，直立、倾立或向下弯曲。蒴齿两层、单层或缺如，多具环带。外齿层的齿片与内齿层的齿条相对排列；齿片16枚，多向右旋转。蒴盖多呈半圆状凸起，稀呈喙状或不分化。蒴帽兜形，稀冠形。孢子中等大小，平滑或具疣。

　　本科约有11个属，我国记录有5个属16种，多为土生喜氮藓类，常见于林地上、林缘土坡上、田边地角及房前屋后，在山林火烧迹地上生长尤好。

　　山东渤海海洋生态保护区共发现本科植物1属，共1种。

葫芦藓 *Funaria hygrometrica*

中文种名：葫芦藓

拉丁学名：*Funaria hygrometrica*

分类地位：苔藓植物门 / 藓纲 / 真藓目 / 葫芦藓科 / 葫芦藓属

识别特征：植物体矮小，淡绿色，直立，高 1 ～ 3 厘米。茎单一或从基部稀疏分枝。叶簇生茎顶，长舌形，叶端渐尖，全缘；中肋粗壮，消失于叶尖之下，叶细胞近于长方形，壁薄。雌雄同株异苞，雄苞顶生，花蕾状。雌苞则生于雄苞下的短侧枝上；蒴柄细长，黄褐色，长 2 ～ 5 厘米，上部弯曲，孢蒴弯梨形，不对称，具明显台部，干时有纵沟槽；蒴齿两层；蒴帽兜形，具长喙，形似葫芦瓢状。表皮和皮层都是由薄壁细胞所组成，并不形成真正的输导组织和机械组织。

分　　布：分布于我国新疆、吉林、陕西、浙江、江西、云南等地。为土生喜氮的小型藓类，遍布于全国。多生长于林地上，林缘或路边土壁，岩面薄土或洞边，墙边土地等阴凉湿润的地方。

照片来源：长岛

木贼科 Equisetaceae

　　小型或中型蕨类，土生、湿生或浅水生。根茎长而横行，黑色，分枝，有节，节生根，被茸毛。地上枝直立，圆柱形，绿色，有节，中空，表皮常有矽质小瘤，单生或节上有轮生分枝；节间有纵行脊和沟。叶鳞片状，轮生，在每个节上合生成筒状叶鞘（鞘筒）包围节间基部，前段分裂呈齿状（鞘齿）。孢子囊穗顶生，圆柱形或椭圆形，有的具长柄；孢子叶轮生，盾状，密集，每个孢子叶下面着生 5～10 个孢子囊。孢子近球形，有 4 条弹丝，无裂缝，具薄而透明周壁，有细颗粒状纹饰。

　　本科仅 1 属，约 25 种，全世界广布；我国 1 属 10 种 3 亚种，全国广布。

　　山东渤海海洋生态保护区共发现本科植物 1 属，共 2 种。

中文种名： 节节草

拉丁学名： *Equisetum ramosissimum*

分类地位： 蕨类植物门 / 木贼纲 / 木贼目 / 木贼科 / 木贼属

识别特征： 中小型植物。根茎直立，横走或斜升，黑棕色，节和根疏生黄棕色长毛或光滑无毛。地上枝多年生。枝一型，高 20 ～ 60 厘米，节间长 2 ～ 6

厘米，绿色，主枝多在下部分枝，常形成簇生状；幼枝的轮生分枝明显或不明显；主枝有脊 5 ～ 14 条，脊的背部弧形，有一行小瘤或浅色小横纹；鞘筒狭长达 1 厘米，下部灰绿色，上部灰棕色；鞘齿 5 ～ 12 枚，三角形，灰白色，黑棕色或淡棕色，边缘（有时上部）为膜质，基部扁平或弧形，早落或宿存，齿上气孔带明显或不明显。侧枝较硬，圆柱状，有脊 5 ～ 8 条，脊上平滑或有一行小瘤或浅色小横纹；鞘齿 5 ～ 8 枚，披针形，革质但边缘膜质，上部棕色，宿存。孢子囊穗短棒状或椭圆形，长 0.5 ～ 2.5 厘米，中部直径 0.4 ～ 0.7 厘米，顶端有小尖突，无柄。

分　　布： 土生，喜近水生。生于湿地、溪边、湿沙地、路旁等。广泛分布于我国各地。

照片来源： 长岛

渤海山东海域海洋保护区生物多样性图集

陆生植被

问 荆 *Equisetum arvense*

中文种名：问荆

拉丁学名：*Equisetum arvense*

分类地位：蕨类植物门 / 木贼纲 / 木贼目 / 木贼科 / 木贼属

识别特征：中小型植物。根茎斜升，直立和横走，黑棕色，节和根密生黄棕色长毛或光滑无毛。地上枝当年枯萎。枝二型。能育枝春季先萌发，高 5 ～ 35 厘米，中部直径 3 ～ 5 毫米，节间长 2 ～ 6 厘米，黄棕色，无轮茎分枝，脊不明显，具密纵沟；鞘筒栗棕色或淡黄色，长约 0.8 厘米，鞘齿 9 ～ 12 枚，栗棕色，长 4 ～ 7 毫米，狭三角形，鞘背仅上部有一浅纵沟，孢子散后能育枝枯萎。不育枝后萌发，高达 40 厘米，主枝中部直径 1.5 ～ 3.0 毫米，节间长 2 ～ 3 厘米，绿色，轮生分枝多，主枝中部以下有分枝。脊的背部弧形，无棱，有横纹，无小瘤；鞘筒狭长，绿色，鞘齿三角形，5 ～ 6 枚，中间黑棕色，边缘膜质，淡棕色，宿存。侧枝柔软纤细，扁平状，有 3 ～ 4 条狭而高的脊，脊的背部有横纹；鞘齿 3 ～ 5 枚，披针形，绿色，边缘膜质，宿存。孢子囊穗圆柱形，长 1.8 ～ 4.0 厘米，直径 0.9 ～ 1.0 厘米，顶端钝，成熟时柄伸长，柄长 3 ～ 6 厘米。

分　布：常见于河道沟渠旁、疏林、荒野和路边，潮湿的草地、沙土地、耕地、山坡及草甸等处。对气候、土壤有较强的适应性。广泛分布于我国各地。

照片来源：滨州

木贼科 Equisetaceae

5

松 科 Pinaceae

　　常绿或落叶乔木，稀为灌木状；枝仅有长枝，或兼有长枝与短枝，短枝通常明显，稀极度退化而不明显。叶条形或针形，基部不下延生长；条形叶扁平，稀呈四棱形，在长枝上螺旋状散生，在短枝上呈簇生状；针形叶 2～5 针（稀 1 针）成一束，着生于极度退化的短枝顶端，基部包有叶鞘。花单性，雌雄同株；雄球花腋生或单生枝顶，或多数集生于短枝顶端，具多数螺旋状着生的雄蕊，每雄蕊具 2 枚花药，花粉有气囊或无气囊，或具退化气囊；雌球花由多数螺旋状着生的珠鳞与苞鳞所组成，花期时珠鳞小于苞鳞，稀珠鳞较苞鳞为大，每珠鳞的腹（上）面具两颗倒生胚珠，背（下）面的苞鳞与珠鳞分离（仅基部合生），花后珠鳞增大发育成种鳞。球果直立或下垂，当年或次年稀第三年成熟，熟时张开，稀不张开；种鳞背腹面扁平，木质或革质，宿存或熟后脱落；苞鳞与种鳞离生（仅基部合生），较长而露出或不露出，或短小而位于种鳞的基部；种鳞的腹面基部有 2 粒种子，种子通常上端具一膜质之翅，稀无翅或几无翅；胚具 2～16 枚子叶，发芽时出土或不出土。

　　本科约 10 属，约 230 种，多产于北半球。我国有 10 属 113 种 29 变种（其中引种栽培 24 种 2 变种），分布遍及全国，几乎均系高大乔木，绝大多数都是森林树种及用材树种，在我国东北、华北、西北、西南及华南地区高山地带组成广大森林，亦为森林更新、造林的重要树种。

　　山东渤海海洋生态保护区共发现本科植物 1 属，共 2 种。

黑　松 *Pinus thunbergii*

中文种名：黑松
拉丁学名： *Pinus thunbergii*
分类地位：裸子植物门 / 松柏纲 / 松柏目 / 松科 / 松属
识别特征：乔木，高达 30 米；幼树树皮暗灰色，老树皮
则呈灰黑色，粗厚，裂成块片脱落；枝条开展，
树冠宽圆锥状或伞形；一年生枝淡褐黄色，无
毛；冬芽银白色，圆柱状椭圆形或圆柱形，顶
端尖，芽鳞披针形或条状披针形, 边缘白色丝状。
针叶两针一束，深绿色，有光泽，粗硬，边缘
有细锯齿，背腹面均有气孔线。雄球花淡红褐
色，圆柱形，聚生于新枝下部；雌球花单生或
2 ～ 3 个聚生于新枝近顶端，直立，有梗，卵圆形，淡紫红色或淡褐红色。球果成熟前绿色，
熟时褐色，圆锥状卵圆形或卵圆形，有短梗，向下弯垂；中部种鳞卵状椭圆形，鳞盾微肥
厚，横脊显著，鳞脐微凹，有短刺；种子呈倒卵状椭圆形；子叶 5 ～ 10（多为 7 ～ 8) 枚，
初生叶条形，叶缘具疏生短刺毛，或近全缘。花期 4—5 月，种子第二年 10 月成熟。

分　　布：原产于日本及朝鲜南部
海岸地区。我国在旅顺、
大连、山东沿海地区和
蒙山山区以及武汉、南
京、上海、杭州等地引
种栽培。
照片来源：潍坊

松　科 **Pinaceae**

华山松 *Pinus armandii*

中文种名：华山松

拉丁学名：*Pinus armandii*

分类地位：裸子植物门 / 松柏纲 / 松柏目 / 松科 / 松属

识别特征：乔木，高达 35 米；幼树树皮灰绿色或淡灰色、平滑，老树皮则呈灰色，裂成方形或长方形厚块片固着于树干上，或脱落；枝条平展，形成圆锥形或柱状塔形树冠；一年生枝绿色或灰绿色（干后褐色），无毛，微被白粉；冬芽近圆柱形，褐色，微具树脂，芽鳞排列疏松。针叶 5 针一束，稀 6 ~ 7 针一束，边缘具细锯齿，仅腹面两侧各具 4 ~ 8 条白色气孔线；叶鞘早落。雄球花黄色，卵状圆柱形，基部围有近 10 枚卵状匙形的鳞片，多数集生于新枝下部呈穗状，排列较疏松。球果呈圆锥状长卵圆形，幼时绿色，成熟时黄色或褐黄色，种鳞张开，

种子脱落，果梗长 2 ~ 3 厘米；中部种鳞近斜方状倒卵形，鳞盾近斜方形或宽三角状斜方形，不具纵脊，先端钝圆或微尖，不反曲或微反曲，鳞脐不明显；种子黄褐色、暗褐色或黑色，倒卵圆形，无翅或两侧及顶端具棱脊，稀具极短的木质翅；子叶 10 ~ 15 枚，针形，先端渐尖，全缘或上部棱脊微具细齿；初生叶条形，上下两面均有气孔线，边缘有细锯齿。花期 4—5 月，球果第二年 9—10 月成熟。

分　布：分布于我国山西南部中条山、河南西南部及嵩山、陕西南部秦岭、甘肃南部、四川、湖北西部、贵州中部及西北部、云南及西藏雅鲁藏布江下游海拔 1 000 ~ 3 300 米地带。在气候温凉而湿润、酸性黄壤、黄褐壤土或钙质土上，组成单纯林或与针叶树阔叶树种混生。稍耐干燥瘠薄的土地，能生于石灰岩石缝间。

照片来源：潍坊

渤海山东海域海洋保护区生物多样性图集

陆生植被

柏 科 Cupressaceae

　　常绿乔木或灌木。叶交叉对生或 3 ～ 4 片轮生，稀螺旋状着生，鳞形或刺形，或兼有两型叶。球花单性，雌雄同株或异株，单生枝顶或叶腋；雄球花具 3 ～ 8 对交叉对生的雄蕊，每雄蕊具 2 ～ 6 枚花药，花粉无气囊；雌球花有 3 ～ 16 枚交叉对生或 3 ～ 4 片轮生的珠鳞，全部或部分珠鳞的腹面基部有 1 颗至多颗直立胚珠，稀胚珠单生于两珠鳞之间，苞鳞与珠鳞完全合生。球果呈圆球形、卵圆形或圆柱形；种鳞薄或厚，扁平或盾形，木质或近革质，熟时张开，或肉质合生呈浆果状，熟时不裂或仅顶端微开裂，发育种鳞有 1 至多粒种子；种子周围具窄翅或无翅，或上端有一长一短之翅。

　　本科共 22 属，约 150 种，分布于南北两半球。我国产 8 属 29 种 7 变种，分布遍及全国，多为优良的用材树种及园林绿化树种。另引入栽培 1 属 15 种。

　　山东渤海海洋生态保护区共发现本科植物 2 属，共 2 种。

侧 柏 *Platycladus orientalis*

中文种名： 侧柏

拉丁学名： *Platycladus orientalis*

分类地位： 裸子植物门/松柏纲/松柏目/
柏科/侧柏属

识别特征： 乔木，高达20余米；树皮薄，
浅灰褐色，纵裂成条片；枝条
向上伸展或斜展，幼树树冠卵
状尖塔形，老树树冠则为广圆
形；生鳞叶的小枝细，向上直
展或斜展，扁平，排成一平面。
叶鳞形，先端微钝，小枝中央
的叶的露出部分呈倒卵状菱形
或斜方形，背面中间有条状腺
槽，两侧的叶船形，先端微内曲，
背部有钝脊，尖头的下方有腺
点。雄球花黄色，卵圆形；雌
球花近球形，蓝绿色，被白粉。
球果近卵圆形，成熟前近肉质，
蓝绿色，被白粉，成熟后木质，
开裂，红褐色；中间两对种鳞
倒卵形或椭圆形，鳞背顶端的
下方有一向外弯曲的尖头，上
部1对种鳞窄长，近柱状，顶
端有向上的尖头，下部1对种

鳞极小，稀退化而不显著；种子呈卵圆形或近椭圆形，顶端微尖，灰褐色或紫褐色，稍有
棱脊，无翅或有极窄之翅。花期3—4月，球果10月成熟。

分　　布： 分布于我国内蒙古南部、吉林、辽宁、河北、山西、山东、江苏、浙江、福建、安徽、江西、
河南、陕西、甘肃、四川、云南、贵州、湖北、湖南、广东北部及广西北部等省区。河北兴隆、
山西太行山区、陕西秦岭以北渭河流域及云南澜沧江流域山谷中有天然森林。淮河以北、
华北地区石灰岩山地、阳坡及平原多选用人造林。

照片来源： 潍坊

渤海山东海域海洋保护区生物多样性图集

陆生植被

龙 柏 *Sabina chinensis* cv. *Kaizuca*

中文种名：龙柏

拉丁学名：*Sabina chinensis* cv. *Kaizuca*

分类地位：裸子植物门 / 松柏纲 / 松柏目 / 柏科 / 圆柏属

识别特征：常绿小乔木，高度最高可达 12 米。树皮呈深灰色，树干表面有纵裂纹。树冠圆柱状或柱状塔形；枝条向上直展，常有扭转上升之势，小枝密，在枝端成几相等长之密簇；叶大部分为鳞状叶，少量为刺形叶，沿枝条紧密排列成十字对生。幼嫩时淡黄绿色，后呈翠绿色；孢子叶球单性，雌雄异株，球花黄色，椭圆形，不显著，顶生于枝条末端。球果蓝色，微被白粉，内藏两粒种子。种子呈卵圆形，扁，顶端钝，有棱脊及少数树脂槽；子叶 2 枚，出土，条形，先端锐尖，下面有两条白色气孔带，上面则不明显。

分　　布：分布于我国内蒙古乌拉山、河北、山西、山东、江苏、浙江、福建、安徽、江西、河南、陕西南部、甘肃南部、四川、湖北西部、湖南、贵州、广东、广西北部及云南等地。生长于中性土、钙质土及微酸性土上，各地亦多栽培，西藏也有栽培。

照片来源：潍坊

柏　科　Cupressaceae

龙　柏 *Sabina chinensis* cv. *Kaizuca*

11

麻黄科 Ephedraceae

灌木、亚灌木或草本状，茎直立或匍匐，分枝多。小枝对生或轮生，绿色，圆筒形，具节，节间有多数细纵槽纹，髓心棕红色。叶退化成膜质，在节上交叉对生或轮生，2～3片合生成鞘状，先端具三角状裂齿，黄褐色或淡黄白色，裂片中央色深，有两条平行脉。雌雄异株，稀同株；球花卵圆形或椭圆形，生于枝顶或叶腋。雄球花单生或数个丛生，或3～5个组成复穗状花序，具2～8对交互对生或轮生（每轮3片）苞片，苞片厚膜质或膜质，每片生1雄花，雄花具膜质假花被，假花被圆形或倒卵形，合生，仅顶端分离，雄蕊2～8，花丝连合成1～2束，花药1～3室；雌球花具2～8对交互对生或轮通过（每轮3片）苞片，仅顶端1～3苞片生有雌花，雌花具顶端开口的囊状革质假花被，包于胚珠外，胚珠具一层膜质珠被，珠被上部延伸成直或弯曲的珠被管，自假花被管口伸出，苞片随胚珠生长发育而增厚成肉质，红或橘红色，稀不增厚，为干燥、无色膜质，假花被发育成革质假种皮。种子1～3粒，胚乳肉质或粉质；子叶2片，发芽时出土。

本科仅麻黄属1属，约40种，分布于亚洲、美洲、欧洲东南部及非洲北部的干旱荒漠及草原地带。我国有12种、4变种，分布区较广，除长江下游及珠江流域各省区外，其他省区皆有分布。或多或少为旱生性或半旱生性植物，生于沙丘、半沙漠、草原、荒漠及多沙、多岩石、多石砾的稀树干旱地区。

山东渤海海洋生态保护区共发现本科植物1属，共1种。

草麻黄 *Ephedra sinica*

中文种名：草麻黄

拉丁学名：*Ephedra sinica*

分类地位：裸子植物门/盖子植物纲/麻黄目/麻黄科/麻黄属

识别特征：草本状灌木，高20～40厘米；木质茎短或呈匍匐状，小枝直伸或微曲，表面细纵槽纹常不明显，节间长2.5～5.5厘米，多为3～4厘米。叶2裂，鞘占全长的

1/3～2/3，裂片锐三角形，先端急尖。雄球花多呈复穗状，常具总梗，苞片通常4对，雄蕊7～8，花丝合生，稀先端稍分离；雌球花单生，在幼枝上顶生，在老枝上腋生，常在成熟过程中基部有梗抽出，使雌球花呈侧枝顶生状，卵圆形或矩圆状卵圆形，苞片4对，下部3对合生部分占1/4～1/3，最上一对合生部分达1/2以上；雌花2，胚珠的珠被管长1毫米或稍长，直立或先端微弯，管口隙裂窄长，约占全长的1/4～1/2，裂口边缘不整齐，常被少数毛茸。雌球花成熟时肉质红色，矩圆状卵圆形或近于圆球形；种子通常2粒，包于苞片内，不露出或与苞片等长，黑红色或灰褐色，呈三角状卵圆形或宽卵圆形，表面具细皱纹，种脐明显，半圆形。花期5—6月，种子8—9月成熟。

分　　布：分布于我国辽宁、吉林、内蒙古、河北、山西、河南西北部及陕西等地。适应性强，习见于山坡、平原、干燥荒地、河床及草原等处，常组成大面积的单纯群落。

照片来源：滨州

麻黄科 *Ephedraceae*

莲 科 Nelumbonaceae

多年生水生草本，具乳汁。根茎肥大，横走，具多节，节上生根，节间多孔。叶盾状，近圆形，具长柄，从根茎生出；具高出水面的叶及浮水叶两种。花大，单生，花葶常高于叶。花被片 22～30，螺旋状着生，外层 4～5，绿色，花萼状，较小，向内渐大，花瓣状；雄蕊 200～400，螺旋状着生，早落，花丝细长，花药窄，外向，药隔棒状，花粉长球形，具 3 沟，具短柱状纹饰；心皮 12～40，分离，埋藏于倒圆锥形海绵质花托内。坚果椭圆形，果皮革质，平滑。种皮海绵质。种子无胚乳，子叶肥厚。

本科仅 1 属 2 种，一种产于亚洲和大洋洲，另一种产于美国东部。我国有 1 属 1 种。

山东渤海海洋生态保护区共发现本科植物 1 属，共 1 种。

莲 *Nelumbo nucifera*

中文种名： 莲

拉丁学名： *Nelumbo nucifera*

分类地位： 被子植物门 / 木兰纲 / 睡莲目 / 莲科 / 莲属

识别特征： 多年生水生草本；根状茎横生，肥厚，节间膨大，内有多数纵行通气孔道，节部缢缩，上生黑色鳞叶，下生须状不定根。叶圆形，盾状，直径25～90厘米，全缘稍呈波状，上面光滑，具白粉，下面叶脉从中央射出，有1～2次叉状分枝；叶柄粗壮，圆柱形，长1～2米，中空，外面散生小刺。花梗和叶柄等长或稍长，散生小刺；花直径10～20厘米，美丽，芳香；花瓣红色、粉红色或白色，矩圆状椭圆形至倒卵形，长5～10厘米，宽3～5厘米，由外向内渐小，有时变成雄蕊，先端圆钝或微尖；花药条形，花丝细长，着生在花托之下；花柱极短，柱头顶生；花托（莲房）直径5～10厘米。

坚果呈椭圆形或卵形，长1.8～2.5厘米，果皮革质，坚硬，熟时黑褐色；种子（莲子）呈卵形或椭圆形，长1.2～1.7厘米，种皮红色或白色。花期6—8月，果期8—10月。

分　　布： 分布于我国南北各地。自生或栽培在池塘或水田内。

照片来源： 潍坊

莲 科 *Nelumbonaceae*

15

毛茛科 Ranunculaceae

多年生或一年生草本，少有灌木或木质藤本。叶通常互生或基生，少数对生，单叶或复叶，通常掌状分裂，无托叶；叶脉掌状，偶尔羽状，网状连接，少有开放的两叉状分枝。花两性，少有单性，雌雄同株或雌雄异株，辐射对称，稀为两侧对称，单生或组成各种聚伞花序或总状花序。萼片下位，4～5，或较多，或较少，绿色，或花瓣不存在或特化成分泌器官时常较大，呈花瓣状，有颜色。花瓣存在或不存在，下位，4～5，或较多，常有蜜腺并常特化成分泌器官，这时常比萼片小得多，呈杯状、筒状、二唇状，基部常有囊状或筒状的距。雄蕊下位，多数，有时少数，螺旋状排列，花药2室，纵裂。退化雄蕊有时存在。心皮分生，少有合生，多数、少数或1枚，在多少隆起的花托上螺旋状排列或轮生，沿花柱腹面生柱头组织，柱头不明显或明显；胚珠多数、少数至1个，倒生。蓇葖果或瘦果，少数为蒴果或浆果。种子有小的胚和丰富胚乳。

本科约50属2000余种，在世界各洲广布，主要分布在北半球温带和寒温带地区。我国有42属，约720种，在全国广布，大多数属、种分布于西南部山地。

山东渤海海洋生态保护区共发现本科植物2属，共2种。

毛 茛 *Ranunculus japonicus*

中文种名：毛茛

拉丁学名：*Ranunculus japonicus*

分类地位：被子植物门 / 木兰纲 / 毛茛目 / 毛茛科 / 毛茛属

识别特征：多年生草本。须根多数簇生。茎直立，高 30 ~ 70 厘米，中空，有槽，具分枝，生开展或贴伏的柔毛。基生叶多数，叶片圆心形或五角形，长及宽为 3 ~ 10 厘米，基部心形或截形，通常 3 深裂不达基部，中裂片倒卵状楔形或宽卵圆形或菱形，3 浅裂，边缘有粗齿或缺刻，侧裂片不等地 2 裂，两面贴生柔毛，下面或幼时的毛较密；叶柄长达 15 厘米，生开展柔毛。下部叶与基生叶相似，渐向上叶柄变短，叶片较小，3 深裂，裂片披针形，有尖牙齿或再分裂；最上部叶线形，全缘，无柄。聚伞花序有多数花，疏散；花直径 1.5 ~ 2.2 厘米；萼片椭圆形，生白柔毛；花瓣 5，呈倒卵状圆形，基部有长约 0.5 毫米的爪，蜜槽鳞片长 1 ~ 2 毫米。聚合果近球形；瘦果扁平，上部最宽处与长近相等，约为厚的 5 倍以上，边缘有宽约 0.2 毫米的棱，无毛，喙短直或外弯。花果期 4—9 月。

分　布：除我国西藏外，在全国各地广泛分布。生长于海拔 200 ~ 2 500 米的田沟旁和林缘路边的湿草地上。

照片来源：东营

毛茛科 Ranunculaceae

17

石龙芮 *Ranunculus sceleratus*

中文种名：石龙芮

拉丁学名：*Ranunculus sceleratus*

分类地位：被子植物门 / 木兰纲 / 毛茛目 / 毛茛科 / 毛茛属

识别特征：一年生草本。须根簇生。茎直立，高10～50厘米，上部多分枝，下部节上有时生根，无毛或疏生柔毛。基生叶多数，叶片肾状圆形，长1～4厘米，宽1.5～5厘米，基部心形，3深裂不达基部，裂片呈倒卵状楔形，2～3裂不等，顶端钝圆，有粗圆齿，无毛；叶柄长3～15厘米，近无毛。茎生叶多数，下部叶与基生叶相似；上部叶较小，3全裂，裂片披针形至线形，全缘，无毛，顶端钝圆，基部扩大成膜质宽鞘抱茎。聚伞花序有多数花；花小，直径4～8毫米；花梗长1～2厘米，无毛；萼片椭圆形，长2～3.5毫米，外面有短柔毛，花瓣5，倒卵形，等长或稍长于花萼，基部有短爪，蜜槽呈棱状袋穴；雄蕊10多枚，花药卵形；花托在果期伸长增大呈圆柱形，长3～10毫米，直径1～3毫米，生短柔毛。聚合果长圆形；瘦果极多数，近百枚，紧密排列，倒卵球形，稍扁，无毛，喙短至近无，长0.1～0.2毫米。花果期5—8月。

分　　布：我国各地均有分布。生长于河沟边及平原湿地。

照片来源：长岛

陆生植被

小檗科 Berberidaceae

　　灌木或多年生草本，稀小乔木，常绿或落叶，有时具根状茎或块茎。茎具刺或无。叶互生，稀对生或基生，单叶或 1 ~ 3 回羽状复叶；托叶存在或缺如；叶脉羽状或掌状。花序顶生或腋生，花单生、簇生或组成总状花序、穗状花序、伞形花序、聚伞花序或圆锥花序；花具花梗或无；花两性，辐射对称，小苞片存在或缺如，花被通常 3 基数，偶 2 基数，稀缺如；萼片 6 ~ 9，常花瓣状，离生，2 ~ 3 轮；花瓣 6，扁平，盔状或呈距状，或变为蜜腺状，基部有蜜腺或缺；雄蕊与花瓣同数而对生，花药 2 室，瓣裂或纵裂；子房上位，1 室，胚珠多颗或少颗，稀 1 颗，基生或侧膜胎座，花柱存在或缺如，有时结果时缩存。浆果、蒴果、蓇葖果或瘦果。种子 1 至多粒，有时具假种皮；富含胚乳；胚大或小。

　　本科 17 属，约有 650 种，主产于北温带和亚热带高山地区。我国有 11 属，约 320 种。全国各地均有分布，但以四川、云南、西藏分布的种类最多。

　　山东渤海海洋生态保护区共发现本科植物 1 属，共 1 种。

紫叶小檗 *Berberis thunbergii* var. *atropurpurea*

中文种名：紫叶小檗

拉丁学名：*Berberis thunbergii* var. *atropurpurea*

分类地位：被子植物门 / 木兰纲 / 毛茛目 / 小檗科 / 小檗属

识别特征：落叶灌木。幼枝淡红带绿色，无毛，老枝暗红色具条棱；节间长 1 ~ 1.5 厘米。叶菱状卵形，长 5 ~ 20 (35) 毫米，宽 3 ~ 15 毫米，先端钝，基

部下延成短柄，全缘，表面黄绿色，背面带灰白色，具细乳突，两面均无毛。花 2 ~ 5 朵成具短总状并近簇生的伞形花序，或无总梗而呈簇生状，花梗长 5 ~ 15 毫米，花被黄色；小苞片带红色，长约 2 毫米，急尖；外轮萼片卵形，长 4 ~ 5 毫米，宽约 2.5 毫米，先端近钝，内轮萼片稍大于外轮萼片；花瓣长圆状倒卵形，长 5.5 ~ 6 毫米，宽约 3.5 毫米，先端微缺；雄蕊长 3 ~ 3.5 毫米，花药先端截形。浆果红色，椭圆形，长约 10 毫米，稍具光泽，含种子 1 ~ 2 粒。花期 4 月，果熟期 9—10 月。

分　　布：原分布于我国华北、华东以及秦岭以北，在我国各北部城市基本都有栽植，产地在浙江、安徽、江苏、河南、河北等地。

照片来源：潍坊

渤海山东海域海洋保护区生物多样性图集

陆生植被

防己科 Menispermaceae

攀援或缠绕藤本，稀直立灌木或小乔木，木质部常有车辐状髓线。叶螺旋状排列，无托叶，单叶，稀复叶，常具掌状脉，较少羽状脉；叶柄两端肿胀。聚伞花序，或由聚伞花序再作圆锥花序式、总状花序式或伞形花序式排列，极少退化为单花；苞片通常小，稀叶状。花通常小而不鲜艳，单性，雌雄异株，通常两被（花萼和花冠分化明显），较少单被；萼片通常轮生，每轮 3 片，较少 4 片或 2 片，极少退化至 1 片，有时螺旋状着生，分离，较少合生，覆瓦状排列或镊合状排列；花瓣通常 2 轮，较少 1 轮，每轮 3 片，很少 4 片或 2 片，有时退化至 1 片或无花瓣，通常分离，很少合生，覆瓦状排列或镊合状排列；雄蕊 2 至多数，通常 6～8，花丝分离或合生，花药 1～2 室或假 4 室，纵裂或横裂，在雌花中有或无退化雄蕊；心皮 3～6 枚，较少 1～2 或多数，分离，子房上位，1 室，常一侧肿胀，内有胚珠 2 颗，其中 1 颗早期退化，花柱顶生，柱头分裂或条裂，较少全缘，在雄花中退化雌蕊很小，或没有。核果，外果皮革质或膜质，中果皮通常肉质，内果皮骨质或有时木质，较少革质，表面有皱纹或有各式凸起，较少平坦；胎座迹半球状、球状、隔膜状或片状，有时不明显或没有；种子通常弯，种皮薄，有或无胚乳；胚通常弯，胚根小，对着花柱残迹，子叶扁平而叶状或厚而半柱状。

本科约 65 属 350 余种，分布全世界的热带和亚热带地区，温带地区很少。我国有 19 属 78 种 1 亚种 5 变种 1 变型，主产于长江流域及其以南各省区，尤以南部和西南部各省区为多，北部很少。

山东渤海海洋生态保护区共发现本科植物 1 属，共 1 种。

木防己 *Cocculus orbiculatus*

中文种名：木防己

拉丁学名：*Cocculus orbiculatus*

分类地位：被子植物门 / 木兰纲 / 毛茛目 / 小檗科 / 小檗属

识别特征：木质藤本。小枝被毛。叶线状披针形、宽卵形、窄椭圆形、近圆形、倒披针形、倒心形或卵状心形，长 3 ~ 8 (10) 厘米，先端短钝尖，具小凸尖，有时微缺或 2 裂，全缘或 3 (5) 裂，掌状脉 3 (5)；叶柄长 1 ~ 3 (5) 厘米，被白色柔毛。聚伞花序具少花，腋生，或具多花组成窄聚伞圆锥花序，顶生或腋生，长达 10 厘米，被柔毛。

雄花具 2 或 1 小苞片，被柔毛，萼片 6，外轮卵形或椭圆状卵形，长 1 ~ 1.8 毫米，内轮宽圆形或近圆形，长达 2.5 毫米，花瓣 6，长 1 ~ 2 毫米，下部边缘内折，包花丝，先端 2 裂，裂片叉开，雄蕊 6，较花瓣短；雌花萼片及花瓣与雄花相同，退化雄蕊 6，微小，心皮 6。核果红或紫红色，近球形，直径 7 ~ 8 毫米；果核骨质，直径 5 ~ 6 毫米，背部具小横肋状雕纹。

分　布：我国大部分地区都有分布（西北部和西藏尚未见过），以长江流域中下游及其以南各地常见。生长于灌丛、村边、林缘等处。

照片来源：长岛

杜仲科 Eucommiaceae

　　落叶乔木，高达20米，胸径1米；树皮灰褐色，粗糙；植株具丝状胶质，幼枝被黄褐色毛，旋脱落，老枝皮孔显著。芽卵圆形。单叶互生，椭圆形、卵形或长圆形，薄革质，长6～15厘米，宽3.5～6.5厘米，先端渐尖，基部宽楔形或近圆形，羽状脉，具锯齿；叶柄长1～2厘米，无托叶。花单性，雌雄异株，无花被，先叶开放，或与新叶同出。雄花簇生，花梗长约3毫米，无毛，具小苞片，雄蕊5～10，线形，花丝长约1毫米，花药4室，纵裂；雌花单生小枝下部，苞片倒卵形，花梗长8毫米，子房无毛，1室，先端2裂，子房柄极短，倒生胚珠2，并立、下垂。翅果扁平，长椭圆形，长3～3.5厘米，宽1～1.3厘米，先端2裂，基部楔形，周围具薄翅。种子1粒，扁平线形，垂悬于顶端，长1.4～1.5厘米，宽3毫米，两端圆；富含胚乳；胚直立，与胚乳等长；子叶肉质，扁平；外种皮膜质。

　　本科仅1属1种，我国特有，分布于华中、华西、西南及西北各地，现广泛栽培。

　　山东渤海海洋生态保护区共发现本科植物1属，共1种。

杜 仲 *Eucommia ulmoides*

中文种名： 杜仲

拉丁学名： *Eucommia ulmoides*

分类地位： 被子植物门/木兰纲/杜仲目/杜仲科/杜仲属

识别特征： 落叶乔木，高达20米；树皮灰褐色，粗糙；植株具丝状胶质，幼枝被黄褐色毛，旋脱落，老枝皮孔显著。芽卵圆形，光红褐色。单叶互生，椭圆形、卵形或长圆形，薄革质，先端渐尖，基部宽楔形或近圆，羽状脉，具锯齿。花单性，雌雄异株，无花被，先叶开放，或与新叶同出。雄花簇生，无毛，具小苞片，雄蕊5～10，线形，花丝长约1毫米，花药4室，纵裂；雌花单生小枝下部，苞片倒卵形，子房无毛，1室，先端2裂，子房柄极短，柱头位于裂口内侧，先端反折，倒生胚珠2，并立、下垂。翅果扁平，长椭圆形，先端2裂，基部楔形，周围具薄翅。种子1粒，扁平线形，垂悬于顶端，两端圆；富含胚乳；胚直立，与胚乳等长；子叶肉质，扁平；外种皮膜质。花期4月，果期10月。

分　　布： 分布于我国陕西、甘肃、河南、湖北、四川、云南、贵州、湖南及浙江等地，现各地广泛栽种。在自然状态下，生长于海拔300～500米的低山、谷地或低坡的疏林里，对土壤的选择并不严格，在瘠薄的红土或岩石峭壁均能生长。

照片来源： 潍坊

渤海山东海域海洋保护区生物多样性图集

陆生植被

24

榆 科 Ulmaceae

乔木或灌木；芽具鳞片，稀裸露，顶芽通常早死，枝端萎缩成一小距状或瘤状凸起，残存或脱落，其下的腋芽代替顶芽。单叶，常绿或落叶，互生，稀对生，常2列，有锯齿或全缘，基部偏斜或对称，羽状脉或基部3出脉，稀基部5出脉或掌状3出脉，有柄；托叶常呈膜质，侧生或生柄内，分离或连合，或基部合生，早落。单被花两性，稀单性或杂性，雌雄异株或同株，少数或多数排成疏或密的聚伞花序，或因花序轴短缩而似簇生状，或单生，生于当年生枝或去年生枝的叶腋，或生于当年生枝下部或近基部的无叶部分的苞腋；花被浅裂或深裂，花被裂片常4～8，覆瓦状（稀镊合状）排列，宿存或脱落；雄蕊着生于花被的基底，在蕾中直立，稀内曲，常与花被裂片同数而对生，稀较多，花丝明显，花药2室，纵裂，外向或内向；雌蕊由2心皮连合而成，花柱极短，柱头2，条形，其内侧为柱头面，子房上位，通常1室，稀2室，无柄或有柄，胚珠1颗，倒生，珠被2层。果为翅果、核果、小坚果或有时具翅或具附属物，顶端常有宿存的柱头；胚直立、弯曲或内卷，胚乳缺或少量，子叶扁平、折叠或弯曲，发芽时出土。

本科16属，约230种，广布于全世界热带至温带地区。我国产8属46种10变种，分布遍及全国。

山东渤海海洋生态保护区共发现本科植物2属，共3种。

榆 *Ulmus pumila*

中文种名：榆
拉丁学名：*Ulmus pumila*
分类地位：被子植物门 / 木兰纲 / 荨麻目 / 榆科 / 榆属
识别特征：落叶乔木，高达 25 米；幼树树皮平滑，灰褐色或浅灰色，大树之皮暗灰色，不规则深纵裂，粗糙；小枝无毛或有毛，淡黄灰色、淡褐灰色或灰色，稀淡褐黄色或黄色，无膨大的木栓层及凸起的木栓翅；冬芽近球形或卵圆形。叶椭圆状卵

形、长卵形、椭圆状披针形或卵状披针形，长 2～8 厘米，宽 1.2～3.5 厘米，先端渐尖或长渐尖，基部偏斜或近对称，叶面平滑无毛，叶背幼时有短柔毛，后变无毛或部分脉腋有簇生毛，边缘具重锯齿或单锯齿，侧脉每边 9～16 条，叶柄长 4～10 毫米，通常仅上面有短柔毛。花先叶开放，在去年生枝的叶腋呈簇生状。翅果近圆形，稀倒卵状圆形，除顶端缺口柱头面被毛外，其余处无毛，果核部分位于翅果的中部，上端不接近或接近缺口，宿存花被无毛，4 浅裂，裂片边缘有毛，果梗较花被为短，长 1～2 毫米，被（或稀无）短柔毛。花果期 3—6 月。

分　　布：分布于我国东北、华北、西北及西南各省区。生长于海拔 1 000～2 500 米以下的山坡、山谷、川地、丘陵及沙岗等处。长江下游各省有栽培，也为华北及淮北平原农村的习见树木。

照片来源：潍坊

渤海山东海域海洋保护区生物多样性图集

陆生植被

小叶朴 *Celtis bungeana*

中文种名: 小叶朴

拉丁学名: *Celtis bungeana*

分类地位: 被子植物门 / 木兰纲 / 荨麻目 / 榆科 / 朴属

识别特征: 落叶乔木, 高达 10 米, 树皮灰色或暗灰色; 当年生小枝淡棕色, 老后色较深, 无毛, 散生椭圆形皮孔, 去年生小枝灰褐色; 冬芽棕色或暗棕色, 鳞片无毛。叶厚纸质, 狭卵形、长圆形、卵状椭圆形至卵形, 长 3 ~ 7 (15) 厘米, 宽 2 ~ 4 (5) 厘米, 基部宽楔形至近圆形, 稍偏斜至几乎不偏斜, 先端尖至渐尖, 中部以上疏具不规则浅齿, 有时一侧近全缘, 无毛; 叶柄淡黄色, 长 5 ~ 15 毫米, 上面有沟槽, 幼时槽中有短毛, 老后脱净; 萌发枝上的叶形变异较大, 先端可具尾尖且有糙毛。果单生叶腋, 果柄较细软, 无毛, 长 10 ~ 25 毫米, 果成熟时呈蓝黑色, 近球形, 直径 6 ~ 8 毫米; 核近球形, 肋不明显, 表面极大部分近平滑或略具网孔状凹陷, 直径 4 ~ 5 毫米。花期 4—5 月, 果期 10—11 月。

分　　布: 分布于我国辽宁、河北、山东、山西、内蒙古、甘肃、宁夏、青海、陕西、河南、安徽、江苏、浙江、江西、湖北、四川、云南、西藏等地。多生长于海拔 150 ~ 2 300 米的路旁、山坡、灌丛或林边。

照片来源: 长岛

榆 科 Ulmaceae

朴 树 *Celtis sinensis*

中文种名： 朴树

拉丁学名： *Celtis sinensis*

分类地位： 被子植物门 / 木兰纲 / 荨麻目 / 榆科 / 朴属

识别特征： 落叶乔木，高达 20 米。一年生枝密被柔毛。芽鳞无毛。叶呈卵形或卵状椭圆形，长 3 ～ 10 厘米，先端尖或渐尖，基部近对称或稍偏斜，近全缘或中上部具圆齿，下面脉腋具簇毛；叶柄长 0.3 ～ 1 厘米。果单生叶腋，稀 2 ～ 3 集生，近球形，直径 5 ～ 7 毫米，成熟时呈黄或橙黄色；果柄与叶柄近等长或稍短，被柔毛；果核近球形，白色，具肋及蜂窝状网纹。花期 3—4 月，果期 9—10 月。

分　　布： 分布于我国山东、河南、江苏、安徽、浙江、福建、江西、湖南、湖北、四川、贵州、广西、广东、台湾。多生长于海拔 100 ～ 1 500 米的路旁、山坡、林缘。

照片来源： 长岛

渤海山东海域海洋保护区生物多样性图集

陆生植被

28

桑　科 Moraceae

　　乔木或灌木，藤本，稀为草本，通常具乳液，有刺或无刺。叶互生稀对生，全缘或具锯齿，分裂或不分裂，叶脉掌状或羽状，有或无钟乳体；托叶2枚，通常早落。花小，单性，雌雄同株或异株，无花瓣；花序腋生，典型成对，总状、圆锥状、头状、穗状或壶状，稀为聚伞状，花序托有时为肉质、增厚或封闭而为隐头花序或开张而为头状或圆柱状。雄花：花被片2～4，有时仅为1或更多至8，分离或合生，覆瓦状或镊合状排列，宿存；雄蕊通常与花被片同数而对生，花丝在芽时内折或直立，花药具尖头，或小而2浅裂无尖头，从新月形至陀螺形（具横的赤道裂口），退化雌蕊有或无。雌花：花被片4，稀更多或更少，宿存；子房1室，稀为2室，上位、下位或半下位，或埋藏于花序轴上的陷穴中，每室有倒生或弯生胚珠1枚，着生于子房室的顶部或近顶部；花柱2裂或单一，具1个或2个柱头臂，柱头非头状或盾形。果为瘦果或核果状，围以肉质变厚的花被，或藏于其内形成聚花果，或隐藏于壶形花序托内壁，形成隐花果，或陷入发达的花序轴内，形成大型的聚花果。种子大或小，包于内果皮中；种皮膜质或不存；胚悬垂，弯或直。

　　本科约53属1400种。多产于热带、亚热带地区。少数分布在温带地区。我国约12属153种。各地均有分布。

　　山东渤海海洋生态保护区共发现本科植物4属，共4种。

桑 *Morus alba*

中文种名：桑

拉丁学名：*Morus alba*

分类地位：被子植物门 / 木兰纲 / 荨麻目 / 桑科 / 桑属

识别特征：乔木或灌木，高 3 ~ 10 米或更高，树皮厚，呈灰色，具不规则浅纵裂；冬芽红褐色，卵形，芽鳞覆瓦状排列，灰褐色，有细毛；小枝有细毛。叶卵形或广卵形，长 5 ~ 15 厘米，宽 5 ~ 12 厘米，先端急尖、渐尖或圆钝，基部圆形至浅心形，边缘锯齿粗钝，有时叶为各种分裂，表面鲜绿色，无毛，背面沿脉有疏毛，脉腋有簇毛；叶柄长 1.5 ~ 5.5 厘米，具柔毛；托叶披针形，早落，外面密被细硬毛。花单性，腋生或生于芽鳞腋内，与叶同时生出；雄花序下垂，长 2 ~ 3.5 厘米，密被白色柔毛，雄花花被片宽椭圆形，淡绿色。花丝在芽时内折，花药 2 室，球形至肾形，纵裂；雌花序长 1 ~ 2 厘米，被毛，总花梗长 5 ~ 10 毫米，被柔毛，雌花无梗，花被片倒卵形，顶端圆钝，外面和边缘被毛，两侧紧抱子房，无花柱，柱头 2 裂，内面有乳头状凸起。聚花果卵状椭圆形，成熟时红色或暗紫色。花期 4—5 月，果期 5—8 月。

分　　布：原分布于我国中部和北部，现由东北至西南各地，西北直至新疆均有栽培。

照片来源：潍坊

渤海山东海域海洋保护区生物多样性图集

构 树 *Broussonetia papyrifera*

中文种名：构树

拉丁学名：*Broussonetia papyrifera*

分类地位：被子植物门 / 木兰纲 / 荨麻目 /
桑科 / 构属

识别特征：乔木，高 10 ~ 20 米；树皮暗灰
色；小枝密生柔毛。叶螺旋状排
列，广卵形至长椭圆状卵形，长
6 ~ 18 厘米，宽 5 ~ 9 厘米，
先端渐尖，基部心形，两侧常不
相等，边缘具粗锯齿，不分裂或
3 ~ 5 裂，小树之叶常有明显分

裂，表面粗糙，疏生糙毛，背面密被茸毛，基生叶脉 3 出，侧脉 6 ~ 7 对；叶柄长 2.5 ~ 8
厘米，密被糙毛；托叶大，卵形，狭渐尖，长 1.5 ~ 2 厘米，宽 0.8 ~ 1 厘米。花雌雄异株；
雄花序为柔荑花序，粗壮，长 3 ~ 8 厘米，苞片披针形，被毛，花被 4 裂，裂片三角状卵
形，被毛，雄蕊 4，花药近球形，退化雌蕊小；雌花序球形头状，苞片棍棒状，顶端被毛，
花被管状，顶端与花柱紧贴，子房呈卵圆形，柱头线形，被毛。聚花果直径 1.5 ~ 3 厘米，
成熟时橙红色，肉质。花期 4—5 月，果期 6—7 月。

分　布：分布于我国南北各
地。野生或栽培。

照片来源：潍坊

桑　科 **Moraceae**

柘 *Maclura tricuspidata*

中文种名：柘

拉丁学名：*Maclura tricuspidata*

分类地位：被子植物门 / 木兰纲 / 荨麻目 / 桑科 / 柘属

识别特征：落叶灌木或小乔木，高 1 ~ 7 米；树皮灰褐色，小枝无毛，略具棱，有棘刺，刺长 5 ~ 20 毫米；冬芽赤褐色。叶卵形或菱状卵形，偶为 3 裂，长 5 ~ 14 厘米，宽 3 ~ 6 厘米，先端渐尖，基部楔形至圆形，表面深绿色，背面绿白色，无毛或被柔毛，侧脉 4 ~ 6 对；叶柄长 1 ~ 2 厘米，被微柔毛。雌雄异株，雌雄花序均为球形头状花序，单生或成对腋生，具短总花梗；雄花序直径 0.5 厘米，雄花有苞片 2，附着于花被片上，花被片 4，肉质，先端肥厚，内卷，内面有黄色腺体 2 个，雄蕊 4，与花被片对生，花丝在花芽时直立，退化雌蕊锥形；雌花序直径 1 ~ 1.5 厘米，花被片与雄花同数，花被片先端盾形，内卷，内面下部有 2 个黄色腺体，子房埋于花被片下部。聚花果近球形，直径约 2.5 厘米，肉质，成熟时橘红色。花期 5—6 月，果期 6—7 月。

分　　布：分布于我国华北、华东、中南、西南各省区（北达陕西、河北）。生长于海拔 500 ~ 1 500（2 200）米，阳光充足的山地或林缘。

照片来源：潍坊

渤海山东海域海洋保护区生物多样性图集

陆生植被

葎 草 *Humulus scandens*

中文种名：葎草

拉丁学名：*Humulus scandens*

分类地位：被子植物门 / 木兰纲 / 荨麻目 / 桑科 / 葎草属

识别特征：缠绕草本，茎、枝、叶柄均具倒钩刺。叶纸质，肾状五角形，掌状 5～7 深裂，稀为 3 裂，长宽约 7～10 厘米，基部心脏形，表面粗糙，疏生糙伏毛，背面有柔毛和黄色腺体，裂片卵状三角形，边缘具锯齿；叶柄长 5～10 厘米。雄花小，黄绿色，圆锥花序，长约 15～25 厘米；雌花序球果状，直径约 5 毫米，苞片纸质，三角形，顶端渐尖，具白色茸毛；子房为苞片包围，柱头 2，伸出苞片外。瘦果成熟时露出苞片外。花期春夏，果期秋季。

分　　布：我国除新疆、青海外，南北各地均有分布。常生长于沟边、荒地、废墟、林缘边。

照片来源：东营

桑 科 Moraceae

33

壳斗科 Fagaceae

常绿或落叶乔木，稀灌木。单叶，互生，极少轮生，全缘或齿裂，或不规则的羽状裂；托叶早落。花单性同株，稀异株，或同序，风媒或虫媒；花被一轮，4～6(8)片，基部合生，干膜质；雄花有雄蕊4～12，花丝纤细，花药基着或背着，2室，纵裂，无退化雌蕊，或有但小且为卷丛毛遮盖；雌花1～3(5)朵聚生于一壳斗内，有时伴有可育或不育的短小雄蕊，子房下位，花柱与子房室同数，柱头面线状，近于头状，或浅裂的舌状，或几与花柱同色的窝点，子房室与心皮同数，或因隔膜退化而减少，3～6室，每室有倒生胚珠2颗，仅1颗发育，中轴胎座。雄花序下垂或直立，整序脱落，由多数单花或小花束，即变态的二歧聚伞花序簇生于花序轴（或总花梗）的顶部呈球状，或散生于总花序轴上呈穗状，稀呈圆锥花序；雌花序直立，花单朵散生或数朵聚生成簇，分生于总花序轴上成穗状，有时单或2～3花腋生。由总苞发育而成的壳斗脆壳质、木质、角质或木栓质，形状多样，包着坚果底部至全包坚果，开裂或不开裂，每壳斗有坚果1～3(5)个；坚果有棱角或浑圆，顶部有稍凸起的柱座，底部的果脐又称疤痕，有时占坚果面积的大部分，凸起、近平坦或凹陷，胚直立，不育胚珠位于种子的顶部（胚珠悬垂），或位于基部（胚珠上举），稀位于中部，无胚乳，子叶二片，平凸，稀脑叶状或镶嵌状，富含淀粉和鞣质。

本科6～11属，约900种，广泛分布于南、北半球，主要分布于欧洲、亚洲东半部、北美至中美洲。我国有6属，约300种。

山东渤海海洋生态保护区共发现本科植物2属，共3种。

板 栗 *Castanea mollissima*

中文种名：板栗

拉丁学名：*Castanea mollissima*

分类地位：被子植物门/木兰纲/山毛榉目/壳斗科/栗属

识别特征：乔木，高达20米，胸径80厘米，冬芽长约5毫米，小枝灰褐色，托叶长圆形，长10～15毫米，被疏长毛及鳞腺。叶椭圆形至长圆形，长11～17厘米，宽稀达7厘米，顶部短至渐尖，基部近截平或圆，或两侧稍向内弯而呈耳垂状，常一侧偏斜而不对称，

新生叶的基部常狭楔尖且两侧对称，叶背被星芒状伏贴茸毛或因毛脱落变为几无毛；叶柄长1～2厘米。雄花序长10～20厘米，花序轴被毛；花3～5朵聚生成簇，雌花1～3 (5)朵发育结实，花柱下部被毛。成熟壳斗的锐刺有长有短，有疏有密，密时全遮蔽壳斗外壁，疏时则外壁可见，壳斗连刺直径4.5～6.5厘米；坚果高1.5～3厘米，宽1.8～3.5厘米。花期4—6月，果期8—10月。

分　布：除我国青海、宁夏、新疆、海南等少数省区外广布于南北各地，常见于平地至海拔2 800米山地，仅见栽培。

照片来源：潍坊

麻 栎 *Quercus acutissima*

中文种名: 麻栎

拉丁学名: *Quercus acutissima*

分类地位: 被子植物门 / 木兰纲 / 山毛榉目 / 壳斗科 / 栎属

识别特征: 落叶乔木,高达 30 米,胸径达 1 米,树皮深灰褐色,深纵裂。幼枝被灰黄色柔毛,后渐脱落,老时灰黄色,具淡黄色皮孔。冬芽圆锥形,被柔毛。叶片形态多样,通常为长椭圆状披针形,长 8 ~ 19 厘米,宽 2 ~ 6 厘米,顶端长渐尖,基部圆形或宽楔形,叶缘有刺芒状锯齿,叶片两面同色,幼时被柔毛,老时无毛或叶背面脉上有柔毛,侧脉每边 13 ~ 18 条;叶柄长 1 ~ 3 (5) 厘米,幼时被柔毛,后渐脱落。雄花序常数个集生于当年生枝下部叶腋,有花 1 ~ 3 朵,花柱 30,壳斗杯形,包着坚果约 1/2,连小苞片直径 2 ~ 4 厘米,高约 1.5 厘米;小苞片呈钻形或扁条形,向外反曲,被灰白色茸毛。坚果卵形或椭圆形,直径 1.5 ~ 2 厘米,高 1.7 ~ 2.2 厘米,顶端圆形,果脐凸起。花期 3—4 月,果期翌年 9—10 月。

分 布: 分布于我国辽宁、河北、山西、山东、江苏、安徽、浙江、江西、福建、河南、湖北、湖南、广东、海南、广西、四川、贵州、云南等省区。生长于海拔 60 ~ 2 200 米的山地阳坡,成小片单纯林或混交林。

照片来源: 长岛

蒙古栎 *Quercus mongolica*

中文种名：蒙古栎

拉丁学名：*Quercus mongolica*

分类地位：被子植物门 / 木兰纲 / 山毛榉目 / 壳斗科 / 栎属

识别特征：落叶乔木，高达 30 米，树皮灰褐色，纵裂。幼枝紫褐色，有棱，无毛。顶芽长卵形，微有棱，芽鳞紫褐色，有缘毛。叶片倒卵形至长倒卵形，长 7 ~ 19 厘米，宽 3 ~ 11 厘米，顶端短钝尖或短突尖，基部窄圆形或耳形，叶缘 7 ~ 10 对钝齿或粗齿，幼时沿脉有毛，后渐脱落，侧脉每边 7 ~ 11 条；叶柄长 2 ~ 8 毫米，无毛。雄花序生于新枝下部，长 5 ~ 7 厘米，花序轴近无毛；花被 6 ~ 8 裂，雄蕊通常有 8 ~ 10；雌花序生于新枝上端叶腋，长约 1 厘米，有花 4 ~ 5 朵，通常只 1 ~ 2 朵发育，花被 6 裂，花柱短，柱头 3 裂。壳斗杯形，包着坚果 1/3 ~ 1/2，直径 1.5 ~ 1.8 厘米，高 0.8 ~ 1.5 厘米，壳斗外壁小苞片三角状卵形，呈半球形瘤状凸起，密被灰白色短茸毛，伸出口部边缘呈流苏状。坚果卵形至长卵形，直径 1.3 ~ 1.8 厘米，高 2 ~ 2.3 厘米，无毛，果脐微凸起。花期 4—5 月，果期 9 月。

分　　布：分布于我国黑龙江、吉林、辽宁、内蒙古、河北、山东等地。生长于海拔 200 ~ 2 100 米的山地，在东北地区常生长于海拔 600 米以下，在华北常生长于海拔 800 米以上，常在阳坡、半阳坡形成小片单纯林或与桦树等组成混交林。

照片来源：长岛

商陆科 Phytolaccaceae

　　草本或灌木，稀为乔木。直立，稀攀援；植株通常不被毛。单叶互生，全缘，托叶无或细小。花小，两性或有时退化成单性（雌雄异株），辐射对称或近辐射对称，排列成总状花序或聚伞花序、圆锥花序、穗状花序，腋生或顶生；花被片 4～5，分离或基部连合，大小相等或不等，叶状或花瓣状，在花蕾中覆瓦状排列，椭圆形或圆形，顶端钝，绿色或有时变色，宿存；雄蕊数目变异大，4～5 或多数，着生花盘上，与花被片互生或对生或多数呈不规则生长，花丝线形或钻状，分离或基部略相连，通常宿存，花药背着，2 室，平行，纵裂；子房上位，间或下位，球形，心皮 1 枚至多枚，分离或合生，每心皮有 1 基生、横生或弯生胚珠，花柱短或无，直立或下弯，与心皮同数，宿存。果实肉质，浆果或核果，稀蒴果；种子小，侧扁，双凸镜状或肾形、球形，直立，外种皮膜质或硬脆，平滑或皱缩；胚乳丰富，粉质或油质，为一弯曲的大胚所围绕。

　　本科 17 属，约 120 种，广布于热带至温带地区，主要分布于热带美洲、非洲南部，少数分布于亚洲。我国有 2 属 5 种。

　　山东渤海海洋生态保护区共发现本科植物 1 属，共 1 种。

垂序商陆 *Phytolacca americana*

中文种名： 垂序商陆

拉丁学名： *Phytolacca americana*

分类地位： 被子植物门／木兰纲／石竹目／商路科／商路属

识别特征： 多年生草本，高1～2米。根粗壮，肥大，倒圆锥形。茎直立，圆柱形，有时带紫红色。叶片椭圆状卵形或卵状披针形，长9～18厘米，宽5～10厘米，顶端急尖，基部楔形；叶柄长1～4厘米。总状花序顶生或侧生，长5～20厘米；花梗长6～8毫米；花白色，微带红晕，直径约6毫米；花被片5，雄蕊、心皮及花柱通常均为10，心皮合生。果序下垂；浆果呈扁球形，熟时紫黑色；种子肾圆形，直径约3毫米。花期6—8月，果期8—10月。

分　　布： 原产于北美地区，引入栽培。1960年以后遍及我国河北、陕西、山东、江苏、浙江、江西、福建、河南、湖北、广东、四川、云南等地。

照片来源： 潍坊

商陆科 **Phytolaccaceae**

39

藜　科 Chenopodiaceae

一年生草本、亚灌木或灌木，稀多年生草本或小乔木。茎和枝常细瘦，具关节或无关节。叶互生，稀对生，圆柱状、半圆柱状或退化成鳞片状，或叶扁平，具柄或无柄，无托叶。花为单被花，两性或单性，稀杂性，如为单性，雌雄同株或雌雄异株，如有苞片，则苞片与叶近同形；小苞片2，舟状或鳞片状，或无小苞片；花被膜质、草质或稍肉质，常3～5裂，或具5个离生花被片，果时常增大、硬化，或在花被背面生出翅状、刺状或疣状附属物，或雌花花被退化；雄蕊常与花被片或花被裂片同数而对生，稀较少，着生于花被内面基部或花盘边缘，或花丝基部连合，花丝钻形或线形，花药背着，纵裂，先端钝或药隔突出形成附属物；子房上位，稀半下位，由2～5心皮合成，1室，花柱顶生，柱头常2，稀3～5，丝状或钻状，胚珠1，弯生。胞果，稀盖果，果皮膜质、革质或肉质，与种子贴生或离生。种子横生、斜生或直生，侧扁，卵形、斜卵形或圆形，两面平或凸；种皮薄壳质、革质或膜质；具外胚乳或无；胚环形、半环形或螺旋形，稀稍弯曲。

本科有100余属1400余种。广布于世界各大洲，主要分布于非洲南部、中亚、美洲和大洋洲的干旱草原、沙漠、荒漠和地中海、黑海、红海沿岸海滨地区。我国有39属180余种。全国各地均产，但主要产于盐碱地和北方各省的干旱地区，尤以新疆最多。

山东渤海海洋生态保护区共发现本科植物5属，共12种。

滨 藜 *Atriplex patens*

中文种名：滨藜

拉丁学名：*Atriplex patens*

分类地位：被子植物门 / 木兰纲 / 石竹目 / 藜科 / 滨藜属

识别特征：一年生草本，高 20～60 厘米。茎直立或外倾，无粉或稍有粉，具绿色色条及条棱，通常上部分枝；枝细瘦，斜上。叶互生，或在茎基部近对生；叶片披针形至条形，长 3～9 厘米，宽 4～10 毫米，先端渐尖或微钝，基部渐狭，两面均为绿色，无粉或稍有粉，边缘具不规则的弯锯齿或微锯齿，有时几全缘。花序穗状，或有短分枝，通常紧密，于茎上部再集成穗状圆锥状；花序轴有密粉；雄花花被 4～5 裂，雄蕊与花被裂片同数；雌花的苞片果时呈菱形至卵状菱形，长约 3 毫米，宽约 2.5 毫米，先端急尖或短渐尖，下半部边缘合生，上半部边缘通常具细锯齿，表面有粉，有时靠上部具疣状小凸起。种子二型，扁平，圆形，或双凸镜形，黑色或红褐色，有细点纹，直径 1～2 毫米。花果期 8—10 月。

分　　布：分布于我国黑龙江、辽宁、吉林、河北、内蒙古、陕西、甘肃、宁夏、青海至新疆。多生长于含轻度盐碱的湿草地、海滨、沙土地等处。

照片来源：东营

藜　科 Chenopodiaceae

中亚滨藜 *Atriplex centralasiatica*

中文种名: 中亚滨藜

拉丁学名: *Atriplex centralasiatica*

分类地位: 被子植物门 / 木兰纲 / 石竹目 / 藜科 / 滨藜属

识别特征: 一年生草本,高 15～30 厘米。茎通常自基部分枝;枝钝四棱形,黄绿色,无色条,有粉或下部近无粉。叶有短柄,枝上部的叶近无柄;叶片呈卵状三角形至菱状卵形,长 2～3 厘米,宽 1～2.5 厘米,边缘具疏锯齿,近基部的 1 对锯齿较大而呈裂片状,或仅有 1 对浅裂片而其余部分全缘,先端微钝,基部圆形至宽楔形,上面灰绿色,无粉或稍有粉,下面灰白色,有密粉。花集成腋生团伞花序;雄花花被 5 深裂,裂片宽卵形,雄蕊 5,花丝扁平,基部连合;雌花的苞片近半圆形至平面钟形,边缘近基部以下合生,果时长 6～8 毫米,宽 7～10 毫米,近基部的中心部臌胀并木质化,表面具多数疣状或肉棘状附属物,缘部草质或硬化,边缘具不等大的三角形牙齿。胞果扁平,呈宽卵形或圆形,果皮膜质,白色,与种子贴伏。花期 7—8 月,果期 8—9 月。

分　　布: 分布于我国吉林、辽宁、内蒙古、河北、山西、陕西、宁夏、甘肃、青海、新疆至西藏。生长于戈壁、荒地、海滨及盐土荒漠,有时也侵入田间。

照片来源: 滨州

渤海山东海域海洋保护区生物多样性图集

陆生植被

灰绿藜 *Chenopodium glaucum*

中文种名： 灰绿藜

拉丁学名： *Chenopodium glaucum*

分类地位： 被子植物门 / 木兰纲 / 石竹目 / 藜科 / 藜属

识别特征： 一年生草本，高 20 ~ 40 厘米。茎平卧或外倾，具条棱及绿色或紫红色色条。叶片矩圆状卵形至披针形，长 2 ~ 4 厘米，宽 6 ~ 20 毫米，肥厚，先端急尖或钝，基部渐狭，边缘具缺刻状牙齿，上面无粉，平滑，下面有粉而呈灰白色，有时稍带紫红色；中脉明显，黄绿色；叶柄长 5 ~ 10 毫米。花两性兼有雌性，通常数花聚成团伞花序，再于分枝上排列成有间断而通常短于叶的穗状或圆锥状花序；花被裂片 3 ~ 4，浅绿色，稍肥厚，通常无粉，狭矩圆形或倒卵状披针形，长不及 1 毫米，先端通常钝；雄蕊 1 ~ 2，花丝不伸出花被，花药球形；柱头 2，极短。胞果顶端露出于花被外，果皮膜质，黄白色。种子扁球形，直径 0.75 毫米，横生、斜生及直立，暗褐色或红褐色，边缘钝，表面有细点纹。花果期 5—10 月。

分　　布： 我国除台湾、福建、江西、广东、广西、贵州、云南外，其他各地都有分布。生长于农田、菜园、村旁、水边等有轻度盐碱的土壤上。

照片来源： 长岛

藜　科 **Chenopodiaceae**

小 藜 *Chenopodium serotinum*

中文种名： 小藜

拉丁学名： *Chenopodium serotinum*

分类地位： 被子植物门 / 木兰纲 / 石竹目 / 藜科 / 藜属

识别特征： 一年生草本，高 20 ～ 50 厘米。茎直立，具条棱及绿色色条。叶片呈卵状矩圆形，长 2.5 ～ 5 厘米，宽 1 ～ 3.5 厘米，通常三浅裂；中裂片两边近平行，先端钝或急尖并具短尖头，边缘具深波状锯齿；侧裂片位于中部以下，通常各具 2 浅裂齿。花两性，数个团集，排列于上部的枝上形成较开展的顶生圆锥状花序；花被近球形，5 深

裂，裂片宽卵形，不开展，背面具微纵隆脊并有密粉；雄蕊 5，开花时外伸；柱头 2，丝形。胞果包在花被内，果皮与种子贴生。种子呈双凸镜状，黑色，有光泽，直径约 1 毫米，边缘微钝，表面具六角形细洼；胚环形。花期 4—5 月。

分　　布： 我国除西藏未见标本外各省区都有分布。普通田间杂草，有时也生长于荒地、道旁、垃圾堆等处。

照片来源： 潍坊

渤海山东海域海洋保护区生物多样性图集

陆生植被

44

藜 *Chenopodium album*

中文种名：藜

拉丁学名：*Chenopodium album*

分类地位：被子植物门 / 木兰纲 / 石竹目 / 藜科 / 藜属

识别特征：一年生草本，高 30～150 厘米。茎直立，粗壮，具条棱及绿色或紫红色色条，多分枝；枝条斜升或开展。叶片菱状卵形至宽披针形，长 3～6 厘米，宽 2.5～5 厘米，先端急尖或微钝，基部楔形至宽楔形，上面通常无粉，有时嫩叶的上面有紫红色粉，下面多少有粉，边缘具不整齐锯齿；叶柄与叶片近等长，或为叶片长度的 1/2。花两性，花簇于枝上部排列成或大或小的穗状圆锥状或圆锥状花序；花被裂片 5，宽卵形至椭圆形，背面具纵隆脊，有粉，先端或微凹，边缘膜质；雄蕊 5，花药伸出花被，柱头 2。果皮与种子贴生。种子横生，双凸镜状，直径 1.2～1.5 毫米，边缘钝，黑色，有光泽，表面具浅沟纹；胚环形。花果期 5—10 月。

分　　布：分布遍及全球温带及热带，我国各地均产。生长于路旁、荒地及田间，为很难除掉的杂草。

照片来源：潍坊

藜科 Chenopodiaceae

45

中文种名：东亚市藜

拉丁学名：*Chenopodium urbicum* subsp. *sinicum*

分类地位：被子植物门 / 木兰纲 / 石竹目 / 藜科 / 藜属

识别特征：一年生草本，高 20 ～ 100 厘米，全株无粉，幼叶及花序轴有时稍有绵毛。茎直立，较粗壮，有条棱及色条，分枝或不分枝。叶菱形至菱状卵形，茎下部叶的叶片长达 15 厘米，近基部的 1 对锯齿较大呈裂片状。叶柄长 2 ～ 4 厘米。花两性兼有雄蕊不发育的雌花，花序以顶生穗状圆锥花序为主；花簇由多数花密集而成；花被裂片 3 ～ 5，狭倒卵形，花被基部狭细呈柄状；花药矩圆形，花丝稍短于花被。胞果双凸镜形，果皮黑褐色。种子横生、斜生及直立，直径 0.5 ～ 0.7 毫米，边缘锐，表面点纹清晰。花果期 7—10 月。

分　　布：分布于我国黑龙江、吉林、辽宁、河北、山东、江苏北部、山西、内蒙古、陕西北部、新疆准噶尔。生长于荒地、盐碱地、田边等处。

照片来源：长岛

地 肤 *Kochia scoparia*

中文种名：地肤

拉丁学名：*Kochia scoparia*

分类地位：被子植物门 / 木兰纲 / 石竹目 / 藜科 / 地肤属

识别特征：一年生草本，高 50 ~ 100 厘米。根略呈纺锤形。茎直立，圆柱状，淡绿色或带紫红色，有多数条棱，稍有短柔毛或下部几无毛；分枝稀疏，斜上。叶披针形或条状披针形，长 2 ~ 5 厘米，宽 3 ~ 7 毫米，无毛或稍有毛，先端短渐尖，基部渐狭入短柄，通常有 3 条明显的主脉，边缘有疏生的锈色绢状缘毛；茎上部叶较小，无柄，1 脉。花两性或雌性，通常 1 ~ 3 朵生于上部叶腋，构成疏穗状圆锥状花序，花下有时有锈色长柔毛；花被近球形，淡绿色，花被裂片近三角形，无毛或先端稍有毛；翅端附属物三角形至倒卵形，有时近扇形，膜质，脉不很明显，边缘微波状或具缺刻；花丝丝状，花药淡黄色；柱头 2，丝状，紫褐色，花柱极短。胞果扁球形，果皮膜质，与种子离生。种子呈卵形，黑褐色，稍有光泽；胚环形，胚乳块状。花期 6—9 月，果期 7—10 月。

分　　布：我国各地均有分布。生长于田边、路旁、荒地等处。

照片来源：东营

藜 科 **Chenopodiaceae**

中文种名：碱蓬

拉丁学名：*Suaeda glauca*

分类地位：被子植物门 / 木兰纲 / 石竹目 / 藜科 / 碱蓬属

识别特征：一年生草本，高可达 1 米。茎直立，粗壮，圆柱状，浅绿色，有条棱，上部多分枝；枝细长，上升或斜伸。叶丝状条形，半圆柱状，通常长 1.5 ～ 5 厘米，宽约 1.5 毫米，灰绿色，光滑无毛，稍向上弯曲，先端微尖，基部稍收缩。花两性兼有雌性，单生或 2 ～ 5 朵团集，大多着生于叶的近基部处；两性花花被杯状，长 1 ～ 1.5 毫米，黄绿色；雌花花被近球形，直径约 0.7 毫米，较

肥厚，灰绿色；花被裂片卵状三角形，先端钝，果时增厚，使花被略呈五角星状，干后变黑色；雄蕊 5，花药宽卵形至矩圆形，长约 0.9 毫米；柱头 2，黑褐色，稍外弯。胞果包在花被内，果皮膜质。种子横生或斜生，双凸镜形，黑色，直径约 2 毫米，周边钝或锐，表面具清晰的颗粒状点纹，稍有光泽；胚乳很少。花果期 7—9 月。

分　　布：分布于我国黑龙江、内蒙古、河北、山东、江苏、浙江、河南、山西、陕西、宁夏、甘肃、青海、新疆南部。生长于海滨、荒地、渠岸、田边等含盐碱的土壤。

照片来源：潍坊

盐地碱蓬 *Suaeda salsa*

中文种名：盐地碱蓬

拉丁学名：*Suaeda salsa*

分类地位：被子植物门 / 木兰纲 / 石竹目 / 藜科 / 碱蓬属

识别特征：一年生草本，高 20 ～ 80 厘米，绿色或紫红色。茎直立，圆柱状，黄褐色，有微条棱，无毛；分枝多集中于茎的上部，细瘦，开散或斜升。叶条形，半圆柱状，通常长 1 ～ 2.5 厘米，宽 1 ～ 2 毫米，先端尖或微钝，无柄，枝上部的叶较短。团伞花序通常含 3 ～ 5 花，腋生，在分枝上排列成有间断的穗状花序；小苞片卵形，几全缘；花两性，有时兼有雌性；花被半球形，底面平；裂片卵形，稍肉质，具膜质边缘，先端钝，果时背面稍增厚，有时并在基部延伸出三角形或狭翅状凸出物；花药卵形或矩圆形，长 0.3 ～ 0.4 毫米；柱头 2，有乳头，通常带黑褐色，花柱不明显。胞果包于花被内；果皮膜质，果实成熟后常常破裂而露出种子。种子横生，双凸镜形或歪卵形，直径 0.8 ～ 1.5 毫米，黑色，有光泽，周边钝，表面具不清晰的网点纹。花果期 7—10 月。

分　　布：分布于我国东北、内蒙古、河北、山西、陕西、宁夏、甘肃北部及西部、青海、新疆及山东、江苏、浙江的沿海地区。生长于盐碱土，在海滩及湖边常形成单种群落。

照片来源：潍坊

藜　科 Chenopodiaceae

中文种名： 刺沙蓬

拉丁学名： *Salsola ruthenica*

分类地位： 被子植物门 / 木兰纲 / 石竹目 / 藜科 / 猪毛菜属

识别特征： 一年生草本，高 30 ～ 100 厘米；茎直立，自基部分枝，茎、枝生短硬毛或近于无毛，有白色或紫红色条纹。叶片半圆柱形或圆柱形，无毛或有短硬毛，长 1.5 ～ 4 厘米，宽 1 ～ 1.5 毫米，顶端有刺状尖，基部扩展，扩展处的边缘为膜质。花序穗状，生于枝条的上部；苞片长卵形，顶端有刺状尖，基部边缘膜质，比小苞片长；小苞片卵形，顶端有刺状尖；花被片长卵形，膜质，无毛，背面有 1 条脉；花被片果时变硬，自背面中部生翅；翅 3 个较大，肾形或倒卵形，膜质，无色或淡紫红色，有数条粗壮而稀疏的脉，2 个较狭窄，

花被果时（包括翅）直径 7 ～ 10 毫米；花被片在翅以上部分近革质，顶端为薄膜质，向中央聚集，包覆果实；柱头丝状，长为花柱的 3 ～ 4 倍。种子横生，直径约 2 毫米。花期 8—9 月，果期 9—10 月。

分　　布： 分布于我国东北、华北、西北、西藏、山东及江苏。生长于河谷沙地，砾质戈壁，海边。

照片来源： 东营

无翅猪毛菜 *Salsola komarovii*

中文种名： 无翅猪毛菜

拉丁学名： *Salsola komarovii*

分类地位： 被子植物门/木兰纲/石竹目/藜科/猪毛菜属

识别特征： 一年生草本，高20～50厘米；茎直立，自基部分枝；枝互生，伸展，茎、枝无毛，黄绿色，有白色或紫红色条纹。叶互生，叶片半圆柱形，平展或微向上斜伸，长2～5厘米，宽2～3毫米，顶端有小短尖，基部扩展，稍下延，扩展处边缘为膜质。

花序穗状，生枝条的上部；苞片条形，顶端有小短尖，长于小苞片；小苞片长卵形，顶端有小短尖，基部边缘膜质，长于花被，果时苞片和小苞片增厚，紧贴花被；花被片卵状矩圆形，膜质，无毛，顶端尖，果时变硬，革质，自背面的中上部生篦齿状凸起；花被片在凸起以上部分，内折成截形的面，顶端为膜质，聚集成短的圆锥体，花被的外形呈杯状；柱头丝状，长为花柱的3～4倍；花柱极短。胞果呈倒卵形，直径2～2.5毫米。花期7—8月，果期8—9月。

分　　布： 分布于我国东北、河北、山东、江苏及浙江北部。生长于海滨，河滩砂质土壤。

照片来源： 潍坊

藜　科 Chenopodiaceae

猪毛菜 *Salsola collina*

中文种名：猪毛菜

拉丁学名：*Salsola collina*

分类地位：被子植物门 / 木兰纲 / 石竹目 / 藜科 / 猪毛菜属

识别特征：一年生草本，高20～100厘米；茎自基部分枝，枝互生，伸展，茎、枝绿色，有白色或紫红色条纹，生短硬毛或近于无毛。叶片丝状圆柱形，伸展或微弯曲，长2～5厘米，宽0.5～1.5毫米，生短硬毛，顶端有刺状尖，基部边缘膜质，稍扩展而下延。花序穗状，生枝条上部；苞片卵形，顶部延伸，有刺状尖，边缘膜质，背部有白色隆脊；小苞片狭披针形，顶端有刺状尖，苞片及小苞片与花序轴紧贴；花被片卵状披针形，膜质，顶端尖，果时变硬，自背面中上部生鸡冠状凸起；花被片在凸起以上部分，近革质，顶端为膜质，向中

央折曲成平面，紧贴果实，有时在中央聚集成小圆锥体；花药长1～1.5毫米；柱头丝状，长为花柱的1.5～2倍。种子横生或斜生。花期7—9月，果期9—10月。

分　布：分布于我国东北、华北、西北、西南及西藏、河南、山东、江苏等地。生长于村边、路边及荒芜场所。

照片来源：潍坊

渤海山东海域海洋保护区生物多样性图集

陆生植被

苋　科 Amaranthaceae

　　一年或多年生草本，少数攀援藤本或灌木。叶互生或对生，全缘，少数有微齿，无托叶。花小，两性或单性同株或异株，或杂性，有时退化成不育花，花簇生在叶腋内，成疏散或密集的穗状花序、头状花序、总状花序或圆锥花序；苞片 1 枚及小苞片 2 枚，干膜质，绿色或着色；花被片 3 ~ 5，干膜质，覆瓦状排列，常和果实同脱落，少有宿存；雄蕊常和花被片等数且对生，偶较少，花丝分离，或基部合生成杯状或管状，花药 2 室或 1 室；有或无退化雄蕊；子房上位，1 室，具基生胎座，胚珠 1 颗或多颗，珠柄短或伸长，花柱 1 ~ 3，宿存，柱头头状或 2 ~ 3 裂。果实为胞果或小坚果，少数为浆果，果皮薄膜质，不裂、不规则开裂或顶端盖裂。种子 1 粒或多粒，凸镜状或近肾形，光滑或有小疣点，胚环状，胚乳粉质。

　　本科约 60 属 850 种，分布很广。我国产 13 属，约 39 种。

　　山东渤海海洋生态保护区共发现本科植物 1 属，共 4 种。

绿穗苋 *Amaranthus hybridus*

中文种名：绿穗苋

拉丁学名：*Amaranthus hybridus*

分类地位：被子植物门／木兰纲／石竹目／苋科／苋属

识别特征：一年生草本，高 30～50 厘米；茎直立，分枝，上部近弯曲，有开展柔毛。叶片呈卵形或菱状卵形，长 3～4.5 厘米，宽 1.5～2.5 厘米，顶端急尖或微凹，具凸尖，基部楔形，边缘波状或有不明显锯齿，微粗糙，上面近无毛，下面疏生柔毛；叶柄长 1～2.5 厘米，有柔毛。圆锥花序顶生，细长，上升稍弯曲，有分枝，由穗状花序而成，中间花穗最长；苞片及小苞片钻状披针形，长 3.5～4 毫米，中脉坚硬，绿色，向前伸出成尖芒；花被片矩圆状披针形，长约 2 毫米，顶端锐尖，具凸尖，中脉绿色；雄蕊略和花被片等长或稍长；柱头 3。胞果卵形，长 2 毫米，环状横裂，超出宿存花被片。种子近球形，直径约 1 毫米，黑色。花期 7—8 月，果期 9—10 月。

分　　布：分布于我国陕西南部、河南、安徽、江苏、浙江、江西、湖南、湖北、四川、贵州。生长在海拔 400～1100 米的田野、旷地或山坡。

照片来源：潍坊

苋 *Amaranthus tricolor*

中文种名：苋

拉丁学名：*Amaranthus tricolor*

分类地位：被子植物门 / 木兰纲 / 石竹目 / 苋科 / 苋属

识别特征：一年生草本，高 80 ~ 150 厘米；茎粗壮，绿色或红色，常分枝，幼时有毛或无毛。叶片呈卵形、菱状卵形或披针形，长 4 ~ 10 厘米，宽 2 ~ 7 厘米，绿色或常呈红色、紫色或黄色，或部分绿色夹杂其他颜色，顶

端圆钝或尖凹，具凸尖，基部楔形，全缘或波状缘，无毛；叶柄长 2 ~ 6 厘米，绿色或红色。花簇腋生，直到下部叶，或同时具顶生花簇，成下垂的穗状花序；花簇球形，直径 5 ~ 15 毫米，雄花和雌花混生；苞片及小苞片卵状披针形，长 2.5 ~ 3 毫米，透明，顶端有 1 长芒尖，背面具 1 绿色或红色隆起中脉；花被片矩圆形，长 3 ~ 4 毫米，绿色或黄绿色，顶端有 1 长芒尖，背面具 1 绿色或紫色隆起中脉；雄蕊比花被片长或短。胞果卵状矩圆形，环状横裂，包裹在宿存花被片内。种子近圆形或倒卵形，黑色或黑棕色，边缘钝。花期 5—8 月，果期 7—9 月。

分　　布：我国各地均有栽培，有时逸为半野生。

照片来源：潍坊

苋科 *Amaranthaceae*

55

合被苋 *Amaranthus polygonoides*

中文种名：合被苋

拉丁学名：*Amaranthus polygonoides*

分类地位：被子植物门 / 木兰纲 / 石竹目 / 苋
科 / 苋属

识别特征：茎直立或斜升，高 10 ~ 40 厘米，
绿白色，下部有时淡紫红色，通常
多分枝，被短柔毛，基部变无毛。
叶呈卵形、倒卵形或椭圆状披针
形，长 0.6 ~ 3 厘米，宽 0.3 ~ 1.5
厘米，先端微凹或圆形，具长
0.5 ~ 1 厘米的芒尖，基部楔形，
上面中央常横生一条白色斑带，干

后不显，无毛；叶柄长 0.3 ~ 2 厘
米。花簇腋生，总梗极短，花单性，
雌雄花混生；苞片及小苞片披针形，
长不及花被的 1/2。花被 5 裂，膜质，
白色，具 3 条纵脉，中肋绿色；雄
花花被片长椭圆形，仅基部连合，
雄蕊 2 ~ 3；雌花被裂片匙形，先
端急尖，下部约 1/3 合生成筒状，
果时筒长约 0.8 厘米，宿存并呈海
绵质，柱头 2 ~ 3 裂。胞果不裂，
长圆形，略长于花被，上部微皱。
种子呈双凸镜状，红褐色且有光泽，
长 0.8 ~ 1 厘米。

分　　布：分布于我国山东、北
京、安徽。

照片来源：潍坊

渤海山东海域海洋保护区生物多样性图集

陆生植被

56

莲子草 *Alternanthera sessilis*

中文种名：莲子草

拉丁学名：*Alternanthera sessilis*

分类地位：被子植物门 / 木兰纲 / 石竹目 / 苋科 / 莲子草属

识别特征：多年生草本，高 10 ~ 45 厘米；茎上升或匍匐，绿色或稍带紫色，有条纹及纵沟，沟内有柔毛，在节处有一行横生柔毛。叶片条状披针形、矩圆形、倒卵形、卵状矩圆形，长 1 ~ 8 厘米，宽 2 ~ 20 毫米，顶端急尖、圆形或圆钝，基部渐狭，全缘或有不明显锯齿，两面无毛或疏生柔毛；叶柄长 1 ~ 4 毫米，无毛或有柔毛。头状花序 1 ~ 4 个，腋生，无总花梗，初为球形，后渐成圆柱形；花密生，花轴密生白色柔毛；苞片及小苞片白色，顶端短渐尖，无毛；苞片呈卵状披针形，小苞片钻形，长 1 ~ 1.5 毫米；花被片卵形，长 2 ~ 3 毫米，白色，顶端渐尖或急尖，无毛，具 1 条脉；雄蕊 3，花丝基部连合成杯状，花药矩圆形；退化雄蕊三角状钻形，比雄蕊短，顶端渐尖，全缘；花柱极短，柱头短裂。胞果呈倒心形，侧扁，翅状，深棕色，包在宿存花被片内。种子卵球形。花期 5—7 月，果期 7—9 月。

分　　布：分布于我国安徽、江苏、浙江、江西、湖南、湖北、四川、云南、贵州、福建、台湾、广东、广西。生长在村庄附近的草坡、水沟、田边或沼泽、海边潮湿处。

照片来源：长岛

苋　科　Amaranthaceae

马齿苋科 Portulacaceae

　　一年生或多年生草本，稀半灌木。单叶，互生或对生，全缘，常肉质；托叶干膜质或刚毛状，稀不存在。花两性，整齐或不整齐，腋生或顶生，单生或簇生，或成聚伞花序、总状花序、圆锥花序；萼片2，稀5，草质或干膜质，分离或基部连合；花瓣4～5片，稀更多，覆瓦状排列，分离或基部稍连合，常有鲜艳色，早落或宿存；雄蕊与花瓣同数，对生，或更多，分离或成束或与花瓣贴生，花丝线形，花药2室，内向纵裂；雌蕊3～5心皮合生，子房上位或半下位，1室，基生胎座或特立中央胎座，有弯生胚珠1颗至多颗，花柱线形，柱头2～5裂，形成内向的柱头面。蒴果近膜质，盖裂或2～3瓣裂，稀为坚果；种子肾形或球形，多数，稀为2颗，种阜有或无，胚环绕粉质胚乳，胚乳大多丰富。

　　本科约19属580种，广布于全球，美洲最多。我国现有2属7种，广泛分布在河岸边、池塘边、沟渠旁和山坡草地、田野、路边及住宅附近。

　　山东渤海海洋生态保护区共发现本科植物1属，共1种。

马齿苋 *Portulaca oleracea*

中文种名：马齿苋

拉丁学名：*Portulaca oleracea*

分类地位：被子植物门 / 木兰纲 / 石竹目 / 马齿苋科 / 马齿苋属

识别特征：一年生草本，全株无毛。茎平卧或斜倚，伏地铺散，多分枝，圆柱形，长 10 ～ 15 厘米，淡绿色或带暗红色。叶互生，有时近对生，叶片扁平，肥厚，呈倒卵形，似马齿状，长 1 ～ 3 厘米，宽 0.6 ～ 1.5 厘米，顶端圆钝或平截，有时微凹，基部楔形，全缘，上面暗绿色，下面淡绿色或带暗红色，中脉微隆起；叶柄粗短。花无梗，直径 4 ～ 5 毫米，常 3 ～ 5 朵簇生枝端；苞片 2 ～ 6，叶状，膜质，近轮生；萼片 2，对生，绿色，盔形，左右压扁，长约 4 毫米，顶端急尖，背部具龙骨状凸起，基部合生；花瓣 5，稀 4，黄色，倒卵形，长 3 ～ 5 毫米，顶端微凹，基部合生；雄蕊通常 8，或更多，长约 12 毫米，花药黄色；子房无毛，花柱比雄蕊稍长，柱头 4 ～ 6 裂，线形。蒴果卵球形，盖裂；种子细小，多数，偏斜球形，黑褐色，有光泽，具小疣状凸起。花期 5—8 月，果期 6—9 月。

分　　布：广布全世界温带和热带地区。我国南北各地均有分布。性喜肥沃土壤，耐旱亦耐涝，生命力强，生长于菜园、农田、路旁，为田间常见杂草。

照片来源：潍坊

石竹科 Caryophyllaceae

　　一年生或多年生草本，稀亚灌木。茎节通常膨大，具关节。单叶对生，稀互生或轮生，全缘，基部多少连合；托叶有，膜质，或缺。花辐射对称，两性，稀单性，排列成聚伞花序或聚伞圆锥花序，稀单生，少数呈总状花序、头状花序、假轮伞花序或伞形花序，有时具闭花授精花；萼片5，稀4，草质或膜质，宿存，覆瓦状排列或合生成筒状；花瓣5，稀4，无爪或具爪，瓣片全缘或分裂，通常爪和瓣片之间具2鳞片状副花冠，稀缺花瓣；雄蕊10，二轮排列，稀5或2；雌蕊1，由2～5合生心皮构成，子房上位，3室或基部1室、上部3～5室，特立中央胎座或基底胎座，具1颗至多颗胚珠；花柱（1）2～5，有时基部合生，稀合生成单花柱。蒴果，长椭圆形、圆柱形、卵形或圆球形，果皮壳质、膜质或纸质，顶端齿裂或瓣裂，开裂数与花柱同数或为其2倍，稀为浆果状，不规则开裂或为瘦果；种子弯生，多粒或少粒，稀1粒，肾形、卵形、圆盾形或圆形，微扁；种脐通常位于种子凹陷处，稀盾状着生；种皮纸质；种脊具槽，圆钝或锐，稀具流苏状篦齿或翅；胚环形或半圆形，或直通生，胚乳偏于一侧；胚乳粉质。

　　本科约80属2000种，世界广布，但主要分布在北半球的温带和暖温带地区，少数在非洲、大洋洲和南美洲。地中海地区为分布中心。我国有30属，约388种，58变种，几遍布全国，以北部和西部为主要分布区。

　　山东渤海海洋生态保护区共发现本科植物4属，共6种。

渤海山东海域海洋保护区生物多样性图集

陆生植被

鹅肠菜 *Myosoton aquaticum*

中文种名：鹅肠菜

拉丁学名：*Myosoton aquaticum*

分类地位：被子植物门 / 木兰纲 / 石竹目 / 石竹科 / 鹅肠菜属

识别特征：两年生或多年生草本，具须根。茎上升，多分枝，长 50 ~ 80 厘米，上部被腺毛。叶片呈卵形或宽卵形，长 2.5 ~ 5.5 厘米，宽 1 ~ 3 厘米，顶端急尖，基部稍心形，有时边缘具毛；叶柄长 5 ~ 15 毫米，上部叶常无柄或具短柄，疏生柔毛。顶生二歧聚伞花序；苞片叶状，边缘具腺毛；花梗细，长 1 ~ 2 厘米，花后伸长并向下弯，密被腺毛；萼片卵状披针形或长卵形，长 4 ~ 5 毫米，果期长达 7 毫米，顶端较钝，边缘狭膜质，外面被腺柔毛，脉纹不明显；花瓣白色，2 深裂至基部，裂片线形或披针状线形，长 3 ~ 3.5 毫米，宽约 1 毫米；雄蕊 10，稍短于花瓣；子房长圆形，花柱短，线形。蒴果卵圆形，稍长于宿存萼；种子近肾形，直径约 1 毫米，稍扁，褐色，具小疣。花期 5—8 月，果期 6—9 月。

分　　布：分布于我国南北各省。生长于海拔 350 ~ 2 700 米的河流两旁冲积沙地的低湿处或灌丛林缘和水沟旁。

照片来源：长岛

石竹科 **Caryophyllaceae**

麦瓶草 *Silene conoidea*

中文种名：麦瓶草

拉丁学名：*Silene conoidea*

分类地位：被子植物门 / 木兰纲 / 石竹目 / 石竹科 / 蝇子草属

识别特征：一年生草本，高 25 ~ 60 厘米，全株被短腺毛。茎单生，直立，不分枝。基生叶片匙形，茎生叶叶片长圆形或披针形，长 5 ~ 8 厘米，宽 5 ~ 10 毫米，基部楔形，顶端渐尖，两面被短柔毛，边缘具缘毛，中脉明显。

二歧聚伞花序具数花；花直立，直径约 20 毫米；花萼圆锥形，长 20 ~ 30 毫米，直径 3 ~ 4.5 毫米，绿色，基部脐形，果期膨大，长达 35 毫米，下部宽卵状，直径 6.5 ~ 10 毫米，纵脉 30 条，沿脉被短腺毛，萼齿狭披针形，长为花萼的 1/3 或更长；雌雄蕊柄几无；花瓣淡红色，长 25 ~ 35 毫米，爪不露出花萼，狭披针形，无毛；副花冠片狭披针形，长 2 ~ 2.5 毫米，白色，顶端具数浅齿；雄蕊微外露或不外露，花丝具稀疏短毛；花柱微外露。蒴果呈梨状，长约 15 毫米，直径 6 ~ 8 毫米；种子肾形，长约 1.5 毫米，暗褐色。花期 5—6 月，果期 6—7 月。

分布：分布于我国黄河流域和长江流域，西至新疆和西藏。常生长于麦田中或荒地草坡。

照片来源：潍坊

陆生植被

女娄菜 *Silene aprica*

中文种名：女娄菜

拉丁学名：*Silene aprica*

分类地位：被子植物门 / 木兰纲 / 石竹目 / 石竹科 / 蝇子草属

识别特征：一年生或二年生草本，高 30～70 厘米，全株密被灰色短柔毛。茎单生或数个，直立，分枝或不分枝。基生叶叶片呈倒披针形或狭匙形，长 4～7 厘米，宽 4～8 毫米，基部渐狭呈长柄状，顶端急尖，中脉明显；茎生叶叶片倒披针形、披针形或线状披针形，比基生叶稍小。圆锥花序较大型；花梗长 5～20（40）毫米，直立；苞片披针形，草质，渐尖，具缘毛；花萼卵状钟形，长 6～8 毫米，近草质，密被短柔毛，果期长达 12 毫米，纵脉绿色，脉端多少连结，萼齿三角状披针形，边缘膜质，具缘毛；雌雄蕊柄极短或近无，被短柔毛；花瓣白色或淡红色，倒披针形，长 7～9 毫米，微露出花萼或与花萼近等长，爪具缘毛；副花冠片舌状；雄蕊不外露，花丝基部具缘毛；花柱不外露，基部具短毛。蒴果卵形，与宿存萼近等长或微长；种子圆肾形，灰褐色，肥厚，具小瘤。花期 5—7 月，果期 6—8 月。

分　　布：产于我国大部分地区。生长于平原、丘陵或山地。

照片来源：长岛

石 竹 *Dianthus chinensis*

中文种名：石竹

拉丁学名：*Dianthus chinensis*

分类地位：被子植物门 / 木兰纲 / 石竹目 / 石竹科 / 石竹属

识别特征：多年生草本，高 30 ~ 50 厘米，全株无毛，带粉绿色。茎由根颈生出，疏丛生，直立，上部分枝。叶片呈线状披针形，长 3 ~ 5 厘米，宽 2 ~ 4 毫米，顶端渐尖，基部稍狭，全缘或有细小齿，中脉较显。花单生枝端或数花集成聚伞花序；花梗长 1 ~ 3 厘米；苞片 4，卵形，顶端长渐尖，长达花萼的 1/2 以上，边缘膜质，有缘毛；花萼圆筒形，长 15 ~ 25 毫米，直径 4 ~ 5 毫米，有纵条纹，萼齿披针形，长约 5 毫米，直伸，顶端尖，有缘毛；花瓣长 16 ~ 18 毫米，瓣片呈倒卵状三角形，长 13 ~ 15 毫米，紫红色、粉红色、鲜红色或白色，顶缘不整齐齿裂，喉部有斑纹，疏生髯毛；雄蕊露出喉部外，花药蓝色；子房长圆形，花柱线形。蒴果呈圆筒形，包于宿存萼内，顶端 4 裂；种子黑色，扁圆形。花期 5—6 月，果期 7—9 月。

分　　布：原产于我国北方，现在南北各地普遍分布。生长于草原和山坡草地。

照片来源：潍坊

渤海山东海域海洋保护区生物多样性图集

陆生植被

繁 缕 *Stellaria media*

中文种名： 繁缕

拉丁学名： *Stellaria media*

分类地位： 被子植物门 / 木兰纲 / 石竹目 / 石竹科 / 繁缕属

识别特征： 一年生或二年生草本，高 10 ～ 30 厘米。茎俯仰或上升，基部多少分枝，常带淡紫红色，被 1 ～ 2 列毛。叶片呈宽卵形或卵形，长 1.5 ～ 2.5 厘米，宽 1 ～ 1.5 厘米，

顶端渐尖或急尖，基部渐狭或近心形，全缘；基生叶具长柄，上部叶常无柄或具短柄。疏聚伞花序顶生；花梗细弱，具 1 列短毛，花后伸长，下垂，长 7 ～ 14 毫米；萼片 5，卵状披针形，长约 4 毫米，顶端稍钝或近圆形，边缘宽膜质，外面被短腺毛；花瓣白色，长椭圆形，比萼片短，深 2 裂达基部，裂片近线形；雄蕊 3 ～ 5，短于花瓣；花柱 3，线形。蒴果呈卵形，稍长于宿存萼，顶端 6 裂，具多数种子；种子呈卵圆形至近圆形，稍扁，红褐色，表面具半球形瘤状凸起，脊较显著。花期 6—7 月，果期 7—8 月。

分　　布： 我国广布（仅新疆、黑龙江未见记录），为常见田间杂草。

照片来源： 长岛

石竹科 **Caryophyllaceae**

65

小花繁缕 *Stellaria media* var. *micrantha*

中文种名： 小花繁缕

拉丁学名： *Stellaria media* var. *micrantha*

分类地位： 被子植物门 / 木兰纲 / 石竹目 / 石竹科 / 繁缕属

识别特征： 多年生草本。茎在基部匍匐，向顶部上升，高
10～25厘米。叶无柄，叶片宽卵圆形，长8～10毫
米，宽5～7毫米，顶端急尖，有芒，基部急狭，下延，
多少抱茎。顶生或腋生聚伞花序；花梗通常对生；苞
片卵圆形，微小，长1～1.5毫米，顶端急尖；萼片5，
卵圆状长圆形，长2～2.5毫米，急尖；花瓣5，与萼
片等长，深2裂；雄蕊5；花柱3，短。蒴果卵形，裂
片全缘；种子扁球形，顶端具短喙，反折，表面具弯
弧状网纹。

分　　布： 主产于我国台湾中部山地。生长于中海拔地区。

照片来源： 长岛

渤海山东海域海洋保护区生物多样性图集

陆生植被

蓼　科 Polygonaceae

　　草本稀灌木或小乔木。茎直立、平卧、攀援或缠绕，通常具膨大的节，稀膝曲，具沟槽或条棱，有时中空。叶为单叶，互生，稀对生或轮生，边缘通常全缘，有时分裂，具叶柄或近无柄；托叶通常连合成鞘状（托叶鞘），膜质，褐色或白色，顶端偏斜、截形或2裂，宿存或脱落。花序穗状、总状、头状或圆锥状，顶生或腋生；花较小，两性，稀单性，雌雄异株或雌雄同株，辐射对称；花梗通常具关节；花被3～5深裂，覆瓦状或花被片6成2轮，宿存，内花被片有时增大，背部具翅、刺或小瘤；雄蕊6～9，稀较少或较多，花丝离生或基部贴生，花药背着，2室，纵裂；花盘环状，腺状或缺，子房上位，1室，心皮通常3，稀2～4，合生，花柱2～3，稀4，离生或下部合生，柱头头状、盾状或画笔状，胚珠1，直生，极少倒生。瘦果卵形或椭圆形，具3棱或双凸镜状，极少具4棱，有时具翅或刺，包于宿存花被内或外露；胚直立或弯曲，通常偏于一侧，胚乳丰富，粉末状。

　　本科约40属800余种，主产于北温带地区，少数在热带地区，我国引入的有14属，约228种，全国均有分布。

　　山东渤海海洋生态保护区共发现本科植物2属，共9种。

萹 蓄 *Polygonum aviculare*

中文种名：萹蓄

拉丁学名：*Polygonum aviculare*

分类地位：被子植物门 / 木兰纲 / 蓼目 / 蓼科 / 蓼属

识别特征：一年生草本。茎平卧、上升或直立，高 10 ~ 40 厘米，自基部多分枝，具纵棱。叶呈椭圆形，狭椭圆形或披针形，长 1 ~ 4 厘米，宽 3 ~ 12 毫米，顶端钝圆或急尖，基部楔形，边缘全缘，两面无毛，下面侧脉明显；叶柄短或近无柄，基部具关节；托叶鞘膜质，下部褐色，上部白色，撕裂脉明显。花单生或数朵簇生于叶腋，遍布于植株；苞片薄膜质；花梗细，顶部具关节；花被 5 深裂，花被片椭圆形，长 2 ~ 2.5 毫米，绿色，边缘白色或淡红色；雄蕊 8，花丝基部扩展；花柱 3，柱头头状。瘦果卵形，具 3 棱，长 2.5 ~ 3 毫米，黑褐色，密被由小点组成的细条纹，无光泽，与宿存花被近等长或稍超过。花期 5—7 月，果期 6—8 月。

分　　布：北温带广泛分布。产于我国各地。生长在海拔 10 ~ 4 200 米的田边路、沟边湿地。

照片来源：潍坊

渤海山东海域海洋保护区生物多样性图集

陆生植被

68

红 蓼 *Polygonum orientale*

中文种名：红蓼

拉丁学名：*Polygonum orientale*

分类地位：被子植物门／木兰纲／蓼目／蓼科／蓼属

识别特征：一年生草本。茎直立，粗壮，高 1～2 米，上部多分枝，密被开展的长柔毛。叶呈宽卵形、宽椭圆形或卵状披针形，长 10～20 厘米，宽 5～12 厘米，顶端渐尖，基部圆形或近心形，微下延，边缘全缘，密生缘毛，两面密生短柔毛，叶脉上密生长柔毛；叶柄长 2～10 厘米，具开展的长柔毛；托叶鞘筒

状，膜质，长 1～2 厘米，被长柔毛，通常沿顶端具草质、绿色的翅。总状花序呈穗状，顶生或腋生，长 3～7 厘米，花紧密，微下垂，通常数个再组成圆锥状；苞片宽漏斗状，长 3～5 毫米，草质，绿色，被短柔毛，边缘具长缘毛，每苞内具 3～5 花；花梗比苞片长；花被 5 深裂，淡红色或白色；花被片椭圆形；雄蕊 7，比花被长；花盘明显；花柱 2，中下部合生，比花被长，柱头头状。瘦果近圆形，黑褐色，有光泽，包于宿存花被内。花期 6—9 月，果期 8—10 月。

分　布：除西藏外，广布于我国各地，野生或栽培。生长在海拔 30～2 700 米的沟边湿地、村边路旁。

照片来源：长岛

蓼 科 *Polygonaceae*

酸模叶蓼 *Polygonum lapathifolium*

中文种名：酸模叶蓼

拉丁学名：*Polygonum lapathifolium*

分类地位：被子植物门 / 木兰纲 / 蓼目 / 蓼科 / 蓼属

识别特征：一年生草本，高 40～90 厘米。茎直立，具分枝，无毛，节部膨大。叶呈披针形或宽披针形，长 5～15 厘米，宽 1～3 厘米，顶端渐尖或急尖，基部楔形，上面绿色，常有一个大的黑褐色新月形斑点，两面沿中脉被短硬伏毛，全缘，边缘具粗缘毛；叶柄短，具短硬伏毛；托叶鞘筒状，长 1.5～3 厘米，膜质，淡褐色，无毛，具多数脉，顶端截形，无缘毛，稀具短缘毛。总状花序呈穗状，顶生或腋生，近直立，花紧密，通常由数个花穗再组成圆锥状，花序梗被腺体；苞片呈漏斗状，边缘具稀疏短缘毛；花被淡红色或白色，4（5）深裂，花被片椭圆形，外面两面较大，脉粗壮，

顶端叉分，外弯；雄蕊通常 6。瘦果宽卵形，双凹，长 2～3 毫米，黑褐色，有光泽，包于宿存花被内。花期 6—8 月，果期 7—9 月。

分　布：广布于我国南北各地。生长于海拔 30～3 900 米的田边、路旁、水边、荒地或沟边湿地。

照片来源：东营

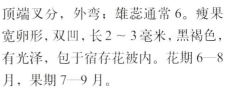

密毛酸模叶蓼 *Polygonum lapathifolium* var. *lanatum*

中文种名：密毛酸模叶蓼

拉丁学名：*Polygonum lapathifolium* var. *lanatum*

分类地位：被子植物门 / 木兰纲 / 蓼目 / 蓼科 / 蓼属

识别特征：一年生草本，高 40 ～ 90 厘米。茎直立，具分枝，全植株密被白色绵毛，节部膨大。叶呈披针形或宽披针形，长 5 ～ 15 厘米，宽 1 ～ 3 厘米，顶端渐尖或急尖，基部楔形，上面绿色，常有一个大的黑褐色新月形斑点，两面沿中脉被短硬伏毛，全缘，边缘具粗缘毛；叶柄短，具短硬伏毛；托叶鞘筒状，长 1.5 ～ 3 厘米，膜质，淡褐色，无毛，具多数脉，顶端截形，无缘毛，稀具短缘毛。总状花序呈穗状，顶生或腋生，近直立，花紧密，通常由数个花穗再组成圆锥状，花序梗被腺体；苞片漏斗状，边缘具稀疏短缘毛；花被淡红色或白色，4 (5) 深裂，花被片椭圆形，外面两面较大，脉粗壮，顶端又分，外弯；雄蕊通常 6。瘦果呈宽卵形，双凹，长 2 ～ 3 毫米，黑褐色，有光泽，包于宿存花被内。花期 6—8 月，果期 7—9 月。

分　　布：主产于我国福建、台湾、广东、广西及云南。生长在海拔 80 ～ 2 500 米的田边湿地、沟边及水塘边。

照片来源：潍坊

蓼 科 **Polygonaceae**

71

水 蓼 *Polygonum hydropiper*

中文种名：水蓼

拉丁学名：*Polygonum hydropiper*

分类地位：被子植物门 / 木兰纲 / 蓼目 / 蓼科 / 蓼属

识别特征：一年生草本，高 40 ~ 70 厘米。茎直立，多分枝，无毛，节部膨大。叶呈披针形或椭圆状披针形，长 4 ~ 8 厘米，宽 0.5 ~ 2.5 厘米，顶端渐尖，基部楔形，边缘全缘，具缘毛，两面无毛，被褐色小点，有时沿中脉具短硬伏毛，具辛辣味，叶腋具闭花受精花；叶柄长 4 ~ 8 毫米；托叶鞘筒状，膜质，褐色，长 1 ~ 1.5 厘米，疏生短硬伏毛，顶端截形，具短缘毛，通常托叶鞘内藏有花簇。总状花序呈穗状，顶生或腋生，长 3 ~ 8 厘米，通常下垂，花稀疏，下部间断；苞片呈漏斗状，长 2 ~ 3 毫米，绿色，边缘膜质，疏生短缘毛，每苞内具 3 ~ 5 花；花梗比苞片长；花被 5 深裂，稀 4 裂，绿色，上部白色或淡红色，被黄褐色透明腺点，花被片椭圆形，长 3 ~ 3.5 毫米；雄蕊 6，稀 8，比花被短；花柱 2 ~ 3，柱头头状。瘦果卵形，双凸镜状或具 3 棱，密被小点，黑褐色，无光泽，包于宿存花被内。花期 5—9 月，果期 6—10 月。

分　　布：分布于我国南北各地。生长于海拔 50 ~ 3 500 米的河滩、水沟边、山谷湿地。

照片来源：潍坊

西伯利亚蓼 *Polygonum sibiricum*

中文种名：西伯利亚蓼

拉丁学名： *Polygonum sibiricum*

分类地位：被子植物门 / 木兰纲 / 蓼目 / 蓼科 / 蓼属

识别特征：多年生草本，高 10 ～ 25 厘米。根状茎细长。茎外倾或近直立，自基部分枝，无毛。叶片长椭圆形或披针形，无毛，长 5 ～ 13 厘米，宽 0.5 ～ 1.5 厘米，顶端急尖或钝，基部戟形或楔形，边缘全缘，叶柄长 8 ～ 15 毫米；托叶鞘筒状，膜质，上部偏斜，开裂，无毛，易破裂。花序圆锥状，顶生，花排列稀疏，通常间断；苞片漏斗状，无毛，通常每 1 苞片内具 4 ～ 6 朵花；花梗短，中上部具关节；花被 5 深裂，黄绿色，花被片长圆形，长约 3 毫米；雄蕊 7 ～ 8，稍短于花被，花丝基部较宽，花柱 3，较短，柱头头状。瘦果卵形，具 3 棱，黑色，有光泽，包于宿存的花被内或凸出。花果期 6—9 月。

分　布：产于我国黑龙江、吉林、辽宁、内蒙古、河北、山西、山东、河南、陕西、甘肃、宁夏、青海、新疆、安徽、湖北、江苏、四川、贵州、云南和西藏。生长于海拔 30 ～ 5 100 米的路边、湖边、河滩、山谷湿地、沙质盐碱地。

照片来源：滨州

蓼　科 **Polygonaceae**

中文种名: 巴天酸模

拉丁学名: *Rumex patientia*

分类地位: 被子植物门 / 木兰纲 / 蓼目 / 蓼科 / 酸模属

识别特征: 多年生草本。根肥厚,直径可达3厘米;茎直立,粗壮,高90～150厘米,上部分枝,具深沟槽。基生叶长圆形或长圆状披针形,长15～30厘米,宽5～10厘米,顶端急尖,基部圆形或近心形,边缘波状;叶柄粗壮,长5～15厘米;茎上部叶披针形,较小,具短叶柄或近无柄;托叶鞘筒状,膜质,长2～4厘米,易破裂。花序圆锥状,大型;花两性;花梗细弱,中下部

具关节;果时关节稍膨大,外花被片长圆形,长约1.5毫米,果时内花被片增大,宽心形,长6～7毫米,顶端圆钝,基部深心形,边缘近全缘,具网脉,全部或一部具小瘤;小瘤长卵形,通常不能全部发育。瘦果卵形,具3锐棱,顶端渐尖,褐色,有光泽,长2.5～3毫米。花期5—6月,果期6—7月。

分 布: 产于我国东北、华北、西北、山东、河南、湖南、湖北、四川及西藏。生长于海拔20～4 000米的沟边湿地、水边。

照片来源: 长岛

齿果酸模 *Rumex dentatus*

中文种名： 齿果酸模

拉丁学名： *Rumex dentatus*

分类地位： 被子植物门 / 木兰纲 / 蓼目 / 蓼科 / 酸模属

识别特征： 一年生草本。茎直立，高 30 ～ 70 厘米，自基部分枝，枝斜上，具浅沟槽。茎下部叶长圆形或长椭圆形，长 4 ～ 12 厘米，宽 1.5 ～ 3 厘米，顶端圆钝或急尖，基部圆形或近心形，边缘浅波状，茎生叶较小；叶柄长 1.5 ～ 5 厘米。花序总状，顶生和腋生，具叶，由数个再组成圆锥状花序，长达 35 厘米，多花，轮状排列，花轮间断；花梗中下部具关节；外花被片椭圆形，长约 2 毫米；果时内花被片增大，三角状卵形，长

3.5 ～ 4 毫米，宽 2 ～ 2.5 毫米，顶端急尖，基部近圆形，网纹明显，全部具小瘤，小瘤长 1.5 ～ 2 毫米，边缘每侧具 2 ～ 4 个刺状齿，齿长 1.5 ～ 2 毫米，瘦果卵形，具 3 锐棱，长 2 ～ 2.5 毫米，两端尖，黄褐色，有光泽。花期 5—6 月，果期 6—7 月。

分　　布： 产于我国华北、西北、华东、华中、四川、贵州及云南。生长于海拔 30 ～ 2 500 米的沟边湿地、山坡路旁。

照片来源： 长岛

蓼科 *Polygonaceae*

75

酸 模 *Rumex acetosa*

中文种名： 酸模

拉丁学名： *Rumex acetosa*

分类地位： 被子植物门／木兰纲／蓼目／蓼科／酸模属

识别特征： 多年生草本。根为须根。茎直立，高 40～100 厘米，具深沟槽，通常不分枝。基生叶和茎下部叶箭形，长 3～12 厘米，宽 2～4 厘米，顶端急尖或圆钝，基部裂片急尖，全缘或微波状；叶柄长 2～10 厘米；茎上部叶较小，具短叶柄或无柄；托叶鞘膜质，易破裂。花序狭圆锥状，顶生，分枝稀疏；花单性，雌雄异株；花梗中部具关节；花被片 6，成 2 轮，雄花内花被片椭圆形，长约 3 毫米，外花被片较小，雄蕊 6；果时雌花内花被片增大，近圆形，直径 3.5～4 毫米，全缘，基部心形，网脉明显，基部具极小的小瘤，外花被片椭圆形，反折，瘦果椭圆形，具 3 锐棱，两端尖，长约 2 毫米，黑褐色，有光泽。花期 5—7 月，果期 6—8 月。

分　　布： 分布于我国南北各地。生长于海拔 400～4 100 米的山坡、林缘、沟边、路旁。

照片来源： 潍坊

白花丹科 Plumbaginaceae

　　小灌木、亚灌木或草本。茎具条纹，或成肥大"茎基"。单叶，互生或基生，全缘，稀羽状浅裂；无托叶。花序顶生或兼腋生，不分枝，呈穗状、穗形总状、近头状或头状，或花序分枝，由侧扁穗状花序组成圆锥状；各由 1 ～ 10 或更多的小聚伞花序或蝎尾状聚伞花序组成。小聚伞花序或蝎尾状聚伞花序称"小穗"，具 1 ～ 5 花；苞片 1，位于小穗基部，小苞片 2 或 1，位于小穗基部的 1 枚特大，包被小穗，称第一内苞，其外之苞片则称外苞，位于每花之下。花两性，辐射对称；花无梗或梗极短；花萼管状或漏斗状，具 5 肋，5 裂，宿存；花冠合瓣或基部微联合，裂片 5，回旋状；雄蕊 5，与花冠裂片对生，下位或着生花冠基部；花药 2 室，纵裂；雌蕊 1，子房上位，1 室，基生 1 胚珠，花柱 1 或 5，柱头 5。蒴果常包在花萼内。种子 1，胚直，包在薄的粉质胚乳中。

　　本科共 21 属 580 种，分布于全球，多分布在北半球热带以外的半干旱地，以地中海沿岸及中亚地区为主，大都为耐盐碱植物。我国有 7 属，约 40 种，分布于西南、西北、河南、华北、东北和临海各省区，主产于新疆。一般喜生长于日光充足、蒸发量大、空气干燥（或有一干旱季节）、土壤排水良好而富含钙质的地方。

　　山东渤海海洋生态保护区共发现本科植物 1 属，共 3 种。

中文种名：补血草

拉丁学名：*Limonium sinense*

分类地位：被子植物门 / 木兰纲 / 白花丹目 / 白花丹科 / 补血草属

识别特征：多年生草本，高 15 ~ 60 厘米，全株（除萼外）无毛。叶基生，呈倒卵状长圆形、长圆状披针形至披针形，长 4 ~ 12 (22) 厘米，宽 0.4 ~ 2.5 (4) 厘米，先端通常钝或急尖，下部渐狭成扁平的柄。花序伞房状或圆锥状；花序轴通常 3 ~ 5 (10)，上升或直立，具 4 个棱角或沟棱，常由中部以上作数回分枝，末级小枝二棱形；不育枝少，位于分枝的下部或分叉处；穗状花序有柄至无柄，排列于花序分枝的上部至顶端，由 2 ~ 6 (11) 个小穗组成；小穗含 2 ~ 3 (4) 花，被第一内苞包裹的 1 ~ 2 花常迟放或不开放；外苞长约 2 ~ 2.5 毫米，卵形，第一内苞长 5 ~ 5.5 毫米；萼长 5 ~ 6 (7) 毫米，漏斗状，萼筒直径约 1 毫米，下半部或全部沿脉被长毛，萼檐白色，宽 2 ~ 2.5 毫米（接近萼的中部），开张幅径 3.5 ~ 4.5 毫米，裂片宽短而先端通常钝或急尖，有时微有短尖，常有间生裂片，脉伸至裂片下方而消失，沿脉有或无微柔毛；花冠黄色。花期 7—11 月（北方），4—12 月（南方）。

分　布：分布于我国滨海各地；生长在沿海潮湿盐土或砂土上。

照片来源：潍坊

中文种名：二色补血草

拉丁学名：*Limonium bicolor*

分类地位：被子植物门／木兰纲／白花丹目／白花丹科／补血草属

识别特征：多年生草本，高 20～50 厘米，全株（除萼外）无毛。叶基生，偶见花序轴下部 1～3 节上有叶，花期叶常存在，匙形至长圆状匙形，先端通常圆或钝，基部渐狭成平扁的柄。

花序圆锥状；花序轴单生，或 2～5 枚各由不同的叶丛中生出，通常有 3～4 棱角，有时具沟槽，偶主轴圆柱状，往往自中部以上作数回分枝，末级小枝二棱形；不育枝少，通常简单，位于分枝下部或单生于分叉处；穗状花序有柄至无柄，排列在花序分枝的上部至顶端，由 3～5 (9) 个小穗组成；小穗含 2～3 (5) 花；外苞长约 2.5～3.5 毫米，长圆状宽卵形，第一内苞长约 6～6.5 毫米；萼长 6～7 毫米，漏斗状，萼筒径约 1 毫米，

全部或下半部沿脉密被长毛，萼檐初时淡紫红或粉红色，后来变白，宽为花萼全长的一半，开张幅径与萼的长度相等，裂片宽短而先端通常圆，偶有一易落的软尖，间生裂片明显，脉不达于裂片顶缘，沿脉被微柔毛或变无毛；花冠黄色。花期 5—7 月，果期 6—8 月。

分　　布：产于我国东北、黄河流域各省区和江苏北部；主要生长于平原地区，也见于山坡下部、丘陵和海滨，喜生长于含盐的钙质土上或砂地。

照片来源：长岛

白花丹科 Plumbaginaceae

79

烟台补血草 *Limonium franchetii*

中文种名：烟台补血草

拉丁学名：*Limonium franchetii*

分类地位：被子植物门 / 木兰纲 / 白花丹目 / 白花丹科 / 补血草属

识别特征：多年生草本，高（15）25～60厘米，全株（除萼外）无毛。叶基生，有时花序轴下部1～6节上有叶，倒卵状长圆形至长圆状披针形，先端通常圆或钝，下部渐狭成扁平的柄。花序伞房状或圆锥状，花序轴通常单生，罕为2～3（6），粗壮，通常圆柱状而有多数细条棱，自中部或中下部作数回分枝，末级小枝圆或略有棱角；不育枝少，通常简单，位于主轴中部及分叉处，有时几无不育枝；穗状花序有柄至无柄，排列在花序分枝的上部至顶端，常靠近，由（3）5～7个小穗紧密排列而成；小穗含2～3花；外苞长3.5～4.5毫米，倒卵形，花后往往弓曲而致上端2～3裂，第一内苞长7～8毫米，草质部呈长圆形；萼长7～8毫米，漏斗状，萼筒径约1.5毫米，几全部沿脉密被长毛，萼檐淡紫红色变白色，宽3.5～4毫米，开张幅径与萼的长度相等，裂片宽短而先端圆，通常有一易落的软尖，间生裂片明显，脉伸至裂片基部或接近顶缘处变为无色，沿脉被微柔毛；花冠淡紫色。花期5（下旬）—7（上旬）月，果期6—8月。

分　　布：我国特产。分布于辽宁、山东半岛至江苏东北部；生长于海滨至近海地区的山坡或砂地上。

照片来源：长岛

渤海山东海域海洋保护区生物多样性图集

陆生植被

椴树科 Tiliaceae

  乔木、灌木或草本。单叶互生，稀对生，具基出脉，全缘或有锯齿，有时浅裂；托叶存在或缺，如果存在往往早落或有宿存。花两性或单性，雌雄异株，辐射对称，排成聚伞花序或再组成圆锥花序；苞片早落，有时大而宿存；萼片通常 5 枚，有时 4 枚，分离或多少连生，镊合状排列；花瓣与萼片同数，分离，有时或缺；内侧常有腺体，或有花瓣状退化雄蕊，与花瓣对生；雌雄蕊柄存在或缺；雄蕊多数，稀 5 数，离生或基部连生成束，花药 2 室，纵裂或顶端孔裂；子房上位，2 ~ 6 室，有时更多，每室有胚珠 1 至数颗，中轴胎座，花柱单生，有时分裂，柱头锥状或盾状，常有分裂。核果、蒴果、裂果，有时浆果状或翅果状，2 ~ 10 室；种子无假种皮，胚乳存在，胚直，子叶扁平。

  本科约 52 属 500 种，主要分布于热带及亚热带地区。我国有 13 属 85 种。

  山东渤海海洋生态保护区共发现本科植物 1 属，共 1 种。

中文种名：扁担杆

拉丁学名：*Grewia biloba*

分类地位：被子植物门 / 木兰纲 / 锦葵目 / 椴树科 / 扁担木属

识别特征：灌木或小乔木，高 1～4 米，多分枝；嫩枝被粗毛。叶薄革质，椭圆形或倒卵状椭圆形，长 4～9 厘米，宽 2.5～4 厘米，先端锐尖，基部楔形或钝，两面有稀疏星状粗毛，基出脉 3 条，两侧脉上行过半，中脉有侧脉 3～5 对，边缘有细锯齿；叶柄长 4～8 毫米，被粗毛；托叶钻形，长 3～4 毫米。聚伞花序腋生，多花，花序柄长不到 1 厘米；花柄长 3～6 毫米；苞片钻形，长 3～5 毫米；萼片狭长圆形，长 4～7 毫米，外面被毛，内面无毛；

花瓣长 1～1.5 毫米；雌雄蕊柄长 0.5 毫米，有毛；雄蕊长 2 毫米；子房有毛，花柱与萼片平齐，柱头扩大，盘状，有浅裂。核果红色，有 2～4 颗分核。花期 5—7 月。

分　　布：产于我国江西、湖南、浙江、广东、台湾、安徽、四川等地。

照片来源：潍坊

渤海山东海域海洋保护区生物多样性图集

陆生植被

锦葵科 Malvaceae

　　草本、灌木至乔木。茎皮层纤维发达，具黏液腔。叶互生，单叶或分裂，叶脉通常掌状，具托叶。花腋生或顶生，单生、簇生、聚伞花序至圆锥花序；花两性，辐射对称；萼片 3～5 枚，分离或合生；其下面附有总苞状的小苞片（又称副萼）3 至多枚；花瓣 5 片，彼此分离，但与雄蕊管的基部合生；雄蕊多数，连合成一管称雄蕊柱，花药 1 室，花粉被刺；子房上位，2～多室，通常以 5 室较多，由 2～5 枚或较多的心皮环绕中轴而成，花柱上部分枝或者为棒状，每室被胚珠 1 至多颗，花柱与心皮同数或为其 2 倍。蒴果，常几枚果爿分裂，很少浆果状，种子肾形或倒卵形，被毛至光滑无毛，有胚乳。子叶扁平，折叠状或回旋状。

　　本科大约 50 属 1 000 余种，分布于温带及热带地区。我国有 16 属 81 种，36 变种或变型，产于全国各地，以热带和亚热带地区种类较多。

　　山东渤海海洋生态保护区共发现本科植物 5 属，共 8 种。

锦 葵 *Malva sinensis*

中文种名： 锦葵

拉丁学名： *Malva sinensis*

分类地位： 被子植物门 / 木兰纲 / 锦葵目 / 锦葵科 / 锦葵属

识别特征： 二年生或多年生直立草本，高 50 ～ 90 厘米，分枝多，疏被粗毛。叶圆心形或肾形，具 5 ～ 7 圆齿状钝裂片，长 5 ～ 12 厘米，宽几相等，基部近心形至圆形，边缘具圆锯齿，两面均无毛或仅脉上疏被短糙伏毛；叶柄长 4 ～ 8 厘米，近无毛，但上面槽内被长硬毛；托叶偏斜，卵形，具锯齿，先端渐尖。花 3 ～ 11 朵簇生，花梗长 1 ～ 2 厘米，无毛或疏被粗毛；小苞片 3，长圆形，长 3 ～ 4 毫米，宽 1 ～ 2 毫米，先端圆形，疏被柔毛；萼状，长 6 ～ 7 毫米，萼裂片 5，宽三角形，两面均被星状疏柔毛；花紫红色或白色，直径 3.5 ～ 4 厘米，花瓣 5，匙形，长 2 厘米，先端微缺，爪具髯毛；雄蕊柱长 8 ～ 10 毫米，被刺毛，花丝无毛；花柱分枝 9 ～ 11，被微细毛。果扁圆形，径约 5 ～ 7 毫米，分果爿 9 ～ 11，肾形，被柔毛；种子黑褐色，肾形，长 2 毫米。花期 5—10 月。

分　　布： 我国南北各城市常见的栽培植物，偶有逸生。南自广东、广西，北至内蒙古、辽宁，东起台湾，西至新疆和西南各地，均有分布。

照片来源： 潍坊

渤海山东海域海洋保护区生物多样性图集

陆生植被

84

圆叶锦葵 *Malva rotundifolia*

中文种名： 圆叶锦葵

拉丁学名： *Malva rotundifolia*

分类地位： 被子植物门 / 木兰纲 / 锦葵目 / 锦葵科 / 锦葵属

识别特征： 多年生草本，高 25 ~ 50 厘米，分枝多而常匍生，被粗毛。叶肾形，长 1 ~ 3 厘米，宽 1 ~ 4 厘米，基部心形，边缘具细圆齿，偶为 5 ~ 7 浅裂，上面疏被长柔毛，下面疏被星状柔毛；叶柄长 3 ~ 12 厘米，被星状长柔毛；托叶小，卵状渐尖。花通常 3 ~ 4 朵簇生于叶腋，偶有单生于茎基部的，花梗不等长，长 2 ~ 5 厘米，疏被星状柔毛；小苞片 3，披针形，长约 5 毫米，被星状柔毛；萼钟形，长 5 ~ 6 毫米，被星状柔毛，裂片 5，三角状渐尖头；花白色至浅粉红色，长 10 ~ 12 毫米，花瓣 5，倒心形；雄蕊柱被短柔毛；花柱分枝 13 ~ 15。果扁圆形，直径约 5 ~ 6 毫米，分果爿 13 ~ 15，不为网状，被短柔毛；种子肾形，直径约 1 毫米，被网纹或无网纹。花期夏季。

分　　布： 产于我国河北、山东、河南、山西、陕西、甘肃、新疆、西藏、四川、贵州、云南、江苏和安徽等地。生长于荒野、草坡。

照片来源： 长岛

锦葵科 Malvaceae

85

蜀 葵 *Althaea rosea*

中文种名：蜀葵
拉丁学名：*Althaea rosea*
分类地位：被子植物门 / 木兰纲 / 锦葵目 / 锦葵科 / 蜀葵属
识别特征：二年生直立草本，高达 2 米，茎枝密被刺毛。叶近圆心形，掌状 5 ～ 7 浅裂或波状棱角，裂片三角形或圆形，中裂片长约 3 厘米，宽 4 ～ 6 厘米，上面疏被星状柔毛，粗糙，下面被星状长硬毛或茸毛；叶柄长 5 ～ 15 厘米，被星状长硬毛；托叶卵形，先端具 3 尖。花腋生，单生或近簇生，排列成总状花序式，具叶状苞片；萼钟状，5 齿裂，裂片卵状三角形，长 1.2 ～ 1.5 厘米，密被星状粗硬毛；花大，直径 6 ～ 10 厘米，有红、紫、白、粉红、黄和黑紫等色，单瓣或重瓣，花瓣倒卵状三角形，长约 4 厘米，先端凹缺，基部狭，爪被长髯毛；雄蕊柱无毛，长约 2 厘米，花丝纤细，长约 2 毫米，花药黄色；花柱分枝多数，微被细毛。果盘状，直径约 2 厘米，被短柔毛，分果爿近圆形，多数，背部厚达 1 毫米，具纵槽。花期 2—8 月。

分　　布：原产于我国西南地区，全国各地广泛栽培供园林观赏用。世界各国均有栽培供观赏用。
照片来源：潍坊

渤海山东海域海洋保护区生物多样性图集

陆生植被

苘 麻 *Abutilon theophrasti*

中文种名：苘麻

拉丁学名：*Abutilon theophrasti*

分类地位：被子植物门／木兰纲／锦葵目／锦葵科／苘麻属

识别特征：一年生亚灌木状草本，高达 1～2 米，茎枝被柔毛。叶互生，圆心形，长 5～10 厘米，先端长渐尖，基部心形，边缘具细圆锯齿，两面均密被星状柔毛；叶柄长 3～12 厘米，被星状细柔毛；托叶早落。花单生于叶腋，花梗长 1～13 厘米，被柔毛，近顶端具节；花萼杯状，密被短茸毛，裂片 5，卵形，长约 6 毫米；花黄色，花瓣倒卵形，长约 1 厘米；雄蕊柱平滑无毛，心皮 15～20，长 1～1.5 厘米，顶端平截，具扩展、被毛的长芒 2，排列成轮状，密被软毛。蒴果半球形，直径约 2 厘米，长约 1.2 厘米，分果爿 15～20，被粗毛，顶端具长芒 2；种子肾形，褐色，被星状柔毛。花期 7—8 月。

分　布：除青藏高原不产外，我国其他各地均产，东北各地都有栽培。常见于路旁、荒地和田野间。

照片来源：潍坊

锦葵科 Malvaceae

木 槿 *Hibiscus syriacus*

中文种名：木槿
拉丁学名：*Hibiscus syriacus*
分类地位：被子植物门／木兰纲／锦葵目／锦葵科／木槿属
识别特征：落叶灌木，高 3 ～ 4 米，小枝密被黄色星状茸毛。叶呈菱形至三角状卵形，长 3 ～ 10 厘米，宽 2 ～ 4 厘米，具深浅不同的 3 裂或不裂，先端钝，基部楔形，边缘具不整齐齿缺，下面沿叶脉微被毛或近无毛；叶柄长 5 ～ 25 毫米，上面被星状柔毛；托叶线形，长约 6 毫米，疏被柔毛。花单生于枝端叶腋间，花梗长 4 ～ 14 毫米，被星状短茸毛；小苞片 6 ～ 8，线形，长 6 ～ 15 毫米，宽 1 ～ 2 毫米，密被星状疏茸毛；花萼钟形，长 14 ～ 20 毫米，密被星状短茸毛，裂片 5，三角形；花钟形，淡紫色，直径 5 ～ 6 厘米，花瓣倒卵形，长 3.5 ～ 4.5 厘米，外面疏被纤毛和星状长柔毛；雄蕊柱长约 3 厘米；花柱分枝 5，无毛。蒴果卵圆形，直径约 12 毫米，密被黄色星状茸毛；种子肾形，背部被黄白色长柔毛。花期 7—10 月。

分　布：台湾、福建、广东、广西、云南、贵州、四川、湖南、湖北、安徽、江西、浙江、江苏、山东、河北、河南、陕西等地，均有栽培，系我国中部各省原产。

照片来源：东营

渤海山东海域海洋保护区生物多样性图集

陆生植被

野西瓜苗 *Hibiscus trionum*

中文种名: 野西瓜苗

拉丁学名: *Hibiscus trionum*

分类地位: 被子植物门 / 木兰纲 / 锦葵目 / 锦葵科 / 木槿属

识别特征: 一年生草本,常平卧,稀直立,高20～70厘米。茎柔软,被白色星状粗毛。茎下部叶圆形,不裂或稍浅裂,上部叶掌状3～5深裂,中裂片较长,两侧裂片较短,裂片倒卵形或长圆形,常羽状全裂,上面近无毛或疏被粗硬毛,下面疏被星状粗刺毛;叶柄被星状柔毛和长硬毛,托叶线形,被星状粗硬毛。花单生叶腋。花梗被星状粗硬毛;小苞片12,线形,被长硬毛,基部合生;花萼钟形,淡绿色,裂片5,膜质,三角形,具紫色纵条纹,被长硬毛或星状硬毛,中部以下合生:花冠淡黄色,内面基部紫色,花瓣5,呈倒卵形,疏被柔毛;雄蕊柱长约5毫米,花丝纤细,花药黄色;花柱分枝5,无毛,柱头头状。蒴果长圆状球形,被硬毛,果柄长达4厘米,果爿5,果皮薄,黑色。种子肾形,黑色,具腺状凸起。花期7—10月。

分　　布: 产于我国各地,无论平原、山野、丘陵或田埂,处处有之,是常见的田间杂草。

照片来源: 潍坊

锦葵科 **Malvaceae**

89

渤海山东海域海洋保护区生物多样性图集

陆生植被

中文种名：芙蓉葵

拉丁学名：*Hibiscus moscheutos*

分类地位：被子植物门／木兰纲／锦葵目／锦葵科／木槿属

识别特征：多年生直立草本，高 1 ~ 2.5 米；茎被星状短柔毛或近于无毛。叶卵形至卵状披针形，有时具 2 小侧裂片，长 10 ~ 18 厘米，宽 4 ~ 8,厘米，基部楔形至近圆形，先端尾状渐尖，边缘具钝圆锯齿，上面近于无毛或被细柔毛，下面被灰白色毡毛；叶柄长 4 ~ 10 厘米，被短柔毛；托叶丝状，早落。花单生于枝端叶腋间，花梗长 4 ~ 8 厘米，被极疏星状柔毛，近顶端具节；小苞片 10 ~ 12，线形，长约 18 毫米，宽约 1.5 毫米，密被星状短柔毛，裂片 5，卵状三角形，宽约 1 厘米；花大，白色、淡红色和红色等，内面基部深红色，直径 10 ~ 14 厘米，花瓣倒卵形，长约 10 厘米，外面疏被柔毛，内面基部边缘具髯毛；雄蕊柱长约 4 厘米；花柱枝 5，疏被糙硬毛；子房无毛。蒴果圆锥状卵形，长 2.5 ~ 3 厘米，果片 5；种子近圆肾形，端尖，直径 2 ~ 3 毫米。花期 7—9 月。

分　　布：我国北京、青岛、上海、南京、杭州和昆明等城市有栽培，供园林观赏用。

照片来源：长岛

陆地棉 *Gossypium hirsutum*

中文种名：陆地棉

拉丁学名：*Gossypium hirsutum*

分类地位：被子植物门 / 木兰纲 / 锦葵目 / 锦葵科 / 棉属

识别特征：一年生草本，高 0.6 ～ 1.5 米，小枝疏被长毛。叶阔卵形，直径 5 ～ 12 厘米，长、宽近相等或较宽，基部心形或心状截头形，常 3 浅裂，很少为 5 裂，中裂片常深裂达叶片之半，裂片宽三角状卵形，先端突渐尖，基部宽，上面近无毛，沿脉被粗毛，下面疏被长柔毛；叶柄长 3 ～ 14 厘米，疏被柔毛；托叶卵状镰形，长 5 ～ 8 毫米，早落。花单生于叶腋，花梗通常较叶柄略短；小苞片 3，分离，基部心形，具腺体 1 个，边缘具 7 ～ 9 齿，连齿长达 4 厘米，宽约 2.5 厘米，被长硬毛和纤毛；花萼杯状，裂片 5，三角形，具缘毛；花白色或淡黄色，后变淡红色或紫色，长 2.5 ～ 3 厘米；雄蕊柱长 1.2 厘米。蒴果卵圆形，长 3.5 ～ 5 厘米，具喙，3 ～ 4 室；种子分离，卵圆形，具白色长绵毛和灰白色不易剥离的短绵毛。花期夏秋季。

分　　布：已广泛栽培于我国各产棉区，且已取代树棉和草棉。原产于美洲墨西哥。19 世纪末叶始传入我国栽培。

照片来源：潍坊

锦葵科 Malvaceae

91

堇菜科 Violaceae

多年生草本，亚灌木或小灌木，稀一年生草本、攀援灌木或小乔木。单叶，常互生，稀对生，全缘、有锯齿或分裂；有叶柄，托叶小或叶状。花两性或单性，稀杂性，辐射对称或两侧对称：单生或组成腋生或顶生穗状、总状或圆锥状花序，有2枚小苞片，有时有闭花受精花。萼片5，覆瓦状，同形或异形，宿存；花瓣5，覆瓦状或旋转状，异形，下面1枚常较大，基部囊状或有距；雄蕊5，花药直立、分离或围绕子房成环状靠合，药隔延伸于药室顶端成膜质附属物，花丝很短或无，下方2枚雄蕊基部有距状蜜腺；子房上位，被雄蕊覆盖，1室，由3～5心皮合成，侧膜胎座3～5，花柱单一稀分裂，柱头形状多样，胚珠1颗至多颗，倒生。蒴果，室背弹裂，或浆果状。种子无柄或具极短的种柄，种皮坚硬，有光泽，常有油质体，有时具翅，胚乳丰富，肉质，胚直立。

本科22属900种，广布于全球，我国有4属124种，南北地区均产之。

山东渤海海洋生态保护区共发现本科植物1属，共2种。

早开堇菜 *Viola prionantha*

中文种名：早开堇菜

拉丁学名：*Viola prionantha*

分类地位：被子植物门 / 木兰纲 / 堇菜目 / 堇菜科 / 堇菜属

识别特征：多年生草本，无地上茎，高达 10 ～ 20 厘米。根状茎垂直。叶多数，均基生，叶在花期长圆状卵形、卵状披针形或窄卵形，长 1 ～ 4.5 厘米，基部微心形、平截或宽楔形，稍下延，幼叶两侧常向内卷折，密生细圆齿，两面无毛或被细毛，果期叶增大，呈三角状卵形，基部常宽心形；叶柄较粗，上部有窄翅，托叶苍白色或淡绿色，干后呈膜质，2/3 与叶柄合生，离生部分线状披针形，疏生细齿。花紫堇色或紫色，喉部色淡有紫色条纹；上方花瓣倒卵形，无须毛，长 0.8 ～ 1.1 厘米，向上反曲，侧瓣长圆状倒卵形，内面基部常有须毛或近无毛，下瓣连距长 1.4 ～ 2.1 厘米，距粗管状，末端微向上弯。蒴果长椭圆形，无毛。花果期 4 月上中旬至 9 月。

分　　布：产于我国黑龙江、吉林、辽宁、内蒙古、河北、山西、陕西、宁夏、甘肃、山东、江苏、河南、湖北、云南。生长于山坡草地、沟边、宅旁等向阳处。

照片来源：潍坊

董菜科 *Violaceae*

93

紫花地丁 *Viola philippica*

中文种名： 紫花地丁

拉丁学名： *Viola philippica*

分类地位： 被子植物门/木兰纲/堇菜目/堇菜科/堇菜属

识别特征： 多年生草本，无地上茎，高达14～20厘米。根状茎短，垂直，节密生，淡褐色。基生叶莲座状；下部叶较小，呈三角状卵形或窄卵形，上部者较大，圆形、窄卵状披针形或长圆状卵形，先端圆钝，基部平截或楔形，

具圆齿，两面无毛或被细毛；叶柄果期上部具宽翅，托叶膜质，离生部分线状披针形，疏生流苏状细齿或近全缘。花紫堇色或淡紫色，稀白色或侧方花瓣粉红色，喉部有紫色条纹；花梗与叶等长或高于叶，中部有2线形小苞片；萼片卵状披针形或披针形，基部附属物短；花瓣呈倒卵形或长圆状倒卵形，侧瓣内面无毛或有须毛，下瓣连管状距长1.3～2厘米，有紫色脉纹；距细管状，末端不向上弯；柱头三角形，两侧及后方具微隆起的缘边，顶部略平，前方具短喙。蒴果长圆形，无毛。花果期4月中下旬至9月。

分　布： 产于我国黑龙江、吉林、辽宁、内蒙古、河北、山西、陕西、甘肃、山东、江苏、安徽、浙江、江西、福建、台湾、河南、湖北、湖南、广西、四川、贵州、云南。生长于田间、荒地、山坡草丛、林缘或灌丛中。

照片来源： 潍坊

渤海山东海域海洋保护区生物多样性图集

陆生植被

柽柳科 Tamaricaceae

灌木、亚灌木或乔木。单叶，互生，叶常呈鳞片状，草质或肉质，多具泌盐腺体；常无叶柄，无托叶。花常集成总状或圆锥花序，稀单生。花常两性，整齐；花萼4~5深裂，宿存；花瓣4~5，分离，花后脱落或宿存；下位花盘常肥厚，蜜腺状；雄蕊4~5或多数，着生于花盘上，花丝分离，稀茎部结合成束，或连合至中部成筒，花药丁字着生，2室，纵裂；雌蕊由2~5心皮构成，子房上位，1室，侧膜胎座，稀具隔，或基底胎座，倒生胚珠多数，稀少数，花柱短，常3~5分离，有时结合。蒴果圆锥形，室背开裂。种子多数，全被毛或顶端具芒柱，芒柱从茎部或1/2开始被毛；有或无内胚乳，胚直生。

本科共有5属，约90种，广泛分布在东半球的温带、热带和亚热带地区。我国有4属27种，主要生长在西部和北方荒漠地带。

山东渤海海洋生态保护区共发现本科植物1属，共1种。

柽　柳 *Tamarix chinensis*

中文种名：柽柳

拉丁学名：*Tamarix chinensis*

分类地位：被子植物门／木兰纲／堇菜目／柽柳科／柽柳属

识别特征：小乔木或灌木，高达8米。幼枝稠密纤细，常开展而下垂，红紫或暗紫红色，有光泽。叶鲜绿色，钻形或卵状披针形，长1～3毫米，背面有龙骨状凸起，先端内弯。每年开花2～3次；春季总状花序侧生于去年生小枝，长3～6厘米，下垂；夏秋总状花序，长3～5厘米，生于当年生枝顶端，组成顶生大圆锥花序。雄蕊5，花丝着生于花盘裂片间；花柱3，棍棒状。蒴果圆锥形，长3.5毫米。花期4—9月。

分　　布：野生于我国辽宁、河北、河南、山东、江苏（北部）、安徽（北部）等地；栽培于我国东部至西南部各地。喜生长于河流冲积平原，海滨、滩头、潮湿盐碱地和沙荒地。

照片来源：潍坊

渤海山东海域海洋保护区生物多样性图集

陆生植被

葫芦科 Cucurbitaceae

　　一年生或多年生草质或木质藤本，稀为灌木或乔木状；茎通常具纵沟纹，匍匐或借助卷须攀援。具卷须或极稀无卷须，卷须侧生叶柄基部，单1，或2至多歧，大多数在分歧点之上旋卷，少数在分歧点上下同时旋卷，稀伸直，仅顶端钩状。叶互生，无托叶，具叶柄；叶片不分裂，或掌状浅裂至深裂，稀为鸟足状复叶，边缘具锯齿或稀全缘，具掌状脉。花单性（罕两性），雌雄同株或异株，单生、簇生或集成总状花序、圆锥花序或近伞形花序。雄花：花萼辐状、钟状或管状，5裂，裂片覆瓦状排列或开放式；花冠插生于花萼筒的檐部，基部合生成筒状或钟状，或完全分离，5裂，裂片在芽中覆瓦状排列或内卷式镊合状排列，全缘或边缘成流苏状；雄蕊5或3，插生在花萼筒基部、近中部或檐部，花丝分离或合生成柱状，花药分离或靠合，药室在5枚雄蕊中，全部1室，在具3枚雄蕊中，通常为1枚1室，2枚2室或稀全部2室，药室通直、弓曲或S形折曲至多回折曲，药隔伸出或不伸出，纵向开裂，花粉粒圆形或椭圆形；退化雌蕊有或无。雌花：花萼与花冠同雄花；退化雄蕊有或无；子房下位或稀半下位，通常由3心皮合生而成，极稀具4～5心皮，3室或1～2室，有时为假4～5室，侧膜胎座，胚珠通常多数，在胎座上常排列成2列，水平、下垂或上升呈倒生胚珠，有时仅具几颗胚珠、极稀具1颗胚珠；花柱单1或在顶端3裂，稀完全分离，柱头膨大，2裂或流苏状。果实大型至小型，常为肉质浆果状或果皮木质，不开裂或在成熟后盖裂或3瓣纵裂，1室或3室。种子常多粒，稀少粒至1粒，扁压状，水平生或下垂生，种皮骨质、硬革质或膜质，有各种纹饰，边缘全缘或有齿；无胚乳；胚直，具短胚根，子叶大、扁平，常含丰富的油脂。

　　本科约113属800种，多数分布于热带和亚热带地区，少数种类散布到温带地区。我国有32属154种35变种，主要分布于西南和南部地区。

　　山东渤海海洋生态保护区共发现本科植物1属，共1种。

小马泡 *Cucumis bisexualis*

中文种名：小马泡

拉丁学名：*Cucumis bisexualis*

分类地位：被子植物门 / 木兰纲 / 堇菜目 / 葫芦科 / 黄瓜属

识别特征：一年生匍匐草本。茎、枝及叶柄粗糙，有浅的沟纹和疣状凸起，幼时有稀疏的腺质短柔毛，后渐脱落。叶片质稍硬，肾形或近圆形，常5浅裂，裂片钝圆，边缘稍反卷，中间裂片较大，侧裂片较小，基部心形，弯缺半圆形，两面粗糙，有腺点，幼时有短柔毛，后渐脱落，叶面深绿色，叶背苍绿色，掌状脉，脉上有腺质短柔毛。卷须不分枝。花两性，在叶腋内单生或双生；花梗和花萼被白色的短柔毛；花萼筒杯状，裂片线形，顶端尖；花冠黄色，钟状，裂片倒宽卵形，外面有稀疏的短柔毛，先端钝，5脉；雄蕊3，生于花被筒的口部；子房纺锤形，外面密被白色的细绵毛，花柱极短，柱头3，靠合，2浅裂。果实椭圆形，幼时有柔毛，后渐脱落而光滑。种子多粒，顶端尖，基部圆，两面光滑。花期5—7月，果期7—9月。

分　　布：产于我国山东、安徽和江苏。生长于田边路旁。

照片来源：长岛

渤海山东海域海洋保护区生物多样性图集

陆生植被

98

落叶乔木或直立、垫状和匍匐灌木。树皮光滑或开裂粗糙，通常味苦，有顶芽或无顶芽；芽由 1 至多数鳞片所包被。单叶互生，稀对生，不分裂或浅裂，全缘，锯齿缘或牙齿缘；托叶鳞片状或叶状，早落或宿存。花单性，雌雄异株，罕有杂性；荑荑花序，直立或下垂，先叶开放，或与叶同时开放，稀叶后开放，花着生于苞片与花序轴间，苞片脱落或宿存；基部有杯状花盘或腺体，稀缺如；雄蕊 2 至多数，花药 2 室，纵裂，花丝分离至合生；雌花子房无柄或有柄，雌蕊由 2～4 (5) 心皮合成，子房 1 室，侧膜胎座，胚珠多数，花柱不明显至很长，柱头 2～4 裂。蒴果 2～4 (5) 瓣裂。种子微小，种皮薄，胚直立，无胚乳，或有少量胚乳，基部围有多数白色丝状长毛。

本科 3 属，约 620 多种，分布于寒温带、温带和亚热带地区。我国 3 属均有，约 320 余种，各省（区）均有分布，尤以山地和北方地区较为普遍。

山东渤海海洋生态保护区共发现本科植物 2 属，共 3 种。

毛白杨 *Populus tomentosa*

中文种名：毛白杨

拉丁学名：*Populus tomentosa*

分类地位：被子植物门／木兰纲／杨柳目／杨柳科／杨属

识别特征：乔木，高达30米。树皮幼时暗灰色，壮时灰绿色，渐变为灰白色，老时基部黑灰色，纵裂，粗糙，干直或微弯，皮孔菱形散生，或2～4连生；小枝（嫩枝）初被灰毡毛。芽卵形，花芽卵圆形或近球形，微被毡毛。长枝叶阔卵形或三角状卵形，长10～15厘米，宽8～13厘米，先端短渐尖，基部心形或截形，边缘深齿牙缘或波状齿牙缘，上面暗绿色，光滑，下面密生毡毛，后渐脱落；叶柄上部侧扁，顶端通常有2 (3～4) 腺点；短枝叶通常较小，长7～11厘米，宽6.5～10.5厘米，卵形或三角状卵形，先端渐尖，上面暗绿色有金属光泽，下面光滑，具深波状齿牙缘；叶柄稍短于叶片，侧扁，先端无腺点。雄花序长10～14 (20)厘米，雄花苞片约具10个尖头，密生长毛，雄蕊6～12，花药红色；雌花序长4～7厘米，苞片褐色，尖裂，沿边缘有长毛；子房长椭圆形，柱头2裂，粉红色。蒴果圆锥形或长卵形，2瓣裂。花期3月，果期4—5月。

分　　布：分布广泛，在我国辽宁、河北、山东、山西、陕西、甘肃、河南、安徽、江苏、浙江等地均有分布，以黄河流域中、下游为中心分布区。喜生长于海拔1 500米以下的温和平原地区。

照片来源：潍坊

渤海山东海域海洋保护区生物多样性图集

陆生植被

垂 柳 *Salix babylonica*

中文种名：垂柳

拉丁学名：*Salix babylonica*

分类地位：被子植物门 / 木兰纲 / 杨柳目 / 杨柳科 / 柳属

识别特征：乔木，高达 12 ～ 18 米，树冠开展而疏散。树皮灰黑色，不规则开裂；枝细，下垂，淡褐黄色、淡褐色或带紫色，无毛。芽线形，先端急尖。叶狭披针形或线状披针形，长 9 ～ 16 厘米，宽 0.5 ～ 1.5 厘米，先

端长渐尖，基部楔形两面无毛或微有毛，上面绿色，下面色较淡，锯齿缘；叶柄长 (3) 5 ～ 10 毫米，有短柔毛；托叶仅生在萌发枝上，斜披针形或卵圆形，边缘有齿牙。花序先叶开放，或与叶同时开放；雄花序长 1.5 ～ 2 (3) 厘米，有短梗，轴有毛；雄蕊 2，花丝与苞片近等长或较长，基部多少有长毛，花药红黄色；苞片披针形，外面有毛；腺体 2；雌花序长达 2 ～ 3 (5) 厘米，有梗，基部有 3 ～ 4 小叶，轴有毛；子房椭圆形，无毛或下部稍有毛，无柄或近无柄，花柱短，柱头 2 ～ 4 深裂；苞片披针形，长约 1.8 ～ 2 (2.5) 毫米，外面有毛；腺体 1。蒴果带绿黄褐色。花期 3—4 月，果期 4—5 月。

分　　布：分布于我国长江流域与黄河流域，其他各地均有栽培，为道旁、水边等绿化树种。耐水湿，也能生长于干旱处。

照片来源：潍坊

杨柳科 Salicaceae

旱　柳 *Salix matsudana*

中文种名： 旱柳

拉丁学名： *Salix matsudana*

分类地位： 被子植物门 / 木兰纲 / 杨柳目 / 杨柳科 / 柳属

识别特征： 乔木，高达 18 米。大枝斜上，树冠广圆形；树皮暗灰黑色，有裂沟；枝细长，直立或斜展，浅褐黄色或带绿色，后变褐色，无毛，幼枝有毛。芽微有短柔毛。叶披针形，长 5 ~ 10 厘米，宽 1 ~ 1.5 厘米，先端长渐尖，基部窄圆形或楔形，上面绿色，无毛，有光泽，下面苍白色或带白色，幼叶有丝状柔毛；叶柄短，长 5 ~ 8 毫米，在上面有长柔毛；托叶披针形或缺。花序与叶同时开放；雄花序圆柱形，长 1.5 ~ 2.5 (3) 厘米，多少有花序梗，轴有长毛；雄蕊 2，花丝基部有长毛，花药卵形，黄色；苞片卵形，黄绿色，先端钝，基部多少有短柔毛；腺体 2；雌花序较雄花序短，长达 2 厘米，有 3 ~ 5 小叶生于短花序梗上，轴有长毛；子房长椭圆形，近无柄，无毛，无花柱或很短，柱头卵形，近圆裂；苞片同雄花；腺体 2，背生和腹生。花期 4 月，果期 4—5 月。耐干旱、水湿、寒冷。

分　　布： 分布于我国东北、华北平原、西北黄土高原，西至甘肃、青海，南至淮河流域以及浙江、江苏等地，为平原地区常见树种。

照片来源： 潍坊

十字花科 Cruciferae

　　一年生、二年生或多年生植物，常具特殊的辛辣气味，多数是草本，很少呈亚灌木状。植株具有单毛、分枝毛、星状毛或腺毛，少无毛。根有时膨大成肥厚的块根。茎直立或铺散，有时茎短缩，变化较大。基生叶呈旋叠状或莲座状；茎生叶通常互生，有柄或无柄，单叶全缘、有齿或分裂，基部有时抱茎或半抱茎，或呈各式深浅不等的羽状分裂或羽状复叶；通常无托叶。花整齐，两性，少有退化成单性；花多数聚集成一总状花序，顶生或腋生，偶有单生，每花下无苞或有苞；萼片4，分离，排成2轮，直立或开展，有时基部呈囊状；花瓣4，分离，成十字形排列，花瓣白色、黄色、粉红色、淡紫色、淡紫红色或紫色，基部有时具爪，少数种类花瓣退化或缺少，有的花瓣不等大；雄蕊通常6，排成2轮，外轮2，具较短花丝，内轮4，具较长花丝，有时雄蕊退化至4或2，或多至16，花丝或成对连合，或向基部加宽或扩大呈翅状；雌蕊1，子房上位，由于假隔膜的形成，子房2室，少数无假隔膜时子房1室，每室有胚珠1颗至多颗，排列成1行或2行，侧膜胎座，花柱短或缺，柱头单一或2裂。长角果或短角果，有翅或无翅，有刺或无刺，或有其他附属物；种子呈肾形或扁球形，直立，种皮膜质或硬脆，平滑或皱缩；富含粉质或油质胚乳，胚弯曲。

　　本科300属以上，约3 200种，主要产地为北温带地区，尤以地中海区域分布较多。我国有95属425种124变种和9个变型，全国各地均有分布，以西南、西北、东北高山区及丘陵地带为多，平原及沿海地区较少。

　　山东渤海海洋生态保护区共发现本科植物9属，共11种。

臭荠 *Coronopus didymus*

中文种名：臭荠

拉丁学名：*Coronopus didymus*

分类地位：被子植物门 / 双子叶植物纲 / 白花菜目 / 十字花科 / 臭荠属

识别特征：一年或二年生匍匐草本，高 5～30 厘米，全体有臭味；主茎短且不显明，基部多分枝，无毛或有长单毛。叶为一回或二回羽状全裂，裂片 3～5 对，线形或窄长圆形，长 4～8 毫米，宽 0.5～1 毫米，顶端急尖，基部楔形，全缘，两面无毛；叶柄长 5～8 毫米。花极小，直径约 1 毫米，萼片具白色膜质边缘；花瓣白色，长圆形，比萼片稍长，或无花瓣；雄蕊通常 2。短角果肾形，长约 1.5 毫米，宽 2～2.5 毫米，2 裂，果瓣半球形，表面有粗糙皱纹，成熟时分离成 2 瓣。种子呈肾形，长约 1 毫米，红棕色。花期 3 月，果期 4—5 月。

分　布：分布于我国山东、安徽、江苏、浙江、福建、台湾、湖北、江西、广东、四川、云南，为生长在路旁或荒地的杂草。

照片来源：长岛

陆生植被

独行菜 *Lepidium apetalum*

中文种名：独行菜

拉丁学名：*Lepidium apetalum*

分类地位：被子植物门／双子叶植物纲／白花菜目／十字花科／独行菜属

识别特征：一年或二年生草本，高 5～30 厘米；茎直立，有分枝，无毛或具微小头状毛。基生叶窄匙形，一回羽状浅裂或深裂，长 3～5 厘米，宽 1～1.5 厘米；叶柄长 1～2 厘米；茎上部叶线形，有疏齿或全缘。在果期总状花序可延长至 5 厘米；萼片早落，卵形，长约

0.8 毫米，外面有柔毛；花瓣不存或退化成丝状，比萼片短；雄蕊 2 或 4。短角果近圆形或宽椭圆形，扁平，长 2～3 毫米，宽约 2 毫米，顶端微缺，上部有短翅，隔膜宽不到 1 毫米；果梗弧形，长约 3 毫米。种子呈椭圆形，长约 1 毫米，平滑，棕红色。花果期 5—7 月。

分　　布：分布于我国东北、华北、江苏、浙江、安徽、西北、西南。生长在海拔 400～2 000 米的山坡、山沟、路旁及村庄附近。

照片来源：潍坊

独行菜 *Lepidium apetalum*

十字花科 Cruciferae

北美独行菜 *Lepidium virginicum*

中文种名： 北美独行菜

拉丁学名： *Lepidium virginicum*

分类地位： 被子植物门/双子叶植物纲/白花菜目/十字花科/独行菜属

识别特征： 一年生或二年生草本，高20～50厘米；茎单一，直立，上部分枝，具柱状腺毛。基生叶倒披针形，长1～5厘米，羽状分裂或大头羽裂，裂片大小不等，卵形或长圆形，边缘有锯齿，两面有短伏毛；叶柄长1～1.5厘米；茎生叶有短柄，倒披针形或线形，长1.5～5厘米，宽2～10毫米，顶端急尖，基部渐狭，边缘有尖锯齿或全缘。总状花序顶生；萼片椭圆形，长约1毫米；花瓣白色，倒卵形，与萼片等长或稍长；雄蕊2或4。短角果近圆形，长2～3毫米，宽1～2毫米，扁平，有窄翅，顶端微缺，花柱极短；果梗长2～3毫米。种子呈卵形，长约1毫米，光滑，红棕色，边缘有窄翅；子叶缘倚胚根。花期4—5月，果期6—7月。

分　　布： 分布于我国山东、河南、安徽、江苏、浙江、福建、湖北、江西、广西。生长在田边或荒地，为田间杂草。

照片来源： 潍坊

渤海山东海域海洋保护区生物多样性图集

陆生植被

荠　菜 *Capsella bursa-pastoris*

中文种名：荠菜

拉丁学名：*Capsella bursa-pastoris*

分类地位：被子植物门 / 木兰纲 / 白花菜目 / 十字花科 / 荠属

识别特征：一年生或二年生草本，高（7～）10～50厘米，无毛、有单毛或分叉毛；茎直立，单一或从下部分枝。基生叶丛生，呈莲座状，大头羽状分裂，长可达12厘米，宽可达2.5厘米，顶裂片卵形至长圆形，长5～30毫米，宽2～20

毫米，侧裂片3～8对，长圆形至卵形，长5～15毫米，顶端渐尖，浅裂或有不规则粗锯齿或近全缘，叶柄长5～40毫米；茎生叶窄披针形或披针形，长5～6.5毫米，宽2～15毫米，基部箭形，抱茎，边缘有缺刻或锯齿。总状花序顶生及腋生，果期延长达20厘米；花梗长3～8毫米；萼片长圆形，长1.5～2毫米；花瓣白色，卵形，长2～3毫米，有短爪。短角果呈倒三角形或倒心状三角形，长5～8毫米，宽4～7毫米，扁平，无毛，顶端微凹，裂瓣具网脉；花柱长约0.5毫米；果梗长5～15毫米。种子2行，长椭圆形，长约1毫米，浅褐色。花果期4—6月。

分　布：分布遍及全国；全世界温带地区广布。野生，偶有栽培。生长在山坡、田边及路旁。

照片来源：潍坊

十字花科 Cruciferae

播娘蒿 *Descurainia sophia*

中文种名：播娘蒿

拉丁学名：*Descurainia sophia*

分类地位：被子植物门 / 木兰纲 / 白花菜目 / 十字花科 / 播娘蒿属

识别特征：一年生草本，高 20 ～ 80 厘米，有毛或无毛，毛为叉状毛，以下部茎生叶为多，向上渐少。茎直立，分枝多，常于下部呈淡紫色。叶为 3 回羽状深裂，长 2 ～ 12 （～ 15）厘米，末端裂片条形或长圆形，裂片长 （2 ～）3 ～ 5 （～ 10）毫米，宽 0.8 ～ 1.5 （～ 2）毫米，下部叶具柄，上部叶无柄。花序伞房状，果期伸长；萼片直立，早落，长圆条形，背面有分叉细柔毛；花瓣黄色，长圆状倒卵形，长 2 ～ 2.5 毫米，或稍短于萼片，具爪；雄蕊 6，比花瓣长 1/3。长角果圆筒状，长 2.5 ～ 3 厘米，宽约 1 毫米，无毛，稍内曲，与果梗不成一条直线，果瓣中脉明显；果梗长 1 ～ 2 厘米。种子每室 1 行，种子形小，多粒，

长圆形，长约 1 毫米，稍扁，淡红褐色，表面有细网纹。

分　　布：除我国华南地区外，全国各地均产。生长于山坡、田野及农田。

照片来源：潍坊

渤海山东海域海洋保护区生物多样性图集

陆生植被

诸葛菜 *Orychophragmus violaceus*

中文种名： 诸葛菜

拉丁学名： *Orychophragmus violaceus*

分类地位： 被子植物门 / 双子叶植物纲 / 白花菜目 / 十字花科 / 诸葛菜属

识别特征： 一年生或二年生草本，高 10～50 厘米，无毛；茎单一，直立，基部或上部稍有分枝，浅绿色或带紫色。基生叶及下部茎生叶大头羽状全裂，顶裂片近圆形或短卵形，长 3～7 厘米，宽 2～3.5 厘米，顶端钝，基部心形，有钝齿，侧裂片 2～6 对，呈卵形或三角状卵形，长 3～10 毫米，越向下越小，偶在叶轴上杂有极小裂片，全缘或有牙齿，叶柄长 2～4 厘米，疏生细柔毛；上部叶长圆形或窄卵形，长 4～9 厘米，顶端急尖，基部耳状，抱茎，边缘有不整齐牙齿。花紫色、浅红色或褪成白色，直径 2～4 厘米；花梗长 5～10 毫米；花萼筒状，紫色，萼片长约 3 毫米；花瓣宽倒卵形，密生细脉纹，爪长 3～6 毫米。长角果线形，长 7～10 厘米。具 4 棱，裂瓣有一凸出中脊，喙长 1.5～2.5 厘米；果梗长 8～15 毫米。种子呈卵形至长圆形。稍扁平，黑棕色，有纵条纹。花期 4—5 月，果期 5—6 月。

分　　布： 分布于我国辽宁、河北、山西、山东、河南、安徽、江苏、浙江、湖北、江西、陕西、甘肃、四川。生长在平原、山地、路旁或地边。

照片来源： 潍坊

十字花科 Cruciferae

109

中文种名: 沼生蔊菜

拉丁学名: *Rorippa islandica*

分类地位: 被子植物门/木兰纲/白花菜目/十字花科/蔊菜属

识别特征: 一年生或二年生草本,高达50厘米,光滑无毛或稀有单毛。茎直立,单一成分枝,下部常带紫色,具棱。基生叶多数,具柄;叶片羽状深裂或大头羽裂,长圆形至狭长圆形,长5~10厘米,宽1~3厘米,裂片3~7对,边缘不规则浅裂或呈深波状,顶端裂片较大,基部耳状抱茎,有时有缘毛;茎生叶向上渐小,近无柄,叶片羽状深裂或具齿,基部耳状抱茎。总状花序顶生或腋生,果期伸长,花小,多数,淡黄色,具纤细花梗;萼片长椭圆形,长1.2~2毫米,宽约0.5毫米;花瓣长倒卵形至楔形,等于或稍短于萼片;雄蕊6,近等长,花丝线状。

短角果椭圆形或近圆柱形,有时稍弯曲,长3~8毫米,宽1~3毫米,果瓣肿胀。种子每室2行,多粒,褐色,细小,近卵形而扁,一端微凹,表面具细网纹。花期4—7月,果期6—8月。

分　　布: 分布于我国黑龙江、吉林、辽宁、内蒙古、河北、山西、山东、河南、安徽、江苏、湖南、陕西、甘肃、青海、新疆、贵州、云南。生长于潮湿环境或近水处、溪岸、路旁、田边、山坡草地及草场。

照片来源: 潍坊

蔊 菜 *Rorippa indica*

中文种名： 蔊菜

拉丁学名： *Rorippa indica*

分类地位： 被子植物门 / 双子叶植物纲 / 白花菜目 / 十字花科 / 蔊菜属

识别特征： 一年生或二年生直立草本，高 20 ～ 40 厘米，植株较粗壮，无毛或具疏毛。茎单一或分枝，表面具纵沟。叶互生，基生叶及茎下部叶具长柄，叶形多变化，通常大头羽状分裂，长 4 ～ 10 厘米，宽 1.5 ～ 2.5 厘米，顶端裂片大，卵状披针形，边缘具不整齐牙齿，侧裂片 1 ～ 5 对；茎上部

叶片宽披针形或匙形，边缘具疏齿，具短柄或基部耳状抱茎。总状花序顶生或侧生，花小，多数，具细花梗；萼片 4，卵状长圆形，长 3 ～ 4 毫米；花瓣 4 枚，黄色，匙形，基部渐狭成短爪，与萼片近等长；雄蕊 6，2 枚稍短。长角果线状圆柱形，短而粗，长 1 ～ 2 厘米，宽 1 ～ 1.5 毫米，直立或稍内弯，成熟时果瓣隆起；果梗纤细，长 3 ～ 5 毫米，斜升或近水平开展。种子每室 2 行，多粒，细小，卵圆形而扁，一端微凹，表面褐色，具细网纹；子叶缘倚胚根。花期 4—6 月，果期 6—8 月。

分　　布： 分布于我国山东、河南、江苏、浙江、福建、台湾、湖南、江西、广东、陕西、甘肃、四川、云南。生长于海拔 230 ～ 1 450 米的路旁、田边、园圃、河边、屋边墙脚、山坡路旁等较潮湿处。

照片来源： 长岛

十字花科 Cruciferae

小花糖芥 *Erysimum cheiranthoides*

中文种名：小花糖芥

拉丁学名：*Erysimum cheiranthoides*

分类地位：被子植物门 / 木兰纲 / 白花菜目 / 十字花科 / 糖芥属

识别特征：一年生草本，高 15 ～ 50 厘米；茎直立，分枝或不分枝，有棱角，具 2 叉毛。基生叶莲座状，无柄，平铺地面，叶片长（1 ～）2 ～ 4 厘米，宽 1 ～ 4 毫米，有 2 ～ 3 叉毛；叶柄长 7 ～ 20 毫米；茎生叶披针形或线形，长 2 ～ 6 厘米，宽 3 ～ 9 毫米，顶端

急尖，基部楔形，边缘具深波状疏齿或近全缘，两面具 3 叉毛。总状花序顶生，果期时长达 17 厘米；萼片长圆形或线形，长 2 ～ 3 毫米，外面有 3 叉毛；花瓣浅黄色，长圆形，长 4 ～ 5 毫米，顶端圆形或截形，下部具爪。长角果圆柱形，长 2 ～ 4 厘米，宽约 1 毫米，侧扁，稍有棱，具 3 叉毛；果瓣有 1 条不明显中脉；花柱长约 1 毫米，柱头头状；果梗粗，长 4 ～ 6 毫米；种子每室 1 行，种子呈卵形，长约 1 毫米，淡褐色。花期 5 月，果期 6 月。

分　　布：分布于我国吉林、辽宁、内蒙古、河北、山西、山东、河南、安徽、江苏、湖北、湖南、陕西、甘肃、宁夏、新疆、四川、云南。生长在海拔 500 ～ 2 000 米的山坡、山谷、路旁及村旁荒地。

照片来源：潍坊

盐 芥 *Thellungiella salsuginea*

中文种名: 盐芥

拉丁学名: *Thellungiella salsuginea*

分类地位: 被子植物门 / 双子叶植物纲 / 白花菜目 / 十字花科 / 盐芥属

识别特征: 一年生草本,高 10 ～ 35 (45) 厘米,无毛。茎于基部或近中部分枝,光滑,基部常淡紫色,基生叶近莲座状,早枯,具柄,叶片卵形或长圆形,全缘或具不明显、不整齐小齿;茎生叶无柄,长圆状卵形,下部叶长约 1.5 厘米,向上渐小,顶端急尖,基部箭形抱茎,全缘或具不明显小齿。花序花时伞房状,果期时伸长成总状;花梗长 2 ～ 4 毫米,萼片卵圆形,边缘白色膜质,花瓣白色,呈长圆状倒卵形,顶端钝圆。果柄丝状,斜向上展开;长角果线状,略弯曲,于果梗端内翘,使角果向上直立。种子黄色,椭圆形,花期 4—5 月。

分　　布: 分布于我国内蒙古、新疆、江苏。生长于土壤盐渍化的农田边、水沟旁和山区。

照片来源: 东营

十字花科 Cruciferae

113

群心菜 *Cardaria draba*

中文种名：群心菜

拉丁学名：*Cardaria draba*

分类地位：被子植物门 / 双子叶植物纲 / 白花菜目 / 十字花科 / 群心菜属

识别特征：多年生草本，高 20 ～ 50 厘米，有弯曲短单毛；以基部最多，向上渐减少；茎直立，多分枝。基生叶有柄，倒卵状匙形，长 3 ～ 10 厘米，宽 1 ～ 4 厘米，边缘有波状齿，开花时枯萎；茎生叶倒卵形，长圆形至披针形，长 4 ～ 10 厘米，宽 2 ～ 5 厘米，顶端钝，有小锐尖头，基部心形，抱茎，边缘疏生尖锐波状齿或近全缘，两面有柔毛。总状花序伞房状，呈圆锥花序，多分枝，在果期不伸长；萼片长圆形，长约 2 毫米；花瓣白色，呈倒卵状匙形，长约 4 毫米，顶端微缺，有爪；盛开花的花柱比子房长。短角果卵形或近球形，长 3 ～ 4.5 毫米，宽 3.5 ～ 5 毫米，果瓣无毛，有明显网脉；花柱长约 1.5 毫米；果梗长 5 ～ 10 毫米。种子 1 粒，宽卵形或椭圆形，长约 2 毫米，棕色，无翅。花期 5—6 月，果期 7—8 月。

分　布：主要分布在我国辽宁、新疆。生长在山坡路边、田间、河滩及水沟边。

照片来源：长岛

渤海山东海域海洋保护区生物多样性图集

陆生植被

柿树科 Ebenaceae

　　乔木或直立灌木，无乳汁，少数有枝刺。单叶，互生，稀对生，排成 2 列，全缘，无托叶，具羽状叶脉。花多单生，通常雌雄异株，或杂性，腋生；雌花单生；雄花常成小聚伞花序或簇生，或单生，整齐。花萼 3 ~ 7 裂，多少深裂，在雌花或两性花中宿存，果时常增大，裂片在花蕾中镊合状或覆瓦状排列；花冠 3 ~ 7 裂，早落，裂片旋转排列，稀覆瓦状排列或镊合状排列；雄蕊离生或着生花冠管基部，常为花冠裂片数的 2 ~ 4 倍，稀和花冠裂片同数而与之互生，花丝分离或两枚连生成对，花药基部，2 室，内向，纵裂；雌花常具退化雄蕊或无雄蕊，子房上位，2 ~ 16 室，每室具 1 ~ 2 悬垂胚珠，花柱 2 ~ 8，分离或基部合生，柱头小，全缘或 2 裂；在雄花中，雌蕊退化或缺。浆果多肉质。种子有胚乳，胚乳有时嚼烂状，胚小，子叶大，叶状；种脐小。

　　本科仅有 2 属，约 500 种，大部分生长在全世界的热带和亚热带地区。我国有 1 属，约 40 种。

　　山东渤海海洋生态保护区共发现本科植物 1 属，共 1 种。

柿 *Diospyros kaki*

中文种名： 柿

拉丁学名： *Diospyros kaki*

分类地位： 被子植物门 / 木兰纲 / 柿树目 / 柿树科 / 柿属

识别特征： 落叶乔木。冬芽卵圆形，先端钝。叶纸质，卵状椭圆形、倒卵形或近圆形，新叶疏被柔毛，老叶上面深绿色，有光泽，无毛，下面绿色，有柔毛或无毛，中脉在上面凹下，侧脉 5 ~ 7 对。花雌雄异株；聚伞花序腋生。雄花序长 1 ~ 1.5 厘米，弯垂，被柔毛或茸毛，有 3 ~ 5 花；花序梗长约 5 毫米，有微小苞片；雄花长 0.5 ~ 1 厘米，花梗长约 3 毫米；花萼钟状，两面有毛，4 深裂，裂片卵形，有睫毛；花冠钟形，不长过花萼的 2 倍，黄白色，被毛，4 裂，裂片卵形或心形，开展；雄蕊 16 ~ 24。雌花单生叶腋，花萼绿色，4 深裂，萼管近球状钟形，肉质，裂片开展；花冠淡黄白色或带紫红色，壶形或近钟形，4 裂，冠管近四棱形，裂片卵形；退化雄蕊 8；有长柔毛。果球形、扁球形、方球形或卵圆形，基部常有棱，成熟后黄色或橙黄色，果肉柔软多汁，橙红色或大红色，有数粒种子。花期5—6月，果期9—10月。

分　　布： 原产于我国长江流域。现在辽宁西部、长城一线经甘肃南部，折入四川、云南，在此线以南，东至台湾省，各地多有栽培。

照片来源： 潍坊

报春花科 Primulaceae

多年生或一年生草本，稀亚灌木。茎直立或匍匐。单叶，边缘齿裂；互生、对生或轮生，或无地上茎，叶全部基生。花单生或组成总状、伞形或穗状花序。花两性，常 5 基数；花萼宿存；花冠下部合生，辐射对称，稀无花冠；雄蕊多少贴生花冠筒，与花冠裂片同数且对生，稀具 1 轮鳞片状退化雄蕊；子房上位，稀半下位，1 室，花柱单一，胚珠多颗，特立中央胎座。蒴果常 5 齿裂或瓣裂，稀盖裂。

本科约 22 属 800 种，广布全球，但主要分布于北半球温带和较寒冷地区。我国有 12 属，约 500 种，全国各地都有分布，但以西南山区为多，西北、华北平原及沿海地区较少。

山东渤海海洋生态保护区共发现本科植物 1 属，共 1 种。

狼尾花 *Lysimachia barystachys*

中文种名：狼尾花

拉丁学名：*Lysimachia barystachys*

分类地位：被子植物门 / 木兰纲 / 报春花目 / 报春花科 / 珍珠菜属

识别特征：多年生草本，具横走的根茎，全株密被卷曲柔毛。茎直立，高 30 ~ 100 厘米。叶互生或近对生，长圆状披针形、倒披针形至线形，长 4 ~ 10 厘米，宽 6 ~ 22 毫米，先端钝或锐尖，基部楔形，近于无柄。总状花序顶生，花密集，常转向一侧；花序轴长 4 ~ 6 厘米，后渐伸长，果期长可达 30 厘米；苞片

线状钻形，花梗长 4 ~ 6 毫米，通常稍短于苞片；花萼长 3 ~ 4 毫米，分裂近达基部，裂片长圆形，周边膜质，顶端圆形，略呈啮蚀状；花冠白色，基部合生部分长约 2 毫米，裂片舌状狭长圆形，宽约 2 毫米，先端钝或微凹，常有暗紫色短腺条；雄蕊内藏，花丝基部约 1.5 毫米连合并贴生于花冠基部，分离部分长约 3 毫米，具腺毛；花药椭圆形，长约 1 毫米；花粉粒具 3 孔沟，长球形，表面近于平滑；子房无毛，花柱短。蒴果球形，直径 2.5 ~ 4 毫米。花期 5—8 月，果期 8—10 月。

分　　布：分布于我国黑龙江、吉林、辽宁、内蒙古、河北、山西、陕西、甘肃、四川、云南、贵州、湖北、河南、安徽、山东、江苏、浙江等地。生长于草甸、山坡路旁灌丛间，垂直分布上限可达海拔 2 000 米。

照片来源：长岛

景天科 Crassulaceae

草本、半灌木或灌木，常有肥厚、肉质的茎、叶，无毛或有毛。叶不具托叶，互生、对生或轮生，常为单叶，全缘或稍有缺刻，少有浅裂或奇数羽状复叶。常为聚伞花序，或伞房状、穗状、总状或圆锥状花序，有时单生。花两性，或单性而雌雄异株，辐射对称，花各部常为5数或其倍数，少有3数、4数、或6～32数或其倍数；萼片自基部分离，少有在基部以上合生，宿存；花瓣分离，或多少合生；雄蕊1轮或2轮，与萼片或花瓣同数或为其2倍，分离，或与花瓣或花冠筒部多少合生，花丝丝状或钻形，少变宽，花药基生，少有背着，内向开裂；心皮常与萼片或花瓣同数，分离或基部合生，常在基部外侧有腺状鳞片1枚，花柱钻形，柱头头状或不显著，胚珠倒生，有两层珠被，常多数，排成两行沿腹缝线排列，稀少数或一个的。蓇葖果有膜质或革质的皮，稀为蒴果；种子小，长椭圆形，种皮有皱纹或微乳头状凸起，或有沟槽，胚乳不发达或缺。

本科34属1500种以上。分布于非洲、亚洲、欧洲、美洲。我国西南部、非洲南部及墨西哥种类较多。我国有10属242种。

山东渤海海洋生态保护区共发现本科植物2属，共3种。

中文种名：瓦松

拉丁学名：*Orostachys fimbriata*

分类地位：被子植物门／木兰纲／蔷薇目／景天科／瓦松属

识别特征：二年生草本。一年生莲座丛的叶短；莲座叶线形，先端增大，为白色软骨质，半圆形，有齿；二年生花茎一般高 10～20 厘米，矮的只长 5 厘米，高的有时达 40 厘米；叶互生，疏生，有刺，线形至披针形，长可达 3 厘米，宽 2～5 毫米。花序总状，紧密，或下部分枝，可呈宽 20 厘米的金字塔形；苞片线状渐尖；花梗长达 1 厘米，萼片 5，长圆形，长 1～3 毫米；花瓣 5，红色，披针状椭圆形，长 5～6 毫米，宽 1.2～1.5 毫米，先端渐尖，基部 1 毫米合生；雄蕊 10，与花瓣同长或稍短，花药紫色；鳞片 5，近四方形，长 0.3～0.4 毫米，先端稍凹。蓇葖果 5，长圆形，长 5 毫米，喙细，长 1 毫米；种子多粒，卵形，细小。花期 8—9 月，果期 9—10 月。

分　　布：分布于我国湖北、安徽、江苏、浙江、青海、宁夏、甘肃、陕西、河南、山东、山西、河北、内蒙古、辽宁、黑龙江。生长于海拔 1 600 米以下，在甘肃、青海可生长在海拔 3 500 米以下的山坡石上或屋瓦上。

照片来源：长岛

垂盆草 *Sedum sarmentosum*

中文种名：垂盆草

拉丁学名：*Sedum sarmentosum*

分类地位：被子植物门 / 木兰纲 / 蔷薇目 / 景天科 / 景天属

识别特征：多年生草本。不育枝及花茎细，匍匐而节上生根，直到花序之下，长 10 ～ 25 厘米。3 叶轮生，叶倒披针形至长圆形，长 15 ～ 28 毫米，宽 3 ～ 7 毫米，先端近急尖，基部急狭，有距。聚伞花序，有 3 ～ 5 分枝，花少，宽 5 ～ 6 厘米；花无梗；萼片 5，披针形至长圆形，

长 3.5 ～ 5 毫米，先端钝，基部无距；花瓣 5，黄色，披针形至长圆形，长 5 ～ 8 毫米，先端有稍长的短尖；雄蕊 10，较花瓣短；鳞片 10，楔状四方形，长 0.5 毫米，先端稍有微缺；心皮 5，长圆形，长 5 ～ 6 毫米，略叉开，有长花柱。种子呈卵形，长 0.5 毫米。花期 5—7 月，果期 8 月。

分　　布：分布于我国福建、贵州、四川、湖北、湖南、江西、安徽、浙江、江苏、甘肃、陕西、河南、山东、山西、河北、辽宁、吉林、北京。生长于海拔 1600 米以下的山坡阳处或石上。

照片来源：长岛

景天科 **Crassulaceae**

狭叶费菜 *Sedum aizoon* f. *angustifolium*

中文种名：狭叶费菜

拉丁学名：*Sedum aizoon* f. *angustifolium*

分类地位：被子植物门 / 木兰纲 / 蔷薇目 / 景天科 / 景天属

识别特征：多年生草本。根状茎短，粗壮，茎高 20～50 厘米，有 1～3 条茎，直立，无毛，不分枝。叶互生，叶狭长圆状楔形或几为线形，宽不及 5 毫米。先端渐尖，基部楔形，边缘有不整齐的锯齿；叶坚实，近革质。聚伞花序有多花，水平分枝，平展，下托以苞叶。萼片 5，线形，肉质，不等长，长 3～5 毫米，先端钝；花瓣 5，黄色，长圆形至椭圆状披针形，长 6～10 毫米，有短尖；雄蕊 10，较花瓣短；鳞片 5，近正方形，长 0.3 毫米，心皮 5，卵状长圆形，基部合生，腹面凸出，花柱长钻形。蓇葖星芒状排列，长 7 毫米；种子椭圆形，长约 1 毫米。花期 6—7 月，果期 8 月。

分　　布：分布于我国甘肃、陕西、山东、河北、内蒙古、吉林、黑龙江。生长于海拔 1 350 米左右的山坡阴地。

照片来源：长岛

蔷薇科 Rosaceae

　　草本、灌木或乔木，落叶或常绿，有刺或无刺。冬芽常具数个鳞片，有时仅具 2 个。叶互生，稀对生，单叶或复叶，有明显托叶，稀无托叶。花两性，稀单性。通常整齐，周位花或上位花；花轴上端发育成碟状、钟状、杯状、罈状或圆筒状的花托（萼筒），在花托边缘着生萼片、花瓣和雄蕊；萼片和花瓣同数，通常 4～5，覆瓦状排列，稀无花瓣，萼片有时具副萼；雄蕊 5 至多数，稀 1 或 2，花丝离生，稀合生；心皮 1 至多数，离生或合生，有时与花托连合，每心皮有 1 枚至数枚直立的或悬垂的倒生胚珠；花柱与心皮同数，有时连合，顶生、侧生或基生。果实为蓇葖果、瘦果、梨果或核果，稀蒴果；种子通常不含胚乳，极稀具少量胚乳；子叶为肉质，背部隆起，稀对褶或呈席卷状。

　　本科约有 124 属 3 300 余种，分布于全世界，北温带地区较多。我国约有 51 属 1 000 余种，分布于全国各地。

　　山东渤海海洋生态保护区共发现本科植物 10 属，共 13 种。

华北绣线菊 *Spiraea fritschiana*

中文种名：华北绣线菊

拉丁学名：*Spiraea fritschiana*

分类地位：被子植物门 / 木兰纲 / 蔷薇目 / 蔷薇科 / 绣线菊属

识别特征：灌木，高 1～2 米；枝条粗壮，小枝具明显棱角，有光泽，嫩枝无毛或具稀疏短柔毛，紫褐色至浅褐色；冬芽卵形，先端渐尖或急尖，有数枚外露褐色鳞片。叶片卵形、椭圆卵形或椭圆长圆形，先端急尖或渐尖，基部宽楔形，

边缘有不整齐重锯齿或单锯齿，上面深绿色，无毛，稀沿叶脉有稀疏短柔毛，下面浅绿色，具短柔毛；叶柄长 2～5 毫米，幼时具短柔毛。复伞房花序顶生于当年生直立新枝上，多花，无毛；花梗长 4～7 毫米；苞片披针形或线形，微被短柔毛；花直径 5～6 毫米；萼筒钟状；萼片三角形，先端急尖；花瓣卵形，先端圆钝，白色，在芽中呈粉红色；雄蕊 25～30，长于花瓣；花盘圆环状；子房具短柔毛，花柱短于雄蕊。蓇葖果几直立，开张，无毛或仅沿腹缝有短柔毛。花期 6 月，果期 7—8 月。

分　　布：分布于我国河南、陕西、山东、江苏、浙江。生长于海拔 100～1 000 米的岩石坡地、山谷丛林间。

照片来源：长岛

渤海山东海域海洋保护区生物多样性图集

陆生植被

朝天委陵菜 *Potentilla supina*

中文种名：朝天委陵菜

拉丁学名：*Potentilla supina*

分类地位：被子植物门／木兰纲／蔷薇目／蔷薇科／委陵菜属

识别特征：一年生或二年生草本。茎平展，上升或直立，叉状分枝，长 20～50 厘米，被疏柔毛或脱落几无毛。基生叶羽状复叶，有小叶 2～5 对，连叶柄长 4～15 厘米；小叶互生或对生，无柄，小叶片长圆形或倒卵状长圆形，通常长 1～2.5 厘米，宽 0.5～1.5 厘米，顶端圆钝或急尖，基部楔形或宽楔形，边缘有圆钝或缺刻状锯齿，两面绿色；茎生叶与基生叶相似，向上小叶对数逐渐减少。花茎上多叶，下部花自叶腋生，顶端呈伞房状聚伞花序；花梗长 0.8～1.5 厘米，常密被短柔毛；花直径 0.6～0.8 厘米；萼片呈三角卵形，顶端急尖，副萼片长椭圆形或椭圆披针形，顶端急尖，比萼片稍长或近等长；花瓣黄色，倒卵形，顶端微凹，与萼片近等长或较短；花柱近顶生，基部乳头状膨大，花柱扩大。瘦果长圆形，先端尖，表面具脉纹，腹部鼓胀若翅或有时不明显。花果期 3—10 月。

分　布：广布于北半球温带及部分亚热带地区。分布于我国黑龙江、吉林、辽宁、内蒙古、河北、山西、陕西、宁夏、甘肃、新疆、山东、河南、江苏、浙江、安徽、江西、湖北、湖南、广东、四川、贵州、云南、西藏。生长于海拔 100～2 000 米的田边、荒地、河岸沙地、草甸、山坡湿地。

照片来源：潍坊

蔷薇科 **Rosaceae**

中文种名： 委陵菜

拉丁学名： *Potentilla chinensis*

分类地位： 被子植物门 / 木兰纲 / 蔷薇目 / 蔷薇科 / 委陵菜属

识别特征： 多年生草本。花茎直立或上升，高 20 ~ 70 厘米，被稀疏短柔毛及白色绢状长柔毛。基生叶为羽状复叶，有小叶 5 ~ 15 对，连叶柄长 4 ~ 25 厘米，叶柄被短柔毛及绢状长柔毛；小叶片对生或互生，上部小叶较长，向下逐渐减小，无柄，长圆形、倒卵形或长圆披针形，长 1 ~ 5 厘米，宽 0.5 ~ 1.5 厘米，上面绿色，被短柔毛或脱落几无毛，中脉下陷，下面被白色茸毛，沿脉被白色绢状长柔毛，茎生叶与基生叶相似，唯叶片对数较少。伞房状聚伞花序，花梗长 0.5 ~ 1.5 厘米，基部有披针形苞片，外面密被短柔毛；通常花直径 0.8 ~ 1 厘米；萼片呈三角卵形，顶端急尖，副萼片带形或披针形，顶端尖，比萼片短约 1 倍且狭窄；花瓣黄色，宽倒卵形，比萼片稍长；花柱近顶生，基部微扩大，稍有乳头或不明显，柱头扩大。瘦果卵球形，深褐色，有明显皱纹。花果期 4—10 月。

分　　布： 分布于我国黑龙江、吉林、辽宁、内蒙古、河北、山西、陕西、甘肃、山东、河南、江苏、安徽、江西、湖北、湖南、台湾、广东、广西、四川、贵州、云南、西藏。生长于海拔 400 ~ 3 200 米的山坡草地、沟谷、林缘、灌丛或疏林下。

照片来源： 东营

渤海山东海域海洋保护区生物多样性图集

陆生植被

蛇 莓 *Duchesnea indica*

中文种名: 蛇莓

拉丁学名: *Duchesnea indica*

分类地位: 被子植物门 / 木兰纲 / 蔷薇目 / 蔷薇科 / 蛇莓属

识别特征: 多年生草本; 根茎短, 粗壮; 匍匐茎多数, 长 30 ～ 100 厘米, 有柔毛。小叶片倒卵形至菱状长圆形, 长 2 ～ 3.5 (～ 5) 厘米, 宽 1 ～ 3 厘米, 先端圆钝, 边缘有钝锯齿, 两面皆有柔毛, 或上面无毛, 具小叶柄; 叶柄长 1 ～ 5 厘米, 有柔毛; 托叶窄卵形至宽披针形, 长 5 ～ 8 毫米。花单生于叶腋; 直径 1.5 ～ 2.5 厘米; 花梗长 3 ～ 6 厘米, 有柔毛; 萼片呈卵形, 长 4 ～ 6 毫米, 先端锐尖, 外面有散生柔毛; 副萼片倒卵形, 长 5 ～ 8 毫米, 比萼片长, 先端常具 3 ～ 5 锯齿; 花瓣倒卵形, 长 5 ～ 10 毫米, 黄色, 先端圆钝; 雄蕊 20 ～ 30; 心皮多数, 离生; 花托在果期膨大, 海绵质, 鲜红色, 有光泽, 直径 10 ～ 20 毫米, 外面有长柔毛。瘦果卵形, 长约 1.5 毫米, 光滑或具不显明凸起, 鲜时有光泽。花期 6—8 月, 果期 8—10 月。

分 布: 分布于我国辽宁以南各地。生长于海拔 1 800 米以下的山坡、河岸、草地、潮湿的地方。

照片来源: 长岛

玫 瑰 *Rosa rugosa*

中文种名：玫瑰

拉丁学名：*Rosa rugosa*

分类地位：被子植物门 / 木兰纲 / 蔷薇目 / 蔷薇科 / 蔷薇属

识别特征：直立灌木，高可达 2 米；茎粗壮，丛生；小枝密被茸毛，并有针刺和腺毛，有直立或弯曲、淡黄色的皮刺，皮刺外被茸毛。小叶 5～9，连叶柄长 5～13 厘米；小叶片呈椭圆形或椭圆状倒卵形，先端急尖或圆钝，基部圆形或宽楔形，边缘有

尖锐锯齿，上面深绿色，叶脉下陷，有褶皱，下面灰绿色，中脉凸起，网脉明显，密被茸毛和腺毛；叶柄和叶轴密被茸毛和腺毛；托叶大部贴生于叶柄，离生部分卵形，边缘有带腺锯齿。花单生于叶腋，或数朵簇生，苞片卵形，边缘有腺毛，外被茸毛；花梗长 5～225 毫米，密被茸毛和腺毛；花直径 4～5.5 厘米；萼片呈卵状披针形，先端尾状渐尖，常有羽状裂片而扩展成叶状；花瓣倒卵形，重瓣至半重瓣，芳香，紫红色至白色；花柱离生，被毛，稍伸出萼筒口外，比雄蕊短很多。果扁球形，砖红色，肉质，平滑，萼片宿存。花期 5—6 月，果期 8—9 月。

分　　布：原分布于我国华北以及日本和朝鲜。我国各地均有栽培。

照片来源：潍坊

中文种名：月季

拉丁学名：*Rosa chinensis*

分类地位：被子植物门 / 木兰纲 / 蔷薇目 / 蔷薇科 / 蔷薇属

识别特征：直立灌木，高 1～2 米；小枝粗壮，圆柱形，近无毛，有短粗的钩状皮刺。小叶 3～5，稀 7，连叶柄长 5～11 厘米，小叶片宽卵形至卵状长圆形，长 2.5～6 厘米，宽 1～3 厘米，先端长渐尖或渐尖，基部近圆形或宽楔形，边缘有锐锯齿，两面近无毛，上面暗绿色，常带光泽，下面颜色较浅，顶生小叶片有柄，侧生小叶片近无柄，总叶柄较长，有散生皮刺和腺毛；托叶大部贴生于叶柄，仅顶端分离部分呈耳状，边缘常有腺毛。花几朵集生，稀单生；花梗长 2.5～6 厘米，近无毛或有腺毛，萼片呈卵形，先端尾状渐尖，有时呈叶状，边缘常有羽状裂片，稀全缘，外面无毛，内面密被长柔毛；花瓣重瓣至半重瓣，红色、粉红色至白色，倒卵形，先端有凹缺，基部楔形；花柱离生，伸出萼筒口外，约与雄蕊等长。果卵球形或梨形，红色，萼片脱落。花期 4—9 月，果期 6—11 月。

分　　布：原产于我国，各地均普遍栽培。

照片来源：潍坊

蔷薇科 Rosaceae

野蔷薇 *Rosa multiflora*

中文种名：野蔷薇
拉丁学名：*Rosa multiflora*
分类地位：被子植物门 / 木兰纲 / 蔷薇目 / 蔷薇科 / 蔷薇属
识别特征：攀援灌木；小枝圆柱形，通常无毛，有短、粗稍弯曲皮刺。小叶 5 ～ 9，近花序的小叶有时 3，连叶柄长 5 ～ 10 厘米；小叶片呈倒卵形、长圆形或卵形，长 1.5 ～ 5 厘米，宽 8 ～ 28 毫米，先端急尖或圆钝，基部近圆形或楔形，边缘有尖锐单锯齿，稀混有重锯齿，上面无毛，下面有柔毛；小叶柄和叶轴有柔毛或无毛，有散生腺毛；托叶篦齿状，大部贴生于叶柄，边缘有或无腺毛。花多朵，排成圆锥状花序，花梗长 1.5 ～ 2.5 厘米，无毛或有腺毛，有时基部有篦齿状小苞片；花直径 1.5 ～ 2 厘米，萼片呈披针形，有时中部具 2 个线形裂片，外面无毛，内面有柔毛；花瓣白色，宽倒卵形，先端微凹，基部楔形；花柱结合成束，无毛，比雄蕊稍长。果近球形，直径 6 ～ 8 毫米，红褐色或紫褐色，有光泽，无毛，萼片脱落。

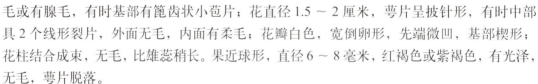

分　　布：分布于我国江苏、山东、河南等地。
照片来源：长岛

茅 莓 *Rubus parvifolius*

中文种名：茅莓

拉丁学名：*Rubus parvifolius*

分类地位：被子植物门 / 木兰纲 / 蔷薇目 / 蔷薇科 / 悬钩子属

识别特征：灌木，高 1 ～ 2 米；枝被柔毛和稀疏钩状皮刺；小叶 3 枚，在新枝上偶有 5 枚，菱状圆形或倒卵形，长 2.5 ～ 6 厘米，宽 2 ～ 6 厘米，顶端圆钝或急尖，基部圆形或宽楔形，上面伏生疏柔毛，下面密被灰白色茸毛，边缘有不整齐粗锯齿或缺刻状粗重锯齿，常具浅裂片；叶柄长 2.5 ～ 5 厘米，顶生小叶柄长 1 ～ 2 厘米，均被柔毛和稀疏小皮刺。伞房花序顶生或腋生，稀顶生花序成短总状，具花数朵至多朵，被柔毛和细刺；花梗长 0.5 ～ 1.5 厘米，具柔毛和稀疏小皮刺；花直径约 1 厘米；花萼外面密被柔毛和疏密不等的针刺；萼片卵状披针形或披针形，在花果时均直立开展；花瓣卵圆形或长圆形，粉红至紫红色，基部具爪；雄蕊花丝白色，稍短于花瓣；子房具柔毛。果实呈卵球形，红色，无毛或具稀疏柔毛；核有浅皱纹。花期 5—6 月，果期 7—8 月。

分　　布：分布于我国黑龙江、吉林、辽宁、河北、河南、山西、陕西、甘肃、湖北、湖南、江西、安徽、山东、江苏、浙江、福建、台湾、广东、广西、四川、贵州。生长在海拔 400 ～ 2 600 米的山坡杂木林下、向阳山谷、路旁或荒野。

照片来源：长岛

蔷薇科 Rosaceae

杜 梨 *Pyrus betulifolia*

中文种名：杜梨

拉丁学名：*Pyrus betulifolia*

分类地位：被子植物门／木兰纲／蔷薇目／蔷薇科／梨属

识别特征：乔木，高达 10 米，树冠开展，枝常具刺；小枝嫩时密被灰白色茸毛，二年生枝条具稀疏茸毛或近于无毛，紫褐色；冬芽卵形，先端渐尖，外被灰白色茸毛。叶片菱状卵形至长圆卵形，先端渐尖，基部宽楔形，稀近圆形，边缘有粗锐锯齿，幼叶上下两面均密被灰白色茸毛，老叶上面无毛而有光泽，下面微被茸毛或近于无毛；叶柄长 2 ~ 3 厘米，被灰白色茸毛；托叶膜质，线状披针形，两面均被茸毛，早落。伞形总状花序，有花 10 ~ 15 朵，总花梗和花梗均被灰白色茸毛，花梗长 2 ~ 2.5 厘米；苞片膜质，线形，两面均微被茸毛，早落；花直径 1.5 ~ 2 厘米；萼筒外密被灰白色茸毛；萼片三角卵形，先端急尖，全缘，内外两面均密

被茸毛，花瓣宽卵形，先端圆钝，基部具有短爪。白色；雄蕊 20，花药紫色，长约花瓣之半；花柱 2 ~ 3，基部微具毛。果实近球形，褐色，有淡色斑点，萼片脱落，基部具带茸毛果梗。花期 4 月，果期 8—9 月。

分　布：分布于我国辽宁、河北、河南、山东、山西、陕西、甘肃、湖北、江苏、安徽、江西。生长在海拔 50 ~ 1800 米的平原或山坡阳处。

照片来源：长岛

渤海山东海域海洋保护区生物多样性图集

陆生植被

西府海棠 *Malus micromalus*

中文种名：西府海棠

拉丁学名：*Malus micromalus*

分类地位：被子植物门／木兰纲／蔷薇目／蔷薇科／苹果属

识别特征：小乔木，高达 2.5 ～ 5 米，树枝直立；小枝细弱圆柱形，嫩时被短柔毛，紫红色或暗褐色，具稀疏皮孔；冬芽卵形，先端急尖，暗紫色。叶片长椭圆形或椭圆形，先端急尖或渐尖，基部楔形稀近圆形，边缘有尖锐锯齿，嫩叶被短柔毛，下面较密；叶柄长 2 ～ 3.5 厘米；托叶膜质，线状披针形。伞形总状花序，有花 4 ～ 7 朵，集生于小枝顶端，花梗长 2 ～ 3 厘米，嫩时被长柔毛，逐渐脱落；苞片膜质，线状披针形，早落；花直径约 4 厘米；萼筒外面密被白色长茸毛；萼片三角卵形、三角披针形至长卵形，先端急尖或渐尖，全缘，萼片与萼筒等长或稍长；花瓣近圆形或长椭圆形，基部

有短爪，粉红色；雄蕊约 20，花丝长短不等，比花瓣稍短；花柱 5，基部具茸毛，约与雄蕊等长。果实近球形，红色。花期 4—5 月，果期 8—9 月。

分　布：分布于我国辽宁、河北、山西、山东、陕西、甘肃、云南。生长于海拔 100 ～ 2 400 米地区。

照片来源：潍坊

火 棘 *Pyracantha fortuneana*

中文种名: 火棘

拉丁学名: *Pyracantha fortuneana*

分类地位: 被子植物门 / 木兰纲 / 蔷薇目 / 蔷薇科 / 火棘属

识别特征: 常绿灌木,高达3米;侧枝短,先端呈刺状,嫩枝外被锈色短柔毛,老枝暗褐色,无毛;芽小,外被短柔毛。叶片倒卵形或倒卵状长圆形,长1.5~6厘米,宽0.5~2厘米,先端圆钝或微凹,有时具短尖头,基部楔形,下延连于叶柄,边缘有钝锯齿,齿尖向内弯,近基部全缘,两面皆无毛;叶柄短,无毛或嫩时有柔毛。花集成复伞房花序,直径3~4厘米,花梗和总花梗近于无毛,花梗长约1厘米;花直径约1厘米;萼筒钟状,无毛;萼片三角卵形,先端钝;花瓣白色,近圆形,长约4毫米,宽约3毫米;雄蕊20,花丝长3~4毫米,花药黄色;花柱5,离生,与雄蕊等长,子房上部密生白色柔毛。果实近球形,直径约5毫米,橘红色或深红色。花期3—5月,果期8—11月。

分 布: 分布于我国陕西、河南、江苏、浙江、福建、湖北、湖南、广西、贵州、云南、四川、西藏。生长于海拔500~2800米的山地、丘陵地阳坡灌丛草地及河沟路旁。

照片来源: 潍坊

渤海山东海域海洋保护区生物多样性图集

陆生植被

134

紫叶李 *Prunus cerasifera f. atropurpurea*

中文种名： 紫叶李

拉丁学名： *Prunus cerasifera f. atropurpurea*

分类地位： 被子植物门／木兰纲／蔷薇目／蔷薇科／李属

识别特征： 落叶小乔木，高可达 8 米，干皮紫灰色，小枝淡红褐色，均光滑无毛，单叶互生，叶卵圆形或长圆状披针形，长 4.5～6.0 厘米，宽 2～4 厘米，先端短尖，基部楔形，缘具尖细锯齿，羽状脉 5～8 对，两面无毛或背面脉腋有毛，色暗绿色或紫红，叶柄光滑

多无腺体，花单生或 2 朵簇生，白色，雄蕊约 25，略短于花瓣，花部无毛，核果呈扁球形，直径 1～3 厘米，腹缝线上微见沟纹，无梗洼，熟时黄、红或紫色，光亮或微被白粉，花叶同放，花期 4 月，果常早落。

分　　布： 原产于亚洲西南部，在我国华北及其以南地区广为种植。

照片来源： 潍坊

桃 *Amygdalus persica*

中文种名：桃

拉丁学名：*Amygdalus persica*

分类地位：被子植物门 / 木兰纲 / 蔷薇目 / 蔷薇科 / 桃属

识别特征：乔木，高 3 ～ 8 米；树皮呈暗红褐色，老时粗糙呈鳞片状；小枝细长，无毛，有光泽，绿色，具大量小皮孔；冬芽圆锥形，顶端钝，常 2 ～ 3 个簇生，中间为叶芽，两侧为花芽。叶片长圆状披针形、椭圆状披针形或倒卵状披针形，锯齿或粗锯齿，齿端具腺体或

无腺体；叶柄粗壮，长 1 ～ 2 厘米，常具 1 至数枚腺体，有时无腺体。花单生，先于叶开放；花梗极短或几无梗；萼筒钟形，被短柔毛，稀几无毛，绿色而具红色斑点；萼片呈卵形至长圆形；花瓣长圆状椭圆形至宽倒卵形，粉红色，罕为白色；雄蕊约 20 ～ 30，花药绯红色；花柱几与雄蕊等长或稍短；子房被短柔毛。核果卵形、宽椭圆形或扁圆形，外面密被短柔毛，稀无毛，腹缝明显，果梗短而深入果洼。花期 3—4 月，果期通常为 8—9 月。

分　　布：原产于我国，各地均广泛栽培。世界各地均有栽植。

照片来源：潍坊

渤海山东海域海洋保护区生物多样性图集

陆生植被

豆　科 Leguminosae

　　乔木、灌木、亚灌木或草本，直立或攀援，常有能固氮的根瘤；叶常绿或落叶，通常互生，稀对生，常为一回或二回羽状复叶，少数为掌状复叶或3小叶、单小叶，或单叶，罕可变为叶状柄，叶具叶柄或无；托叶有或无，有时叶状或变为棘刺；花两性，稀单性，辐射对称或两侧对称，通常排成总状花序、聚伞花序、穗状花序、头状花序或圆锥花序；花被2轮；萼片(3~)5~6，分离或连合成管，有时二唇形，稀退化或消失；花瓣（0~）5~6，常与萼片的数目相等，稀较少或无，分离或连合成具花冠裂片的管，大小有时不等，或有时构成蝶形花冠，近轴的1片称旗瓣，侧生的2片称翼瓣，远轴的2片常合生，称龙骨瓣，遮盖住雄蕊和雌蕊；雄蕊通常10，有时5或多数（含羞草亚科），分离或连合成管，单体或二体雄蕊，花药2室，纵裂或有时孔裂，花粉单粒或常连成复合花粉；雌蕊通常由单心皮所组成，稀较多且离生，子房上位，1室，基部常有柄或无，沿腹缝线具侧膜胎座，胚珠2颗至多颗，悬垂或上升，排成互生的2列，为横生、倒生或弯生的胚珠；花柱和柱头单一，顶生。果为荚果，形状多种，成熟后沿缝线开裂或不裂，或断裂成含单粒种子的荚节；种子通常具革质或有时膜质的种皮，生于长短不等的珠柄上，有时由珠柄形成一多少肉质的假种皮，胚大，内胚乳无或极薄。

　　本科约650属18 000种，广布于全世界。我国有172属1 485种13亚种153变种16变型；各地均有分布。

　　山东渤海海洋生态保护区共发现本科植物17属，共29种。

合 欢 *Albizia julibrissin*

中文种名：合欢
拉丁学名：*Albizia julibrissin*
分类地位：被子植物门 / 木兰纲 /
豆目 / 豆科 / 合欢属
识别特征：落叶乔木，高可达 16
米，树冠开展；小枝有
棱角，嫩枝、花序和叶
轴被茸毛或短柔毛。托
叶线状披针形，较小叶
小，早落。二回羽状复
叶，总叶柄近基部及最
顶一对羽片着生处各有
1 枚腺体；羽片 4 ～ 12

对，栽培的有时达 20 对；小叶 10 ～ 30 对，
线形至长圆形，长 6 ～ 12 毫米，宽 1 ～ 4
毫米，向上偏斜，先端有小尖头，有缘毛，
有时在下面或仅中脉上有短柔毛；中脉
紧靠上边缘。头状花序于枝顶排成圆锥
花序；花粉红色；花萼管状，长 3 毫米；
花冠长 8 毫米，裂片呈三角形，长 1.5
毫米，花萼、花冠外均被短柔毛；花丝
长 2.5 厘米。荚果带状，长 9 ～ 15 厘米，
宽 1.5 ～ 2.5 厘米，嫩荚有柔毛，老荚无毛。
花期 6—7 月，果期 8—10 月。

分　　布：分布于我国东北至华南及西南部各地。生长于山坡或栽培。
照片来源：潍坊

山 槐 *Albizia kalkora*

中文种名：山槐

拉丁学名：*Albizia kalkora*

分类地位：被子植物门 / 木兰纲 / 豆目 / 豆科 / 合欢属

识别特征：落叶小乔木或灌木，通常高 3 ～ 8 米；枝条暗褐色，被短柔毛，有显著皮孔。二回羽状复叶；羽片 2 ～ 4 对；小叶 5 ～ 14 对，长圆形或长圆状卵形，长 1.8 ～ 4.5 厘米，宽 7 ～ 20 毫米，先端圆钝而有细尖头，基部不对称，两面均被短柔毛，中脉稍偏于上侧。头状花序 2 ～ 7 枚生于叶腋，或于枝顶排成圆锥花序；花初白色，后变黄，具明显的小花梗；花萼管状，长 2 ～ 3 毫米，5 齿裂；花冠长 6 ～ 8 毫米，中部以下连合呈管状，裂片披针形，花萼、花冠均密被长柔毛；雄蕊长 2.5 ～ 3.5 厘米，基部连合呈管状。荚果带状，长 7 ～ 17 厘米，宽 1.5 ～ 3 厘米，深棕色，嫩荚密被短柔毛，老时无毛；种子 4 ～ 12 粒，呈倒卵形。花期 5—6 月，果期 8—10 月。

分　　布：分布于我国华北、西北、华东、华南至西南部各省区。生长在山坡灌丛、疏林中。

照片来源：长岛

豆 科 Leguminosae

皂 荚 *Gleditsia sinensis*

中文种名：皂荚

拉丁学名：*Gleditsia sinensis*

分类地位：被子植物门 / 木兰纲 / 豆目 / 豆科 / 皂荚属

识别特征：落叶乔木，高达30米。刺圆柱形，常分枝，长达16厘米。叶为一回羽状复叶，长10～18(26)厘米；小叶(2)3～9对，卵状披针形或长圆形，长2～8.5(12.5)厘米，先端急尖或渐尖，顶端圆钝，基部圆或楔形，中脉在基部稍歪斜，具细锯齿，上面网脉明显。花杂性，黄白色，组成长5～14厘米的总状花序。雄花径0.9～1厘米，萼片4，长3毫米，两面被柔毛，花瓣4，长4～5毫米，被微柔毛，雄蕊(6)8；退化雌蕊长2.5毫米；两性花径1～1.2厘米，萼片长4～5毫米，花瓣长5～6毫米，雄蕊8，子房缝线上及基部被柔毛。荚果带状，肥厚，长12～37厘米，劲直，两面膨起；果颈长1～3.5厘米；果瓣革质，褐棕色或红褐色，常被白色粉霜，有多粒种子；或荚果短小，稍弯呈新月形，内无种子。花期3—5月，果期5—12月。

分 布：分布于我国河北、山东、河南、山西、陕西、甘肃、江苏、安徽、浙江、江西、湖南、湖北、福建、广东、广西、四川、贵州、云南等地。生长在海拔自平地至2500米的山坡林中或谷地、路旁。常栽培于庭院或宅旁。

照片来源：潍坊

渤海山东海域海洋保护区生物多样性图集

陆生植被

紫　荆 *Cercis chinensis*

中文种名：紫荆

拉丁学名：*Cercis chinensis*

分类地位：被子植物门／木兰纲／豆目／豆科／紫荆属

识别特征：丛生或单生灌木，高 2 ～ 5 米；树皮和小枝灰白色。叶纸质，呈近圆形或三角状圆形，长 5 ～ 10 厘米，宽与长相若或略短于长，先端急尖，基部浅至深心形，两面通常无毛，嫩叶绿色，仅叶柄略带紫色，叶缘膜质透明，新鲜时明显可见。花紫红色或粉红色，2 ～ 10 朵成束，簇生于老枝和主干上，尤以主干

上花束较多，越到上部幼嫩枝条则花越少，通常先于叶开放，但嫩枝或幼株上的花则与叶同时开放，花长 1 ～ 1.3 厘米；花梗长 3 ～ 9 毫米；龙骨瓣基部具深紫色斑纹；子房嫩绿色，花蕾时光亮无毛，后期则密被短柔毛，有胚珠 6 ～ 7 颗。荚果扁狭长形，绿色，先端急尖或短渐尖，喙细而弯曲，基部长渐尖，两侧缝线对称或近对称；果颈长 2 ～ 4 毫米；种子 2 ～ 6 粒，阔长圆形，黑褐色，光亮。花期 3—4 月，果期 8—10 月。

分　　布：分布于我国东南部，北至河北，南至广东、广西，西至云南、四川，西北至陕西，东至浙江、江苏和山东等地。多植于庭园、屋旁、街边，少数生长在密林或石灰岩地区。

照片来源：潍坊

豆　科 **Leguminosae**

槐 *Sophora japonica*

中文种名：槐
拉丁学名：*Sophora japonica*
分类地位：被子植物门／木兰纲／
豆目／豆科／槐属
识别特征：乔木，高达25米；树
皮灰褐色，具纵裂纹。
当年生枝绿色，无毛。
羽状复叶；叶柄基部
膨大，包裹着芽；小
叶4～7对，对生或
近互生，纸质，卵状
披针形或卵状长圆形，
先端渐尖，具小尖头，
基部宽楔形或近圆形，

稍偏斜，下面灰白色，初被疏短柔毛。
圆锥花序顶生，常呈金字塔形；花萼萼
齿5，近等大，圆形或钝三角形，被灰
白色短柔毛；花冠白色或淡黄色，旗瓣
近圆形，具短柄，有紫色脉纹，先端微缺，
基部浅心形，翼瓣卵状长圆形，先端浑圆，
基部斜戟形，无皱褶，龙骨瓣阔卵状长
圆形，与翼瓣等长；雄蕊近分离，宿存；
子房近无毛。荚果串珠状，种子间缢缩
不明显，种子排列较紧密，具肉质果皮，
成熟后不开裂，具种子1～6粒；种子
呈卵球形，淡黄绿色，干后黑褐色。花
期7—8月，果期8—10月。

分　　布：原产于我国。现广泛分布于南北各地栽培，华北和黄土高原地区尤为多见。
照片来源：潍坊

渤海山东海域海洋保护区生物多样性图集

陆生植被

142

中文种名：金枝槐

拉丁学名：*Sophora japonica* cv. *Golden Stem*

分类地位：被子植物门／木兰纲／豆目／豆科／槐属

识别特征：落叶乔木，树干端直，树皮光滑，树形自然
开张，树态苍劲挺拔，树繁叶茂；主侧根系
发达。树茎、枝为金黄色。一年生的树茎、
枝为淡绿黄色，入冬后渐转黄色，二年生的
树茎、枝为金黄色；叶互生，6～16片组成
羽状复叶，叶椭圆形，长2.5～5厘米，光滑，
淡黄绿色。耐旱能力和耐寒力强，耐盐碱，耐瘠薄，生长环境不严，在酸性到碱地均能生
长良好。

分　　布：主要分布于我国江苏、山东、安徽、浙江等地。

照片来源：潍坊

豆　科　**Leguminosae**

苦 参 *Sophora flavescens*

中文种名： 苦参

拉丁学名： *Sophora flavescens*

分类地位： 被子植物门／木兰纲／豆目／豆科／槐属

识别特征： 草本或亚灌木，高 1～2 米。芽外露。茎具纹棱，幼时疏被柔毛，后无毛，小叶 13～25 (29)，椭圆

形、卵形或线状披针形，先端钝或急尖，基部宽楔形，上面近无毛，下面被白色平伏柔毛或近无毛。总状花序顶生，长 15～25 厘米，疏生多花。花萼斜钟形，长约 7 毫米，疏被短柔毛；萼齿不明显或呈波状；花冠白或淡黄色，旗瓣倒卵状匙形，长 1.4～1.5 厘米，翼瓣单侧生，褶皱几达顶部，长约 1.3 厘米，龙骨瓣与翼瓣近等长；雄蕊 10，花丝分离或基部稍连合；子房线形，密被淡黄白色柔毛。荚果线形或钝四棱形，革质，种子间稍缢缩，呈不明显串珠状，疏被柔毛或近无毛，成熟后裂成 4 瓣，具 1～5 粒种子。种子呈长卵圆形，稍扁，深红褐色或紫褐色。花期 6—8 月，果期 7—10 月。

分　布： 原分布于我国南北各地。生长在海拔 1 500 米以下的山坡、沙地草坡灌木林中或田野附近。

照片来源： 潍坊

渤海山东海域海洋保护区生物多样性图集

陆生植被

刺 槐 *Robinia pseudoacacia*

中文种名： 刺槐

拉丁学名： *Robinia pseudoacacia*

分类地位： 被子植物门 / 木兰纲 / 豆目 / 豆科 / 刺槐属

识别特征： 落叶乔木，高 10 ~ 25 米；树皮浅裂至深纵裂，稀光滑。小枝初被毛，后无毛；具托叶刺。羽状复叶长 10 ~ 25 (40) 厘米；小叶 9 ~ 19，常对生，椭圆形、长椭圆形或卵形，先端圆，微凹，基部圆或宽楔形，全缘，幼时被短柔毛，后无毛。总状花序腋生，下垂；花芳香；花序轴与花梗被平伏细柔毛。花萼斜钟形，萼齿 5，三角形或卵状三角形，密被柔毛；花冠白色，花瓣均具瓣柄，旗瓣近圆形，反折，翼瓣斜倒卵形，与旗瓣几等长，长约 1.6 厘米，龙骨瓣镰状，三角形；雄蕊二体；子房线形，无毛，花柱钻形，顶端具毛，柱头顶生。荚果呈线状长圆形，褐色或具红褐色斑纹，扁平，无毛，先端上弯，果颈短，沿腹缝线具窄翅；花萼宿存，具 2 ~ 15 粒种子。种子近肾形，种脐圆形，偏于一端。花期 4—6 月，果期 8—9 月。

分　布： 原产于美国东部，17 世纪传入欧洲及非洲。我国于 18 世纪末从欧洲引入青岛栽培，现在全国各地广泛栽植。

照片来源： 潍坊

豆 科 Leguminosae

145

毛洋槐 *Robinia hispida*

中文种名：毛洋槐

拉丁学名：*Robinia hispida*

分类地位：被子植物门／木兰纲／豆目／豆科／刺槐属

识别特征：落叶灌木，高 1 ~ 3 米。幼枝绿色，密被紫红色硬腺毛及白色曲柔毛，二年生枝深灰褐色，密被褐色刚毛；羽状复叶，叶轴被刚毛及白色短曲柔毛，上面有沟槽；小叶 7 ~ 15，椭圆形、卵形、阔卵形至近圆形；小叶柄被白色柔毛；小托叶芒状，宿存。总状花序腋生，除花冠外，均被紫红色腺毛及白色细柔毛，花 3 ~ 8 朵；花萼紫红色，斜钟形，萼筒长约 5 毫米，萼齿卵状三角形，长 3 ~ 6 毫米，先端尾尖至钻状；花冠红色至玫瑰红色，花瓣具柄，旗瓣近肾形，先端凹缺，翼瓣镰形；龙骨瓣近三角形，先端圆，前缘合生，与翼瓣均具耳；雄蕊二体，对旗瓣的 1 枚分离，花药椭圆形；子房近圆柱形，密布腺状凸起，沿缝线微被柔毛，柱头顶生，胚珠多颗，荚果线形，扁平，密被腺刚毛，种子 3 ~ 5 粒。花期 5—6 月，果期 7—10 月。

分　　布：原产于北美，我国北京、天津、陕西、山东、南京和辽宁熊岳等地有少量引种。

照片来源：潍坊

渤海山东海域海洋保护区生物多样性图集

陆生植被

146

香花槐 *Robinia pseudoacacia* cv. *idaho*

中文种名：香花槐

拉丁学名：*Robinia pseudoacacia* cv. *idaho*

分类地位：被子植物门 / 木兰纲 / 豆目 / 豆科 / 刺槐属

识别特征：落叶乔木，株高 10 ～ 12 米，树干褐色至灰褐色。光滑。叶互生，有 7 ～ 19 片小叶组成羽状复叶，小叶随椭圆形至长圆形，长 4 ～ 8 厘米，比刺槐叶大，光滑，鲜绿色。总状花序腋生，作下垂状，长 8 ～ 12 厘米，花红色，芳香，

在北方每年 5 月和 7 月开两次花，在南方每年开 3 ～ 4 次花。花不育，无荚果，不结种子。

分　　布：原产于西班牙，20 世纪 60 年代引进朝鲜。在我国南方、华北、西北地区都生长良好。

照片来源：潍坊

豆 科 *Leguminosae*

胡枝子 *Lespedeza bicolor*

中文种名： 胡枝子

拉丁学名： *Lespedeza bicolor*

分类地位： 被子植物门 / 木兰纲 / 豆目 / 豆科 /
胡枝子属

识别特征： 直立灌木，高 1 ～ 3 米，多分枝，
小枝黄色或暗褐色，有条棱，被疏
短毛；芽卵形，具数枚黄褐色鳞片。

羽状复叶具 3 小叶；托叶 2，线状披针形；小叶质薄，卵形、倒卵形或卵状长圆形，先端
钝圆或微凹，稀稍尖，具短刺尖，基部近圆形或宽楔形，全缘，上面绿色，无毛，下面色淡，
被疏柔毛，老时渐无毛。总状花序腋生，比叶长，常构成大型、较疏松的圆锥花序；总花
梗长 4 ～ 10 厘米；花梗短，密被毛；花萼 5 浅裂，上方 2 裂片合生成 2 齿，裂片卵形或三
角状卵形，先端尖，外面被白毛；花冠红紫色，极稀白色，旗瓣倒卵形，先端微凹，翼瓣较短，
近长圆形，基部具耳和瓣柄，龙骨瓣与旗瓣近等长，先端钝，基部具较长的瓣柄；子房被毛。
荚果斜倒卵形，稍扁，表面具网纹，密被短柔毛。花期 7—9 月，果期 9—10 月。

分　　布： 分布于我国黑龙江、吉林、辽宁、河北、内蒙古、山西、陕西、甘肃、山东、江苏、安徽、浙江、
福建、台湾、河南、湖南、广东、广西等地。生长在海拔 150 ～ 1 000 米的山坡、林缘、路旁、
灌丛及杂木林间。

照片来源： 东营

绒毛胡枝子 *Lespedeza tomentosa*

中文种名：绒毛胡枝子

拉丁学名：*Lespedeza tomentosa*

分类地位：被子植物门 / 木兰纲 / 豆目 / 豆科 / 胡枝子属

识别特征：灌木，高达 1 米。全株密被黄褐色茸毛。茎直立，单一或上部少分枝。托叶线形，长约 4 毫米；羽状复叶具 3 枚小叶；小叶质厚，椭圆形或卵状长圆形，长 3 ~ 6 厘米，宽 1.5 ~ 3 厘米，先端钝或微心形，边缘稍反卷，上面被短伏毛，下面密被黄褐色茸毛或柔毛，沿脉上尤多；叶柄长 2 ~ 3 厘米。总状花序顶生或于茎上部腋生；总花梗粗壮，长 4 ~ 8 (12) 厘米；苞片线状披针形，长 2 毫米，有毛；花具短梗，密被黄褐色茸毛；花萼密被毛长约 6 毫米，5 深裂，裂片狭披针形，长约 4 毫米，先端长渐尖；花冠黄色或黄白色，旗瓣椭圆形，长约 1 厘米，龙骨瓣与旗瓣近等长，翼瓣较短，长圆形；闭锁花生于茎上部叶腋，簇生呈球状。荚果呈倒卵形，先端有短尖，表面密被毛。

分　　布：除新疆及西藏外，我国各地普遍分布。生长在海拔 1 000 米以下的干山坡草地及灌丛间。

照片来源：潍坊

豆 科 **Leguminosae**

149

兴安胡枝子 *Lespedeza daurica*

中文种名：兴安胡枝子

拉丁学名：*Lespedeza daurica*

分类地位：被子植物门 / 木兰纲 / 豆目 / 豆科 / 胡枝子属

识别特征：小灌木，高达 1 米。茎通常稍斜升，单个或数个簇生；老枝黄褐色或赤

褐色，被短柔毛或无毛，幼枝绿褐色，有细棱，被白色短柔毛。羽状复叶具 3 小叶；托叶线形；小叶长圆形或狭长圆形，先端圆形或微凹，有小刺尖，基部圆形，上面无毛，下面被贴伏的短柔毛；顶生小叶较大。总状花序腋生。较叶短或与叶等长；总花梗密生短柔毛；花萼 5 深裂，外面被白毛，萼裂片披针形，先端长渐尖，呈刺芒状，与花冠近等长；花冠白色或黄白色，旗瓣长圆形，中央稍带紫色，具瓣柄，翼瓣长圆形，先端钝，较短，龙骨瓣比翼瓣长，先端圆形；闭锁花生于叶腋，结实。荚果小，呈倒卵形或长倒卵形，先端有刺尖，基部稍狭，两面凸起，有毛，包于宿存花萼内。花期 7—8 月，果期 9—10 月。

分　　布：分布于我国东北、华北经秦岭淮河以北至西南各地。生长在山坡、草地、路旁及砂质地上。

照片来源：长岛

渤海山东海域海洋保护区生物多样性图集

陆生植被

鸡眼草 *Kummerowia striata*

中文种名： 鸡眼草

拉丁学名： *Kummerowia striata*

分类地位： 被子植物门 / 木兰纲 / 豆目 / 豆科 / 鸡眼草属

识别特征： 一年生草本，披散或平卧，多分枝，高（5～）10～45厘米，茎和枝上被倒生的白色细毛。三出羽状复叶；托叶大，膜质，卵状长圆形，比叶柄长，具条纹，有缘毛；小叶纸质，倒卵形、长倒卵形或长圆形，较小，先端圆形，稀微缺，基部近圆形或宽楔形，全缘；两面沿中脉及边缘有白色粗毛，但上面毛较稀少，侧脉多而密。花单生或2～3朵簇生于叶腋；花梗下端具2枚大小不等的苞片，萼基部具4枚小苞片，位于花梗关节处；花萼钟状，带紫色，5裂，裂片宽卵形，外面及边缘具白毛；花冠粉红色或紫色，较萼约长1倍，旗瓣椭圆形，下部渐狭成瓣柄，具耳，龙骨瓣比旗瓣稍长或近等长，翼瓣比龙骨瓣稍短。荚果呈圆形或倒卵形，稍侧扁，较萼稍长或长达1倍，先端短尖，被小柔毛。花期7—9月，果期8—10月。

分　　布： 分布于我国东北、华北、华东、中南、西南等省区。生长于海拔500米以下的路旁、田边、溪旁、砂质地或缓山坡草地。

照片来源： 潍坊

豆科 Leguminosae

151

葛 *Pueraria lobata*

中文种名：葛

拉丁学名：*Pueraria lobata*

分类地位：被子植物门 / 木兰纲 / 豆目 / 豆科 / 葛属

识别特征：粗壮藤本，长可达 8 米，全体被黄色长硬毛，茎基部木质，有粗厚的块状根。羽状复叶具 3 小叶；托叶背着，卵状长圆形，具线条；小托叶线状披针形，与小叶柄等长或较长；小叶 3 裂，偶尔全缘，顶生小叶宽卵形或斜卵形，先端长渐尖，侧生小叶斜卵形，稍小，上面被淡黄色、平伏的疏柔毛。下面较密；小叶柄被黄褐色茸毛。总状花序长 15 ～ 30 厘米，中部以上有密集的花；花 2 ～ 3 朵聚生于花序轴的节上；花萼钟形，被黄褐色柔毛，裂片披针形，渐尖，比萼管略长；花冠紫色，旗瓣倒卵形，基部有 2 耳及 1 个黄色硬痂状附属体，具短瓣柄，翼瓣镰状，较龙骨瓣为狭，基部有线形、向下的耳，龙骨瓣镰状长圆形，基部有极小、急尖的耳；对旗瓣的 1 枚雄蕊仅上部离生；子房线形，被毛。荚果长椭圆形，扁平，被褐色长硬毛。花期 9—10 月，果期 11—12 月。

分　　布：分布于我国南北各地，除新疆、青海及西藏外，分布遍及全国。生长在山地疏或密林中。

照片来源：长岛

野大豆 *Glycine soja*

中文种名：野大豆

拉丁学名：*Glycine soja*

分类地位：被子植物门 / 木兰纲 / 豆目 / 豆科 / 大豆属

识别特征：一年生缠绕草本，长 1 ～ 4 米。茎、小枝纤细，全体疏被褐色长硬毛。叶具 3 小叶，长可达 14 厘米；托叶卵状披针形，急尖，被黄色柔毛。顶生小叶卵圆形或卵状披针形，长 3.5 ～ 6 厘米，宽 1.5 ～ 2.5 厘米，先端锐尖至钝圆，基部近圆形，全缘，两面均被绢状的糙伏毛，侧生小叶斜卵状披针形。总状花序通常短，稀长可达 13 厘米；花小，长约 5 毫米；花梗密生黄色长硬毛；花萼钟状，密生长毛，裂片 5，三角状披针形，先端锐尖；花冠淡红紫色或白色，旗瓣近圆形，先端微凹，基部具短瓣柄，翼瓣斜倒卵形，有明显的耳，龙骨瓣比旗瓣及翼瓣短小，密被长毛；花柱短而向一侧弯曲。荚果呈长圆形，稍弯，两侧稍扁，密被长硬毛，种子间稍缢缩，干时易裂；种子 2 ～ 3 粒，呈椭圆形，稍扁，褐色至黑色。花期 7—8 月，果期 8—10 月。

分　布：除我国新疆、青海和海南外，遍布全国。生长在海拔 150 ～ 2 650 米潮湿的田边、园边、沟旁、河岸、湖边、沼泽、草甸、沿海和岛屿向阳的矮灌木丛或芦苇丛中，稀见于沿河岸疏林下。

照片来源：东营

豆 科 Leguminosae

153

紫穗槐 *Amorpha fruticosa*

中文种名：紫穗槐

拉丁学名：*Amorpha fruticosa*

分类地位：被子植物门 / 木兰纲 / 豆目 / 豆科 / 紫穗槐属

识别特征：落叶灌木，丛生，高 1～4 米。小枝灰褐色，被疏毛，后变无毛，嫩枝密被短柔毛。叶互生，奇数羽状复叶，长 10～15 厘米，有小叶 11～25 片，基部有线形托叶；叶柄长 1～2 厘米；小叶卵形或椭圆形，长 1～4 厘米，宽 0.6～2.0 厘米，先端圆形，锐尖或微凹，有一短而弯曲的尖刺，基部宽楔形或圆形，上面无毛或被疏毛，下面有白色短柔毛，具黑色腺点。穗状花序常 1 至数个，顶生或枝端腋生，长 7～15 厘米，密被短柔毛；花有短梗；苞片长 3～4 毫米；花萼长 2～3 毫米，被疏毛或几无毛，萼齿三角形，较萼筒短；旗瓣心形，紫色，无翼瓣和龙骨瓣；雄蕊 10，下部合生成鞘，上部分裂，包于旗瓣之中，伸出花冠外。荚果下垂，长 6～10 毫米，宽 2～3 毫米，微弯曲，顶端具小尖，棕褐色，表面有凸起的疣状腺点。花果期 5—10 月。

分　　布：分布于我国东北、华北、西北及山东、安徽、江苏、河南、湖北、广西、四川等地。

照片来源：潍坊

渤海山东海域海洋保护区生物多样性图集

陆生植被

糙叶黄耆 *Astragalus scaberrimus*

中文种名：糙叶黄耆

拉丁学名：*Astragalus scaberrimus*

分类地位：被子植物门 / 木兰纲 / 豆目 / 豆科 / 黄耆属

识别特征：多年生草本，密被白色伏贴毛。根状茎短缩，多分枝，木质化；地上茎不明显或极短，有时伸长而匍匐。羽状复叶 7 ~ 15 片小叶；小叶椭圆形或近圆形，有时披针形，先端锐尖、渐尖，有时稍钝，基部宽楔形或近圆形，两面密被伏贴毛。总状花序 3 ~ 5 花，排列紧密或稍稀疏；总花梗腋生；苞片披针形，较花梗长；花萼管状，被细伏贴毛，萼齿线状披针形，与萼筒等长或稍短；花冠淡黄色或白色，旗瓣倒卵状椭圆形，先端微凹，中部稍缢缩，下部稍狭成不明显的瓣柄，翼瓣较旗瓣短，瓣片长圆形，先端微凹，较瓣柄长，龙骨瓣较翼瓣短，瓣片半长圆形，与瓣柄等长或稍短；子房有短毛。荚果披针状长圆形，微弯，具短喙，背缝线凹入，革质，密被白色伏贴毛，假 2 室。花期 4—8 月，果期 5—9 月。

分　　布：分布于我国东北、华北、西北各地。生长在山坡石砾质草地、草原、沙丘及沿河流两岸的沙地。

照片来源：潍坊

豆科 **Leguminosae**

155

直立黄耆 *Astragalus adsurgens*

中文种名：直立黄耆
拉丁学名：*Astragalus adsurgens*
分类地位：被子植物门 / 木兰纲 / 豆目 / 豆科 / 黄耆属
识别特征：多年生草本，高 20 ~ 100 厘米。根较粗壮，暗褐色。茎多数或数个丛生，直立或斜上，有毛或近无毛。羽状复叶 9 ~ 25 片小叶，叶柄较叶轴短；小叶长圆形、近椭圆形或狭长圆形，基部圆形或近圆形，有时稍尖，上面疏被伏贴毛，下面较密。总状花序长圆柱状、穗状、稀近头状，生多数花，排列密集，有时较稀疏；总花梗生于茎的上部，较叶长或与其等长；花萼管状钟形，被黑褐色或白色毛，或有时被黑白混生毛，萼齿狭披针形，长为萼筒的 1/3；花冠近蓝色或红紫色，旗瓣倒卵圆形，先端微凹，基部渐狭，翼瓣较旗瓣短，瓣片长圆形，与瓣柄等长，龙骨瓣瓣片较瓣柄稍短；子房被密毛。荚果长圆形，两侧稍扁，顶端具下弯的

短喙，被黑色、褐色或和白色混生毛，假 2 室。花期 6—8 月，果期 8—10 月。

分　　布：分布于我国东北、华北、西北、西南地区。生长在向阳山坡灌丛及林缘地带。
照片来源：滨州

渤海山东海域海洋保护区生物多样性图集

陆生植被

狭叶米口袋 *Gueldenstaedtia stenophylla*

中文种名：狭叶米口袋

拉丁学名：*Gueldenstaedtia stenophylla*

分类地位：被子植物门 / 木兰纲 / 豆目 / 豆科 / 米口袋属

识别特征：多年生草本，主根细长，分茎较缩短，具宿存托叶。叶长 1.5 ～ 15 厘米，被疏柔毛；叶柄约为叶长的 2/5；托叶宽三角形至三角形，被稀疏长柔毛，基部合生；小叶 7 ～ 19 片，早春生的小叶卵形，夏秋的线形，长 0.2 ～ 3.5 厘米，宽 1 ～ 6 毫米，先端急尖，钝头或截形，顶端具细尖，两面被疏柔毛。伞形花序具 2 ～ 3 朵花，有时 4 朵；总花梗纤细，被白色疏柔毛，在花期较叶为长；花梗极短或近无梗；苞片及小苞片披针形，密被长柔毛；萼筒钟状，长 4 ～ 5 毫米，上 2 萼齿最大，长 1.5 ～ 2.3 毫米，下 3 萼齿较狭小；花冠粉红色；旗瓣近圆形，长 6 ～ 8 毫米，先端微缺，基部渐狭成瓣柄，翼瓣狭楔形具斜截头，长 7 毫米，瓣柄长 2 毫米，龙骨瓣长 4.5 毫米，被疏柔毛。种子呈肾形，直径 1.5 毫米，具凹点。花期 4 月，果期 5—6 月。

分　布：分布于我国内蒙古、河北、山西、陕西、甘肃、浙江、河南及江西北部。生长在向阳的山坡、草地等处。

照片来源：潍坊

豆科 Leguminosae

157

救荒野豌豆 *Vicia sativa*

中文种名：救荒野豌豆
拉丁学名：*Vicia sativa*
分类地位：被子植物门 / 木兰纲 /
豆目 / 豆科 / 野豌豆属
识别特征：一年生或二年生草本，
高 15 ~ 90 (105) 厘米。
茎斜升或攀援，单一
或多分枝，具棱，被微
柔毛。偶数羽状复叶长
2 ~ 10 厘米，叶轴顶端
卷须有 2 ~ 3 分枝；托
叶戟形，通常 2 ~ 4 裂
齿，长 0.3 ~ 0.4 厘米，
宽 0.15 ~ 0.35 厘米；

小叶 2 ~ 7 对，长椭圆形或近心形，长 0.9 ~ 2.5
厘米，宽 0.3 ~ 1 厘米，先端圆或平截有凹，具
短尖头，基部楔形，侧脉不甚明显，两面被贴伏
黄柔毛。花 1 ~ 2 (4) 枚腋生，近无梗；萼钟形，
外面被柔毛，萼齿披针形或锥形；花冠紫红色或
红色，旗瓣长倒卵圆形，先端圆，微凹，中部缢缩，
翼瓣短于旗瓣，长于龙骨瓣；子房线形，微被柔
毛，胚珠 4 ~ 8 颗，子房具柄短，花柱上部被淡
黄白色髯毛。荚果线长圆形，长约 4 ~ 6 厘米，
宽 0.5 ~ 0.8 厘米，表皮土黄色种间缢缩，有毛，
成熟时背腹开裂，果瓣扭曲。种子 4 ~ 8 粒，圆球形，棕色或黑褐色。花期 4—7 月，果期 7—
9 月。

分　布：分布于我国各地。生长于海拔 50 ~ 3 000 米的荒山、田边草丛及林中。
照片来源：长岛

窄叶野豌豆 *Vicia angustifolia*

中文种名： 窄叶野豌豆

拉丁学名： *Vicia angustifolia*

分类地位： 被子植物门 / 木兰纲 / 豆目 / 豆科 / 野豌豆属

识别特征： 一年生或二年生草本，高 20 ～ 50 (80) 厘米。茎斜升、蔓生或攀援，多分枝，被疏柔毛。偶数羽状复叶长 2 ～ 6 厘米，叶轴顶端卷须发达；托叶半箭头形或披针形，长约 0.15 厘米，有 2 ～ 5 齿，被微柔毛；小叶 4 ～ 6 对，线形或线状长圆形，长 1 ～ 2.5 厘米，宽 0.2 ～ 0.5 厘米，先端平截或微凹，具短尖头，基部近楔形，叶脉不甚明显，两面被浅黄色疏柔毛。花 1 ～ 2 (3 ～ 4) 腋生，有小苞叶；花萼钟形，萼齿 5，三角形，外面被黄色疏柔毛；花冠红色或紫红色，

旗瓣倒卵形，先端圆、微凹，有瓣柄，翼瓣与旗瓣近等长，龙骨瓣短于翼瓣；子房纺锤形，被毛，胚珠 5 ～ 8，子房柄短，花柱顶端具一束髯毛。荚果长线形，微弯，长 2.5 ～ 5 厘米，宽约 0.5 厘米，种皮黑褐色，革质，肿脐线形。花期 3—6 月，果期 5—9 月。

分　　布： 分布于我国西北、华东、华中、华南及西南各地。生长在滨海至海拔 3 000 米的河滩、山沟、谷地、田边草丛。

照片来源： 长岛

豆科 Leguminosae

海滨山黧豆 *Lathyrus japonicus*

中文种名：海滨山黧豆

拉丁学名：*Lathyrus japonicus*

分类地位：被子植物门 / 木兰纲 / 豆目 / 豆科 / 山黧豆属

识别特征：多年生草本，根状茎极长，横走。茎长 15 ～ 50 厘米，常匍匐，上升，无毛。托叶箭形，长 10 ～ 29 毫米，宽 6 ～ 17 毫米，网脉明显凸出，无毛；叶轴末端具卷须，单一或分枝；小叶 3 ～ 5 对，长椭圆形或长倒卵形，长 25 ～ 33 毫米，宽 11 ～ 18 毫米，先端圆或急尖，

基部宽楔形，两面无毛，网脉两面显著隆起。总状花序比叶短，有花 2 ～ 5 朵，花梗长 3 ～ 5 毫米；萼钟状，长 9 ～ 10（12）毫米，最下面萼齿长 5 ～ 6（8）毫米，最上面两齿长约 3 毫米，无毛；花紫色，长 21 毫米，旗瓣长 18 ～ 20 毫米，瓣片近圆形，直径 13 毫米，翼瓣长 17 ～ 20 毫米，瓣片狭倒卵形，宽 5 毫米，具耳，线形瓣柄长 8 ～ 9 毫米，龙骨瓣长 17 毫米，狭卵形，具耳，线形瓣柄长 7 毫米，子房线形，无毛或极偶见数毛。荚果长约 5 厘米，宽 7 ～ 11 毫米，棕褐色或紫褐色，压扁，无毛或被稀疏柔毛。种子近球状。花期 5—7 月，果期 7—8 月。

分　　布：分布在我国辽宁、河北、山东、浙江各地。生长于沿海沙滩上。

照片来源：长岛

中文种名：家山黧豆

拉丁学名： *Lathyrus sativus*

分类地位：被子植物门／木兰纲／豆目／豆科／山黧豆属

识别特征：一年生草本，高30～50(70)厘米，无毛。茎上升或近直立，多分枝，有翅。叶具1对小叶；托叶半箭形，长18～25毫

米，宽2～5毫米；叶轴具翅，末端具卷须，小叶披针形到线形，长1.8～2.5厘米，宽2～4毫米，全缘，具平行脉，脉明显。总状花序通常只1朵花，稀2朵，总花梗长3～6厘米，具棱；花长12～24毫米，萼钟状，萼齿近相等，长于萼筒2～3倍；花白色、蓝色或粉红色；子房线形，花柱扭转。荚果近椭圆形，扁平，长2.5～3.5(4)厘米，宽1～1.5(1.8)厘米，沿腹缝线有2条翅。种子平滑，种脐为周圆的1/16～1/15。花期6—7月，果期8月。

分　　布：分布于我国北方地区，作为猪、牛的饲料。

照片来源：潍坊

白花草木犀 *Melilotus albus*

中文种名： 白花草木犀

拉丁学名： *Melilotus albus*

分类地位： 被子植物门 / 木兰纲 / 豆目 / 豆科 / 草木犀属

识别特征： 一年生或二年生草本，高 70 ～ 200 厘米。茎直立，圆柱形，中空，多分枝，几无毛。羽状三出复叶；托

叶尖刺状锥形，全缘；小叶长圆形或倒披针状长圆形，长 15 ～ 30 厘米，宽 (4) 6 ～ 12 毫米，先端钝圆，基部楔形，边缘疏生浅锯齿，上面无毛，下面被细柔毛，侧脉 12 ～ 15 对，平行直达叶缘齿尖，两面均不隆起，顶生小叶稍大，具较长小叶柄，侧小叶小叶柄短。总状花序腋生，具花 40 ～ 100 朵，排列疏松；花冠白色，旗瓣椭圆形，稍长于翼瓣，龙骨瓣与翼瓣等长或稍短；子房卵状披针形，上部渐窄至花柱，无毛，胚珠 3 ～ 4 颗。荚果呈椭圆形至长圆形，先端锐尖，具尖喙，表面脉纹细，网状，棕褐色，老熟后变黑褐色；有种子 1 ～ 2 粒。种子卵形，棕色，表面具细瘤点。花期 5—7 月，果期 7—9 月。

分　　布： 分布于我国东北、华北、西北及西南各地。生长在田边、路旁荒地及湿润的沙地。

照片来源： 潍坊

渤海山东海域海洋保护区生物多样性图集

陆生植被

黄花草木犀 *Melilotus officinalis*

中文种名：黄花草木犀

拉丁学名：*Melilotus officinalis*

分类地位：被子植物门 / 木兰纲 / 豆目 / 豆科 / 草木犀属

识别特征：二年生草本，高 40 ～ 100（～ 250）厘米。茎直立，粗壮，多分枝，具纵棱，微被柔毛。羽状三出复叶；托叶镰状线形，长 3 ～ 5（～ 7）毫米，中央有 1 条脉纹，全缘或基部有 1 尖齿；小叶倒卵形、阔卵形、倒披针形至线形，先端钝圆或截形，基部阔楔形，边缘具不整齐疏浅齿，上面无毛，粗糙，下面散生短柔毛，侧脉 8 ～ 12 对，平行直达齿尖，两面均不隆起，顶生小叶稍大，具较

长的小叶柄，侧小叶的小叶柄短。总状花序腋生，具花 30 ～ 70 朵，初时稠密，花开后渐疏松，花序轴在花期中显著伸展；花冠黄色，旗瓣倒卵形，与翼瓣近等长，龙骨瓣稍短或三者均近等长；雄蕊筒在花后常宿存包于果外；子房卵状披针形，胚珠 4 ～ 6（～ 8）颗，花柱长于子房。荚果呈卵形，先端具宿存花柱，表面具凹凸不平的横向细网纹，棕黑色；有种子 1 ～ 2 粒。种子呈卵形，黄褐色，平滑。花期 5—9 月，果期 6—10 月。

分　　布：分布于我国东北、华南、西南各地，其余各省常见栽培。生长在山坡、河岸、路旁、砂质草地及林缘。

照片来源：滨州

豆科 Leguminosae

紫苜蓿 *Medicago sativa*

中文种名： 紫苜蓿

拉丁学名： *Medicago sativa*

分类地位： 被子植物门 / 木兰纲 / 豆目 / 豆科 / 苜蓿属

识别特征： 多年生草本，高 30 ~ 100 厘米。茎直立、丛生以至平卧，四棱形，无毛或微被柔毛。羽状三出复叶；托叶大，卵状披针形，先端锐尖，基部全缘或具 1 ~ 2 齿裂，脉纹清晰；小叶长卵形、倒长卵形至线状卵形，等大，或顶生小叶稍大，纸质，先端钝圆，具由中脉伸出的长齿尖，

基部狭窄，楔形，边缘 1/3 以上具锯齿，上面无毛，深绿色，下面被贴伏柔毛，侧脉 8 ~ 10 对，与中脉成锐角，在近叶边处略有分叉。花序总状或头状，具花 5 ~ 30 朵；花长 6 ~ 12 毫米；萼钟形，萼齿线状锥形，比萼筒长，被贴伏柔毛；花冠淡黄、深蓝色至暗紫色，花瓣均具长瓣柄，旗瓣长圆形，先端微凹，明显较翼瓣和龙骨瓣长，翼瓣较龙骨瓣稍长；子房线形，具柔毛，花柱短阔，上端细尖，柱头点状，胚珠多数。荚果螺旋状，

熟时棕色；种子 10 ~ 20 粒。卵形，平滑，黄色或棕色。花期 5—7 月，果期 6—8 月。

分　　布： 我国各地都有栽培或呈半野生状态。生长在田边、路旁、旷野、草原、河岸及沟谷等地。

照片来源： 东营

渤海山东海域海洋保护区生物多样性图集

陆生植被

天蓝苜蓿 *Medicago lupulina*

中文种名：天蓝苜蓿

拉丁学名：*Medicago lupulina*

分类地位：被子植物门 / 木兰纲 / 豆目 / 豆科 / 苜蓿属

识别特征：一年生、二年生或多年生草本，高 15 ～ 60 厘米，全株被柔毛或有腺毛。茎平卧或上升，多分枝，叶茂盛。羽状三出复叶；托叶卵状披针形，长可达 1 厘米，先端渐尖，基部圆或戟状，常齿裂；下部叶柄较长，长 1 ～ 2 厘米，上部叶柄比小叶短；小叶倒卵形、阔倒卵形或倒心形，长 5 ～ 20 毫米，宽 4 ～ 16 毫米，纸质，先端多少截平或微凹，具细尖，基部楔形，边缘在上半部具不明显尖齿，两面均被毛；顶生小叶较大，小叶柄长 2 ～ 6 毫米，侧生小叶柄甚短。花序小头状，具花 10 ～ 20 朵；花长 2 ～ 2.2 毫米；花梗短，长不到 1 毫米；萼钟形；花冠黄色，旗瓣近圆形，顶端微凹，翼瓣和龙骨瓣近等长，均比旗瓣短；子房阔卵形，被毛，花柱弯曲，胚珠 1 颗。荚果肾形，表面具同心弧形脉纹，被稀疏毛，熟时变黑；有种子 1 粒。种子呈卵形。花期 7—9 月，果期 8—10 月。

分　　布：分布于我国南北各地，以及青藏高原。适宜于凉爽气候及水分良好土壤，但在各种条件下都有野生，常见于河岸、路边、田野及林缘。

照片来源：潍坊

豆科 Leguminosae

白车轴草 *Trifolium repens*

中文种名：白车轴草

拉丁学名：*Trifolium repens*

分类地位：被子植物门/木兰纲/豆目/豆科/车轴草属

识别特征：多年生草本，高 10～30 厘米。主根短，侧根和须根发达。茎匍匐蔓生，上部稍上升，节上生根，全株无毛。掌状三出复叶；托叶卵状披针形，膜质，基部抱茎呈鞘状，离生部分锐尖；小叶倒卵形至近圆形，先端凹头至钝圆，基部楔形

渐窄至小叶柄，中脉在下面隆起，侧脉约 13 对，与中脉呈 50° 角展开，两面均隆起，近叶边分叉并伸达锯齿齿尖。花序球形，顶生；总花梗甚长，比叶柄长近 1 倍，具花 20～50 (80) 朵，密集；无总苞；苞片披针形，膜质，锥尖；花梗比花萼稍长或等长，开花立即下垂；花冠白色、乳黄色或淡红色，具香气。旗瓣椭圆形，比翼瓣和龙骨瓣长近 1 倍，龙骨瓣比翼瓣稍短；子房线状长圆形，花柱比子房略长，胚珠 3～4 颗。荚果长圆形；种子通常 3 粒。种子阔卵形。花果期 5—10 月。

分　布：原产于欧洲和北非，世界各地均有栽培。在我国常见于种植，并在湿润草地、河岸、路边呈半自生状态。

照片来源：潍坊

千屈菜科 Lythraceae

　　草本、灌木或乔木；枝通常四棱形，有时具棘状短枝。叶对生，稀轮生或互生，全缘，叶片下面有时具黑色腺点；托叶细小或无托叶。花两性，通常辐射对称，稀左右对称，单生或簇生，或组成顶生或腋生的穗状花序、总状花序或圆锥花序；花萼筒状或钟状，平滑或有棱，有时有距，与子房分离而包围子房，3～6裂，很少至16裂，镊合状排列，裂片间有或无附属体；花瓣与萼裂片同数或无花瓣，花瓣如存在，则着生萼筒边缘，在花芽时成皱褶状，雄蕊通常为花瓣的倍数，有时较多或较少，着生于萼筒上，但位于花瓣的下方，花丝长短不一，常在芽时内折，花药2室，纵裂；子房上位，通常无柄，2～16室，每室具倒生胚珠数颗，极少减少1～3颗或2颗，着生于中轴胎座上，其轴有时不到子房顶部，花柱单生，长短不一，柱头头状，稀2裂。蒴果革质或膜质，2～6室，稀1室，横裂、瓣裂或不规则开裂，稀不裂；种子多粒，形状不一，有翅或无翅，无胚乳；子叶平坦，稀折叠。

　　本科约有25属550种，广布于全世界，但主要分布于热带和亚热带地区。我国有1属，约47种，南北地区均有。

　　山东渤海海洋生态保护区共发现本科植物2属，共2种。

千屈菜科 Lythraceae

中文种名：千屈菜

拉丁学名：*Lythrum salicaria*

分类地位：被子植物门／木兰纲／桃金娘目／千屈菜科／千屈菜属

识别特征：多年生草本，根茎横卧于地下，粗壮；茎直立，多分枝，高 30 ～ 100 厘米，

全株青绿色，略被粗毛或密被茸毛，枝通常具 4 棱。叶对生或三叶轮生，披针形或阔披针形，长 4 ～ 6 (10) 厘米，宽 8 ～ 15 毫米，顶端钝形或短尖，基部圆形或心形，有时略抱茎，全缘，无柄。花组成小聚伞花序，簇生，因花梗及总梗极短，因此花枝全形似一大型穗状花序；苞片阔披针形至三角状卵形，长 5 ～ 12 毫米；萼筒长 5 ～ 8 毫米，有纵棱 12 条，稍被粗毛，裂片 6，三角形；附属体针状，直立，长 1.5 ～ 2 毫米；花瓣 6，红紫色或淡紫色，倒披针状长椭圆形，基部楔形，长 7 ～ 8 毫米，着生于萼筒上部，有短爪，稍皱缩；雄蕊 12，6 长 6 短，伸出萼筒之外；子房 2 室，花柱长短不一。蒴果呈扁圆形。

分　　布：分布于我国各地，亦有栽培。生长在河岸、湖畔、溪沟边和潮湿草地。

照片来源：潍坊

紫 薇 *Lagerstroemia indica*

中文种名： 紫薇

拉丁学名： *Lagerstroemia indica*

分类地位： 被子植物门 / 木兰纲 / 桃金娘目 / 千屈菜科 / 紫薇属

识别特征： 落叶灌木或小乔木，高可达7米；树皮平滑，灰色或灰褐色；枝干多扭曲，小枝纤细，具4棱，略呈翅状。叶互生或有时对生，纸质，椭圆形、阔矩圆形或倒卵形，长2.5～7厘米，宽1.5～4厘米，顶端短尖或钝形，有时微凹，基部阔楔形或近圆形，无毛或下面沿中脉有微柔毛，侧脉3～7对，小脉不明显；无柄或叶柄很短。花淡红色或紫色、白色，常组成7～20厘米的顶生圆锥花序；花梗长3～15毫米，中轴及花梗均被柔毛；花萼长7～10毫米，外面平滑无棱，但鲜时萼筒有微凸起短棱，两面无毛，裂片6，三角形，直立，无附属体；花瓣6，皱缩，长12～20毫米，具长爪；雄蕊36～42，外面6枚着生于花萼上，比其余的长得多；子房3～6室，无毛。蒴果椭圆状球形或阔椭圆形，幼时绿色至黄色，成熟时或干燥时呈紫黑色，室背开裂；种子有翅。花期6—9月，果期9—12月。半阴生，喜生长于肥沃湿润的土壤上，也能耐旱，不论钙质土或酸性土都生长良好。

分　　布： 我国广东、广西、湖南、福建、江西、浙江、江苏、湖北、河南、河北、山东、安徽、陕西、四川、云南、贵州及吉林均有生长或栽培。

照片来源： 潍坊

千屈菜科 Lythraceae

石榴科 Punicaceae

落叶乔木或灌木。冬芽小，有 2 对鳞片。单叶，通常对生或簇生，有时呈螺旋状排列；无托叶。花顶生或近顶生，单生或几朵簇生或组成聚伞花序，两性，辐射对称。萼革质，萼管与子房贴生，且高于子房，近钟形，裂片 5 ～ 9，镊合状排列，宿存；花瓣 5 ～ 9，多皱褶，覆瓦状排列；雄蕊生萼筒内壁上部，多数，花丝分离，芽中内折，花药背部着生，2 室，纵裂；子房下位或半下位，心皮多枚，1 轮或 2 ～ 3 轮，初呈同心环状排列，后渐成叠生（外轮移至内轮之上），最低一轮为中轴胎座，较高的 1 ～ 2 轮为侧膜胎座，胚珠多数。浆果球形，顶端有宿存花萼裂片，果皮厚。种子多数，种皮外层肉质，内层骨质；胚直，无胚乳，子叶旋卷。

本科 1 属 2 种，产于地中海至亚洲西部地区。我国引入栽培的有 1 种。

山东渤海海洋生态保护区共发现本科植物 1 属，共 1 种。

石 榴 *Punica granatum*

中文种名：石榴

拉丁学名：*Punica granatum*

分类地位：被子植物门 / 木兰纲 / 桃金娘目 / 石榴科 / 石榴属

识别特征：落叶灌木或乔木，高通常 3 ～ 5 米，稀达 10 米，枝顶常成尖锐长刺，幼枝具棱角，无毛，老枝近圆柱形。

叶通常对生，纸质，矩圆状披针形，长 2 ～ 9 厘米，顶端短尖、钝尖或微凹，基部短尖至稍钝形，上面光亮，侧脉稍细密；叶柄短。花大，1 ～ 5 朵生枝顶；萼筒长 2 ～ 3 厘米，通常红色或淡黄色，裂片略外展，卵状三角形，长 8 ～ 13 毫米，外面近顶端有 1 个黄绿色腺体，边缘有小乳突；花瓣通常大，红色、黄色或白色，长 1.5 ～ 3 厘米，宽 1 ～ 2 厘米，顶端圆形；花丝无毛，长达 13 毫米；花柱长超过雄蕊。浆果近球形，直径 5 ～ 12 厘米，通常为淡黄褐色或淡黄绿色，有时白色，稀暗紫色。种子多数，钝角形，红色至乳白色，肉质的外种皮供食用。花期 5—6 月，果期 9—10 月。

分　　布：原产于巴尔干半岛至伊朗及其邻近地区，全世界的温带和热带地区都有种植。

照片来源：潍坊

石榴科 Punicaceae

171

柳叶菜科 Onagraceae

一年生或多年生草本，有时为半灌木或灌木，稀为小乔木，有的为水生草本。叶互生或对生；托叶小或不存在。花两性，稀单性，辐射对称或两侧对称，单生于叶腋或排成顶生的穗状花序、总状花序或圆锥花序。花通常4数，稀2或5数；花管存在或不存在；萼片（2～）4或5，花瓣（0～2～）4或5，在芽时常旋转或覆瓦状排列，脱落；雄蕊（2～）4，或8或10排成2轮；花药丁字着生，稀基部着生；花粉单一，或为四分体，花粉粒间以黏丝连接；子房下位，（1～2～）4～5室，每室有少数或多数胚珠，中轴胎座；花柱1个，柱头头状、棍棒状或具裂片。果为蒴果，室背开裂、室间开裂或不开裂，有时为浆果或坚果。种子多数或少数，稀1粒，无胚乳。

本科约15属，约650种，广泛分布于全世界温带与热带地区，以温带地区为多，大多数属分布于北美西部地区。我国有7属68种8亚种，分布于南北各地。

山东渤海海洋生态保护区共发现本科植物1属，共2种。

小花山桃草 *Gaura parviflora*

中文种名：小花山桃草

拉丁学名：*Gaura parviflora*

分类地位：被子植物门／木兰纲／桃金娘目／柳叶菜科／山桃草属

识别特征：一年生草本，全株尤茎上部、花序、叶、苞片、萼片密被伸展灰白色长毛与腺毛；茎直立，不分枝，或在顶部花序之下少数分枝，高50～100厘米。基生叶宽倒披针形，长达12厘米，先端锐尖，基部渐狭下延至柄。茎生叶狭椭圆形、长圆状卵形，有时菱状卵形，长2～10厘米，先端渐尖或锐尖，基部楔形下延至柄。花序穗状，有时有少数分枝，生茎枝顶端，常下垂，长8～35厘米；花管带红色，长1.5～3毫米；萼片绿色，线状披针形，长2～3毫米，花期反折；花瓣白色，后变红色，倒卵形；花丝基部具鳞片状附属物，花药黄色，长圆形；花柱长3～6毫米，伸出花管部分长1.5～2.2毫米；柱头围以花药，具深4裂。蒴果呈坚果状，纺锤形。种子4粒，或3粒（其中1室的胚珠不发育），卵状，红棕色。花期7—8月，果期8—9月。

分　　布：原产于美国，尤以中西部地区最多，南美、欧洲、亚洲、澳大利亚有引种并逸为野生。我国河北、河南、山东、安徽、江苏、湖北、福建有引种，并逸为野生杂草。

照片来源：潍坊

柳叶菜科 Onagraceae

173

中文种名：山桃草

拉丁学名：*Gaura lindheimeri*

分类地位：被子植物门 / 木兰纲 / 桃金娘目 / 柳叶菜科 / 山桃草属

识别特征：多年生粗壮草本，常丛生；茎直立，高60～100厘米，常多分枝，入秋变红色，被长柔毛与曲柔毛。叶无柄，椭圆状披针形或倒披针形，长3～9厘米，宽5～11毫米，向上渐变小，先端锐尖，基部楔形，边缘具远离的齿突或波状齿，两面被近贴生的长柔毛。花序长穗状，生茎枝顶部，不分枝或有少数分枝，直立，长20～50厘米；苞片狭椭圆形、披针形或线形。花近拂晓开放；花管长4～9毫米，内面上半部有毛；萼片被伸展的长柔毛，花开放时反折；花瓣白色，后变粉红，排向一侧，倒卵形或椭圆形；花丝长8～12毫米；花药

带红色，长3.5～4毫米；花柱长20～23毫米，近基部有毛；柱头深4裂，伸出花药之上。蒴果呈坚果状，狭纺锤形，熟时褐色，具明显的棱。种子1～4粒，有时只部分胚珠发育，卵状，淡褐色。花期5—8月，果期8—9月。

分　　布：原产于北美，我国北京、山东、南京、浙江、江西、香港等有引种，并逸为野生。

照片来源：潍坊

渤海山东海域海洋保护区生物多样性图集

陆生植被

卫矛科 Celastraceae

常绿或落叶乔木、灌木或藤状灌木及匍匐小灌木。单叶对生或互生，少为三叶轮生并类似互生；托叶细小，早落或无，稀明显而与叶俱存。花两性或退化为功能性不育的单性花，杂性同株，较少异株；聚伞花序 1 至多次分枝，具有较小的苞片和小苞片；花 4 ~ 5 数，花部同数或心皮减数，花萼花冠分化明显，极少萼冠相似或花冠退化，花萼基部通常与花盘合生，花萼分为 4 ~ 5 萼片，花冠具 4 ~ 5 分离花瓣，少为基部贴合，常具明显肥厚花盘，极少花盘不明显或近无，雄蕊与花瓣同数，着生花盘之上或之下，花药 2 室或 1 室，心皮 2 ~ 5，合生，子房下部常陷入花盘而与之合生或与之融合而无明显界线，或仅基部与花盘相连，大部游离，子房室与心皮同数或退化成不完全室或 1 室，倒生胚珠，通常每室 2 ~ 6，少为 1，轴生、室顶垂生，较少基生。多为蒴果，亦有核果、翅果或浆果；种子多少被肉质具色假种皮包围，稀无假种皮，胚乳肉质丰富。

本科约 60 属，约 850 种。主要分布于热带、亚热带及温暖地区，少数进入寒温带地区。我国有 12 属 201 种，全国均产，大多分布于长江流域及长江以南各地和台湾。

山东渤海海洋生态保护区共发现本科植物 1 属，共 3 种。

白　杜 *Euonymus maackii*

中文种名：白杜

拉丁学名：*Euonymus maackii*

分类地位：被子植物门 / 木兰纲 / 卫矛目 / 卫矛科 / 卫矛属

识别特征：小乔木，高达 6 米。叶卵状椭圆形、卵圆形或窄椭圆形，长 4 ~ 8 厘米，宽 2 ~ 5 厘米，先端长渐尖，基部阔楔形或近圆形，边缘具细锯齿，有时极深而锐利；叶柄通常细长，常为叶片的 1/4 ~ 1/3，但有时较短。聚伞花序 3 至多花，花序梗略扁，长 1 ~ 2 厘米；花

4 数，淡白绿色或黄绿色，直径约 8 毫米；小花梗长 2.5 ~ 4 毫米；雄蕊花药紫红色，花丝细长，长 1 ~ 2 毫米。蒴果呈倒圆心状，4 浅裂，长 6 ~ 8 毫米，直径 9 ~ 10 毫米，成熟后果皮粉红色；种子呈长椭圆状，长 5 ~ 6 毫米，直径约 4 毫米，种皮棕黄色，假种皮橙红色，全包种子，成熟后顶端常有小口。花期 5—6 月，果期 9 月。

分　　布：分布广阔，北起我国黑龙江包括华北、内蒙古各地，南到长江南岸各地，西至甘肃，除陕西、西南和两广未见野生外，其他各地均有，但长江以南常以栽培为主。

照片来源：潍坊

冬青卫矛 *Euonymus japonicus*

中文种名：冬青卫矛

拉丁学名：*Euonymus japonicus*

分类地位：被子植物门／木兰纲／卫矛目／卫矛科／
卫矛属

识别特征：灌木，高可达 3 米；小枝四棱，具细微
皱突。叶革质，有光泽，倒卵形或椭圆形，
长 3 ～ 5 厘米，宽 2 ～ 3 厘米，先端圆
阔或急尖，基部楔形，边缘具有浅细钝
齿；叶柄长约 1 厘米。聚伞花序 5 ～ 12
花，花序梗长 2 ～ 5 厘米，2 ～ 3 次分枝，
分枝及花序梗均扁壮，第三次分枝常与
小花梗等长或较短；小花梗长 3 ～ 5 毫
米；花白绿色，直径 5 ～ 7 毫米；花瓣
近卵圆形，长宽各约 2 毫米，雄蕊花药

长圆状，内向；花丝长 2 ～ 4 毫米；子房每室 2 颗胚珠，着生中轴顶部。蒴果近球状，直
径约 8 毫米，淡红色；种子每室 1 粒，顶生，椭圆状，长约 6 毫米，直径约 4 毫米，假种
皮橘红色，全包种子。花期 6—7 月，果期 9—10 月。

分　　布：我国南北各地均有栽培，最先于日本发现，引入栽培，用于观赏或作绿篱。

照片来源：潍坊

扶芳藤 *Euonymus fortunei*

中文种名：扶芳藤

拉丁学名：*Euonymus fortunei*

分类地位：被子植物门／木兰纲／卫矛目／卫矛科／卫矛属

识别特征：常绿藤本灌木，高1至数米；小枝方棱不明显。叶薄革质，椭圆形、长方椭圆形或长倒卵形，宽窄变异较大，可窄至近披针形，长3.5～8厘米，宽1.5～4厘米，先端钝或急尖，基部楔形，边缘齿浅不明显，侧脉细微和小脉全不明显；叶柄长3～6毫米。聚伞花序3～4次分枝；花序梗长1.5～3厘米，第一次分枝长5～10毫米，第二次分枝长5毫米以下，最终小聚伞花密集，有花4～7朵，分枝中央有单花，小花梗长约5毫米；花白绿色，4数，直径约6毫米；花盘方形，直径约2.5毫米；花丝细长，长2～3毫米，花药圆心形；子房三角锥状，四棱，粗壮明显，花柱长约1毫米。蒴果粉红色，果皮光滑，近球状，直径6～12毫米；果序梗长2～3.5厘米；小果梗长5～8毫米；种子长方椭圆状，棕褐色，假种皮鲜红色，全包种子。花期6月，果期10月。

分　　布：分布于我国江苏、浙江、安徽、江西、湖北、湖南、四川、陕西等地。生长于山坡丛林中。

照片来源：潍坊

渤海山东海域海洋保护区生物多样性图集

178

常绿灌木、小乔木或草本。单叶，互生或对生，全缘或有齿牙，羽状脉或离基三出脉，无托叶。花小，整齐，无花瓣；单性，雌雄同株或异株；花序总状或密集的穗状，有苞片；雄花萼片4，雌花萼片6 (4)，均2轮，覆瓦状排列，雄蕊4，与萼片对生，分离，花药大，2室，花丝多少扁阔；雌蕊通常由3枚心皮（稀2枚心皮）组成，子房上位，3室（稀2室），花柱3（稀2），常分离，宿存，具多少向下延伸的柱头，子房每室有2枚并生、下垂的倒生胚珠，脊向背缝线。果实为室背裂开的蒴果，或肉质的核果状果。种子黑色、光亮，胚乳肉质，胚直，有扁薄或肥厚的子叶。

本科约4属100种，多数分布于热带和亚热带地区。我国有3属27种，主要分布于东南部和西南部。

山东渤海海洋生态保护区共发现本科植物1属，共1种。

黄 杨 *Buxus sinica*

中文种名：黄杨

拉丁学名：*Buxus sinica*

分类地位：被子植物门 / 木兰纲 / 大戟目 / 黄杨科 / 黄杨属

识别特征：灌木或小乔木，高 1～6 米；枝圆柱形，有纵棱，灰白色；小枝四棱形，小枝及冬芽外鳞均有短柔毛。叶革质，阔椭圆形、阔倒卵形、卵状椭圆形或长圆形，大多数长 1.5～3.5 厘米，先端圆或钝，常有小凹口，基部圆或急尖或楔形，叶面光亮，中脉凸出，下半段常有微细毛，侧脉明显，叶背中脉平坦或稍凸出，中脉上常密被白色短线状钟乳体，全无侧脉。花序腋生，头状，花密集，花序轴长 3～4 毫米，被毛，苞片阔卵形，长 2～2.5 毫米，背部多少有毛；雄花约 10 朵，无花梗，外萼片卵状椭圆形，内萼片近圆形，长 2.5～3 毫米，无毛，雄蕊连花药长 4 毫米，不育雌蕊有棒状柄，末端膨大；雌花的萼片长 3 毫米，子房较花柱稍长，无毛，花柱粗扁，柱头倒心形，下延达花柱中部。蒴果近球形，花柱宿存。花期 3 月，果期 5—6 月。

分　布：分布于我国陕西、甘肃、湖北、四川、贵州、广西、广东、江西、浙江、安徽、江苏、山东各地，有部分属于栽培。多生长于海拔 1 200～2 600 米的山谷、溪边、林下。

照片来源：潍坊

渤海山东海域海洋保护区生物多样性图集

陆生植被

180

大戟科 Euphorbiaceae

　　乔木、灌木或草本，稀为木质或草质藤本；木质根，稀为肉质块根；通常无刺；常有乳状汁液，白色，稀为淡红色。叶互生，少有对生或轮生，单叶，稀为复叶，或叶退化呈鳞片状，边缘全缘或有锯齿，稀为掌状深裂；具羽状脉或掌状脉；叶柄长至极短，基部或顶端有时具有 1 ~ 2 枚腺体；托叶 2，着生于叶柄的基部两侧，早落或宿存，稀托叶鞘状，脱落后具环状托叶痕。花单性，雌雄同株或异株，单花或组成各式花序，通常为聚伞或总状花序，在大戟类中为特殊化的杯状花序（此花序由 1 朵雌花居中，周围环绕以数朵或多朵仅有 1 枚雄蕊的雄花所组成）；萼片分离或在基部合生，覆瓦状或镊合状排列，在特化的花序中有时萼片极度退化或无；花瓣有或无；花盘环状或分裂成为腺体状，稀无花盘；雄蕊 1 至多数，花丝分离或合生成柱状，在花蕾时内弯或直立，花药外向或内向，基生或背部着生，药室 2，稀 3 ~ 4，纵裂，稀顶孔开裂或横裂，药隔截平或凸起；雄花常有退化雌蕊；子房上位，3 室，稀 2 或 4 室或更多或更少，每室有 1 ~ 2 颗胚珠着生于中轴胎座上，花柱与子房室同数，分离或基部连合，顶端常 2 至多裂，直立、平展或卷曲，柱头形状多变，常呈头状、线状、流苏状、折扇形或羽状分裂，表面平滑或有小颗粒状凸体，稀被毛或有皮刺。蒴果，常从宿存的中央轴柱分离成分果爿，或为浆果状或核果状；种子常有显著种阜，胚乳丰富、肉质或油质，胚大而直或弯曲，子叶通常扁而宽，稀卷叠式。

　　本科约 300 属 5 000 种以上，广布于全球各地。我国有 66 属，约 864 种，各地均产之，但主产地为西南至台湾。

　　山东渤海海洋生态保护区共发现本科植物 3 属，共 6 种。

渤海山东海域海洋保护区生物多样性图集

中文种名：地锦草

拉丁学名：*Euphorbia humifusa*

分类地位：被子植物门／木兰纲／大戟目／大戟科／大戟属

识别特征：一年生草本。根纤细，常不分枝。茎匍匐，自基部以上多分枝，偶尔先端斜向上伸展，基部常红色或淡红色，长达 20 (30) 厘米，被柔毛或疏柔毛。叶对生，矩圆形或椭圆形，长 5 ～ 10 毫米，宽 3 ～ 6 毫米，先端钝圆，基部偏斜，略渐狭，边缘常于中部以上具细锯齿；叶面绿色，叶背淡绿色，有时淡红色，两面被疏柔毛；叶柄极短，长 1 ～ 2 毫米。花序单生于叶腋，基部具 1 ～ 3 毫米的短柄；总苞陀螺状，边缘 4 裂，裂片三角形；腺体 4，矩圆形，边缘具白色或淡红色附属物。雄花数枚，近与总苞边缘等长；雌花 1，子房柄伸出至总苞边缘；子房三棱状卵形，光滑无毛；花柱 3，分离；柱头 2 裂。蒴果呈三棱状卵球形，成熟时分裂为 3 个分果爿，花柱宿存。种子呈三棱状卵球形，灰色，每个棱面无横沟，无种阜。花果期 5—10 月。

分　　布：除海南外，分布于我国各地。生长于原野荒地、路旁、田间、沙丘、海滩、山坡等地，常见于长江以北地区。

照片来源：潍坊

陆生植被

斑地锦 *Euphorbia maculata*

中文种名：斑地锦

拉丁学名：*Euphorbia maculata*

分类地位：被子植物门 / 木兰纲 / 大戟目 / 大戟科 / 大戟属

识别特征：一年生草本。茎匍匐，长 10 ~ 17 厘米，被白色疏柔毛。叶对生，长椭圆形至肾状长圆形，长 6 ~ 12 毫米，宽 2 ~ 4 毫米，先端钝，基部偏斜，不对称，略呈渐圆形，边缘中部以下全缘，中部以上常具细小疏锯齿；叶面绿色，中部常具有一个长圆形的紫色斑点，叶背淡绿色或灰绿色，新鲜时可见紫色斑，干时不清楚，两面无毛；叶柄极短，长约 1 毫米；托叶钻状，不分裂，边缘具睫毛。花序单生于叶腋；总苞狭杯状，外部具白色疏柔毛，边缘 5 裂，裂片三角状圆形；腺体 4，黄绿色，横椭圆形，边缘具白色附属物。雄花 4 ~ 5，微伸出总苞外；雌花 1，子房柄伸出总苞外，且被柔毛；子房被疏柔毛；柱头 2 裂。蒴果呈三角状卵形，被稀疏柔毛，成熟时易分裂为 3 个分果片。种子呈卵状四棱形，灰色或灰棕色，每个棱面具 5 个横沟，无种阜。花果期 4—9 月。

分 布：原产于北美，归化于欧亚大陆；分布于我国江苏、江西、浙江、湖北、河南、河北和台湾。生长在平原或低山坡的路旁。

照片来源：潍坊

大戟科 **Euphorbiaceae**

183

乳浆大戟 *Euphorbia esula*

中文种名: 乳浆大戟

拉丁学名: *Euphorbia esula*

分类地位: 被子植物门 / 木兰纲 / 大戟目 / 大戟科 / 大戟属

识别特征: 多年生草本。根圆柱状。茎高达 60 厘米,不育枝常发自基部。叶线形或卵形,长 2～7 厘米,宽 4～7 毫米,先端尖或钝尖,基部楔形或平截;无叶柄;不育枝叶常为松针状,长 2～3 厘米,直径约 1 毫米,无柄。总苞叶 3～5;伞幅 3～5,长 2～4 (5) 厘米;苞叶 2,肾形,长 0.4～1.2 厘米。花序单生于二歧分枝顶端,无梗;总苞钟状,高约 3 毫米,边缘 5 裂,裂片半圆形至三角形,边缘及内侧被毛,腺体 4,新月形,两端具角,角长而尖或短钝,褐色。雄花多枚;雌花 1,子房柄伸出总苞;子房无毛,花柱分离。蒴果三棱状球形,长 5～6 毫米,具 3 纵沟;花柱宿存。种子呈卵圆形,长 2.5～3 毫米,黄褐色;种阜盾状,无柄。花果期 4—10 月。

分　　布: 分布于全国(除海南、贵州、云南和西藏外)。生长于路旁、杂草丛、山坡、林下、河沟边、荒山、沙丘及草地。

照片来源: 长岛

泽 漆 *Euphorbia helioscopia*

中文种名：泽漆

拉丁学名：*Euphorbia helioscopia*

分类地位：被子植物门 / 木兰纲 / 大戟目 / 大戟科 / 大戟属

识别特征：一年生草本。根纤细，下部分枝。茎直立，单一或自基部多分枝，分枝斜展向上，高 10～30 (50) 厘米，光滑无毛。叶互生，倒卵形或匙形，长 1～3.5 厘米，宽 5～15 毫米，先端具牙齿，中部以下渐狭或呈楔形；总苞叶 5，倒卵状长圆形，长 3～4 厘米，宽 8～14 毫米，先端具牙齿，基部略渐狭，无柄；总伞幅 5，长 2～4 厘米；苞叶 2，卵圆形，先端具牙齿，基部呈圆形。花序单生，有柄或近无柄；总苞钟状，光滑无毛，边缘 5 裂，裂片半圆形，边缘和内侧具柔毛；腺体 4，盘状，中部内凹，基部具短柄，淡褐色。雄花数枚，明显伸出总苞外；雌花 1，子房柄略伸出总苞边缘。蒴果三棱状阔圆形，光滑，无毛；具明显的三纵沟；成熟时分裂为 3 个分果爿。种子呈卵状，暗褐色，具明显的脊网；种阜扁平状，无柄。花果期 4—10 月。

分　布：广泛分布于全国（除黑龙江、吉林、内蒙古、广东、海南、台湾、新疆、西藏外）。生长于山沟、路旁、荒野和山坡，较常见。

照片来源：潍坊

中文种名：铁苋菜

拉丁学名：Acalypha australis

分类地位：被子植物门 / 木兰纲 / 大戟目 / 大戟科 / 铁苋菜属

识别特征：一年生草本，高 0.2 ～ 0.5 米，小枝细长，被贴柔毛，毛逐渐稀疏。叶膜质，长卵形、近菱状卵形或阔披针形，长 3 ～ 9 厘米，宽 1 ～ 5 厘米，顶端短渐尖，基部楔形，稀圆钝，边缘具圆锯，上面无毛，下面沿中脉具柔毛；基出脉 3 条，侧脉 3 对；托叶披针形，具短柔毛。雌雄花同序，花序腋生，稀顶生，雌花苞片 1 ～ 2（～ 4），卵状心形，边缘具三角形齿，外面沿掌状脉具疏柔毛，苞腋具雌花 1 ～ 3；花梗无；雄花生于花序上部，排列呈穗状或头状，雄花苞片卵形，苞腋具雄花 5 ～ 7，簇生；花梗长 0.5 毫米；雄花：花蕾近球形，无毛，花萼裂片 4，卵形；雄蕊 7 ～ 8；雌花：萼片 3 个，长卵形，具疏毛；子房具疏毛，花柱 3，撕裂 5 ～ 7 条。蒴果具 3 个分果爿，果皮具疏生毛和小瘤体；种子近卵状，种皮平滑，假种阜细长。花果期 4—12 月。

分　　布：除西部高原或干燥地区外，我国大部分地区均有分布。生长在海拔 20 ～ 1 200（～ 1 900）米平原或山坡较湿润的耕地和空旷草地，有时生长在石灰岩山疏林下。

照片来源：潍坊

一叶萩 *Flueggea suffruticosa*

中文种名：一叶萩

拉丁学名：*Flueggea suffruticosa*

分类地位：被子植物门 / 木兰纲 / 大戟目 / 大戟科 / 白饭树属

识别特征：灌木，高 1 ～ 3 米，多分枝；小枝浅绿色，近圆柱形，有棱槽，有不明显的皮孔；全株无毛。叶片纸质，椭圆形或长椭圆形，稀倒卵形，顶端急尖至钝，基部钝至楔形，全缘或间中有不整齐的波状齿或细锯齿，下面浅绿色；侧脉每边 5 ～ 8 条，两面凸起，网脉略明显。花小，雌雄异株，簇生于叶腋；雄花 3 ～ 18 朵簇生；萼片通常 5，椭圆形，全缘或具不明显的细齿；雄蕊 5；花盘腺体退化，雌蕊圆柱形，顶端 2 ～ 3 裂；雌花萼片 5，椭圆形至卵形，近全缘，背部呈龙骨状凸起；花盘盘状，全缘或近全缘；子房卵圆形，花柱 3，分离或基部合生，直立或外弯。蒴果呈三棱状扁球形，成熟时淡红褐色，有网纹，3 片裂；果梗基部常有宿存的萼片。花期 3—8 月，果期 6—11 月。

分　　布：除西北尚未发现外，我国各地均有分布，生长于海拔 800 ～ 2 500 米的山坡灌丛中或山沟、路边。

照片来源：长岛

大戟科 **Euphorbiaceae**

鼠李科 Rhamnaceae

灌木、藤状灌木或乔木，稀草本，通常具刺，或无刺。单叶互生或近对生，全缘或具齿，具羽状脉，或 3 ~ 5 基出脉；托叶小，早落或宿存，或有时变为刺。花小，整齐，两性或单性，稀杂性，雌雄异株，常排成聚伞花序、穗状圆锥花序、聚伞总状花序、聚伞圆锥花序，或有时单生或数个簇生，通常 4 基数，稀 5 基数；萼钟状或筒状，淡黄绿色，萼片镊合状排列，常坚硬，内面中肋中部有时具喙状凸起，与花瓣互生；花瓣通常较萼片小，极凹，匙形或兜状，基部常具爪，或有时无花瓣，着生于花盘边缘下的萼筒上；雄蕊与花瓣对生，为花瓣抱持；花丝着生于花药外面或基部，与花瓣爪部离生，花药 2 室，纵裂，花盘明显发育，薄或厚，贴生于萼筒上，或填塞于萼筒内面，杯状、壳斗状或盘状，全缘，具圆齿或浅裂；子房上位、半下位至下位，通常 3 或 2 室，稀 4 室，每室有 1 基生的倒生胚珠，花柱不分裂或上部 3 裂。核果、浆果状核果、蒴果状核果或蒴果，沿腹缝线开裂或不开裂，或有时果实顶端具纵向的翅或具平展的翅状边缘，基部常为宿存的萼筒所包围，1 ~ 4 室，具 2 ~ 4 个开裂或不开裂的分核，每分核具 1 粒种子，种子背部无沟或具沟，或基部具孔状开口，通常有少而明显分离的胚乳或有时无胚乳，胚大而直，黄色或绿色。

本科约 58 属 900 种以上，广泛分布于温带至热带地区。我国产 14 属 133 种 32 变种和 1 变型。全国各地均有分布，以西南和华南地区的种类最为丰富。

山东渤海海洋生态保护区共发现本科植物 1 属，共 1 种。

酸 枣 *Ziziphus jujuba* var. *spinosa*

中文种名：酸枣

拉丁学名：*Ziziphus jujuba* var. *spinosa*

分类地位：被子植物门 / 木兰纲 / 鼠李目 / 鼠李科 / 枣属

识别特征：落叶灌木或小乔木，高 1 ~ 4 米；小枝呈之字形弯曲，紫褐色。酸枣树上的托叶刺有 2 种：一种直伸，长达 3 厘米；另一种常弯曲。叶互生，叶片椭圆形至卵状披针形，长 1.5 ~ 3.5 厘米，宽

0.6 ~ 1.2 厘米，边缘有细锯齿，基部 3 出脉。花黄绿色，2 ~ 3 朵簇生于叶腋。核果小，近球形或短矩圆形，熟时红褐色，近球形或长圆形，长 0.7 ~ 1.2 厘米，具薄的中果皮，味酸，核两端钝。花期 6—7 月，果期 8—9 月。

分　布：分布于我国辽宁、内蒙古、河北、山东、山西、河南、陕西、甘肃、宁夏、新疆、江苏、安徽等地。常生长于向阳、干燥山坡、丘陵、岗地或平原。

照片来源：潍坊

鼠李科 Rhamnaceae

189

葡萄科 Vitaceae

　　攀援木质藤本，稀草质藤本，具有卷须，或直立灌木，无卷须。单叶、羽状或掌状复叶，互生；托叶通常小而脱落，稀大而宿存。花小，两性或杂性同株或异株，排列成伞房状多歧聚伞花序、复二歧聚伞花序或圆锥状多歧聚伞花序，4～5基数；萼呈碟形或浅杯状，萼片细小；花瓣与萼片同数，分离或凋谢时呈帽状黏合脱落；雄蕊与花瓣对生，在两性花中雄蕊发育良好，在单性花雌花中雄蕊常较小或极不发达，败育；花盘呈环状或分裂，稀极不明显；子房上位，通常2室，每室有2颗胚珠，或多室而每室有1颗胚珠，浆果，种子1至数粒。胚小，胚乳形状各异。

　　本科有16属，约700余种，主要分布于热带和亚热带地区，少数种类分布于温带地区。我国有9属150余种，南北各地均有分布，野生种类主要集中分布于华中、华南及西南各地，东北、华北各地种类较少，新疆和青海迄今未发现有野生。

　　山东渤海海洋生态保护区共发现本科植物4属，共5种。

爬山虎 *Parthenocissus tricuspidata*

中文种名： 爬山虎

拉丁学名： *Parthenocissus tricuspidata*

分类地位： 被子植物门 / 木兰纲 / 鼠李目 / 葡萄科 / 地锦属

识别特征： 木质藤本。小枝圆柱形，几无毛或微被疏柔毛。卷须 5 ～ 9 分枝，相隔 2 节间断与叶对生。卷须顶端嫩时膨大呈圆珠形，后遇附着物扩大成吸盘。叶为单叶，通常着生在短枝上为 3 浅裂，时有着生在长枝上者小型不裂，叶片通常倒卵圆形，长 4.5 ～ 17 厘米，宽 4 ～ 16 厘米，顶端裂片急尖，基部心形，边缘有粗锯齿，上面绿色，无毛，下面浅绿色，无毛或中脉上疏生短柔毛，基出脉 5，中央脉有侧脉 3 ～ 5 对；叶柄长 4 ～ 12 厘米。花序着生在短枝上，基部分枝，形成多歧聚伞花序，长 2.5 ～ 12.5 厘米，主轴不明显；花序梗长 1 ～ 3.5 厘米，几无毛；花梗长 2 ～ 3 毫米，无毛；花瓣 5，长椭圆形，无毛；雄蕊 5，花丝长约 1.5 ～ 2.4 毫米，花药长椭圆卵形，长 0.7 ～ 1.4 毫米，花盘不明显；子房椭球形，花柱明显，基部粗，柱头不扩大。果实球形，有种子 1 ～ 3 粒。花期 5—8 月，果期 9—10 月。

分　　布： 分布于我国吉林、辽宁、河北、河南、山东、安徽、江苏、浙江、福建、台湾。生长在海拔 150 ～ 1 200 米的山坡崖石壁或灌木丛。

照片来源： 潍坊

葡萄科 Vitaceae

191

五叶地锦 *Parthenocissus quinquefolia*

中文种名： 五叶地锦

拉丁学名： *Parthenocissus quinquefolia*

分类地位： 被子植物门 / 木兰纲 / 鼠李目 / 葡萄科 / 地锦属

识别特征： 木质藤本。小枝圆柱形，无毛。卷须总状 5～9 分枝，相隔 2 节间断与叶对生，卷须顶端嫩时尖细卷曲，后遇附着物扩大成吸盘。叶为掌状 5 小叶，小叶呈倒卵圆形、倒卵椭圆形或外侧小叶椭圆形，顶端短尾尖，基部楔形或阔楔形，边缘有粗锯齿；叶柄长 5～14.5 厘米，无毛，小叶有短柄或几无柄。花序假顶生形成主轴明显的圆锥状多歧聚伞花序；花序梗长 3～5 厘米，无毛；花梗长 1.5～2.5 毫米，无毛；花蕾椭圆形，顶端圆形；萼碟形，边缘全缘，无毛；花瓣 5，长椭圆形；雄蕊 5，花丝长 0.6～0.8 毫米，花药长椭圆形；花盘不明显；子房卵锥形，渐狭至花柱，或后期花柱基部略微缩小，柱头不扩大。果实球形，有种子 1～4 粒；种子呈倒卵形，顶端圆形，基部急尖成短喙，种脐在种子背面中部呈近圆形，腹部中棱脊凸出，两侧洼穴呈沟状，从种子基部斜向上达种子顶端。花期 6—7 月，果期 8—10 月。

分　布： 我国东北、华北各地栽培。

照片来源： 长岛

山葡萄 *Vitis amurensis*

中文种名： 山葡萄

拉丁学名： *Vitis amurensis*

分类地位： 被子植物门 / 木兰纲 / 鼠李目 / 葡萄科 / 葡萄属

识别特征： 木质藤本。小枝圆柱形，无毛，嫩枝疏被蛛丝状茸毛。卷须 2 ~ 3 分枝。叶阔卵圆形，长 6 ~ 24 厘米，3 浅裂，稀 5 浅裂，或中裂，或不分裂，顶端急尖或渐尖，裂片基部常缢缩或间有宽阔，叶基部心形，基缺凹成圆形或钝角，边缘每侧有 28 ~ 36 个粗锯齿，上面绿色，初时疏被蛛丝状茸毛；基生脉 5 出，上面明显或微下陷，下面凸出，网脉在下面明显，常被短柔毛或脱落几无毛；叶柄长 4 ~ 14 厘米，初时被蛛丝状茸毛。圆锥花序疏散，与叶对生，基部分枝发达，长 5 ~ 13 厘米，初时常被蛛丝状茸毛；花瓣 5，呈帽状黏合脱落；雄蕊 5，花丝丝状，花药黄色，卵椭圆形，在雌花内雄蕊显著短而败育；雌蕊 1，子房锥形，花柱明显，基部略粗，柱头微扩大。果实球形；种子呈倒卵圆形。花期 5—6 月，果期 7—9 月。

分　　布： 分布于我国黑龙江、吉林、辽宁、河北、山西、山东、安徽、浙江。生长在海拔 200 ~ 2 100 米的山坡、沟谷林中或灌丛。

照片来源： 长岛

葡萄科 Vitaceae

193

白 蔹 *Ampelopsis japonica*

中文种名：白蔹

拉丁学名：*Ampelopsis japonica*

分类地位：被子植物门 / 木兰纲 / 鼠李目 / 葡萄科 / 蛇葡萄属

识别特征：木质藤本。小枝圆柱形，有纵棱纹，无毛。卷须不分枝或卷须顶端有短的分叉。叶为掌状 3 ~ 5 小叶，小叶片羽状深裂或小叶边缘有深锯齿而不分裂，羽状分裂者裂片宽 0.5 ~ 3.5 厘米，掌状 5 小叶者中央小叶深裂至基部

并有 1 ~ 3 个关节，关节间有翅，侧小叶无关节或有 1 个关节，3 小叶者中央小叶有 1 个或无关节，叶上面绿色，无毛，下面浅绿色，无毛或有时在脉上被稀疏短柔毛；叶柄长 1 ~ 4 厘米。聚伞花序通常集生于花序梗顶端，通常与叶对生；花瓣 5，卵圆形；雄蕊 5，花药卵圆形，长宽近相等；子房下部与花盘合生，花柱短棒状，柱头不明显扩大。果实球形，成熟后带白色；种子呈倒卵形，顶端圆形，基部喙短钝。花期 5—6 月，果期 7—9 月。

分　布：分布于我国辽宁、吉林、河北、山西、陕西、江苏、浙江、江西、河南、湖北、湖南、广东、广西、四川。生长在海拔 100 ~ 900 米的山坡地边、灌丛或草地。

照片来源：滨州

渤海山东海域海洋保护区生物多样性图集

陆生植被

乌蔹莓 *Cayratia japonica*

中文种名：乌蔹莓

拉丁学名：*Cayratia japonica*

分类地位：被子植物门/木兰纲/鼠李目/葡萄科/乌蔹莓属

识别特征：草质藤本。小枝圆柱形，有纵棱纹，无毛或微被疏柔毛。卷须2～3叉分枝。叶为鸟足状5小叶，中央小叶长椭圆形或椭圆披针形，长2.5～4.5厘米，侧生小叶椭圆形或长椭圆形，边缘每侧有6～15个锯齿，上面绿色，无毛，下面浅绿色，无毛或微被毛；侧脉5～9对，网脉不明显；叶柄长1.5～10厘米，中央小叶柄长0.5～2.5厘米，侧生小叶无柄或有短柄，侧生小叶总柄长0.5～1.5厘米。花序腋生，复二歧聚伞花序；花序梗长1～13厘米；花瓣4，三角状卵圆形，外面被乳突状毛；雄蕊4，花药卵圆形，长宽近相等；子房下部与花盘合生，花柱短，柱头微扩大。果实近球形；种子呈三角状倒卵形，顶端微凹，基部有短喙。花期3—8月，果期8—11月。

分　　布：分布于我国陕西、河南、山东、安徽、江苏、浙江、湖北、湖南、福建、台湾、广东、广西、海南、四川、贵州、云南。生长在海拔300～2500米的山谷林中或山坡灌丛。

照片来源：潍坊

葡萄科 Vitaceae

无患子科 Sapindaceae

乔木或灌木，有时为草质或木质藤本。羽状复叶或掌状复叶，很少单叶，互生，通常无托叶。聚伞圆锥花序顶生或腋生；苞片和小苞片小；花通常小，单性，很少杂性或两性，辐射对称或两侧对称；雄花：萼片4或5，有时6，等大或不等大，离生或基部合生，覆瓦状排列或镊合状排列；花瓣4或5，很少6，有时无花瓣或只有1~4枚发育不全的花瓣，离生，覆瓦状排列，内面基部通常有鳞片或被毛；花盘肉质，环状、碟状、杯状或偏于一边，全缘或分裂，很少无花盘；雄蕊5~10，通常8，偶有多数，着生在花盘内或花盘上，常伸出，花丝分离，极少基部至中部连生，花药背着，纵裂，退化雌蕊很小，常密被毛；雌花：花被和花盘与雄花相同，不育雄蕊的外貌与雄花中能育雄蕊常相似，但花丝较短，花药有厚壁，不开裂；雌蕊由2~4心皮组成，子房上位，通常3室，很少1或4室，全缘或2~4裂，花柱顶生或着生在子房裂片间，柱头单一或2~4裂；胚珠每室1或2颗，偶有多颗，通常上升着生在中轴胎座上，很少为侧膜胎座。果为室背开裂的蒴果，或不开裂而浆果状或核果状，全缘或深裂为分果爿，1~4室；种子每室1粒，很少2粒或多粒，种皮膜质至革质，很少骨质，假种皮有或无；胚通常弯拱，无胚乳或有很薄的胚乳，子叶肥厚。

本科约150属，约2000种，分布于全世界的热带和亚热带地区，温带地区很少。我国有25属53种2亚种3变种，多数分布在西南部至东南部地区，北部地区很少。

山东渤海海洋生态保护区共发现本科植物1属，共1种。

栾 树 *Koelreuteria paniculata*

中文种名：栾树

拉丁学名：*Koelreuteria paniculata*

分类地位：被子植物门 / 木兰纲 / 无患子目 / 无患子科 / 栾树属

识别特征：落叶乔木或灌木；树皮厚，灰褐至灰黑色，老时纵裂。一回或不完全二回或偶为二回羽状复叶，小叶 (7) 11～18 枚，无柄或柄极短，对生或互生，卵形、宽卵形或卵状披针形，先端短尖或短渐尖，基部钝或近平截，有不规则钝锯齿，

齿端具小尖头，有时近基部有缺刻，或羽状深裂达中肋成二回羽状复叶，上面中脉散生皱曲柔毛，下面脉腋具髯毛，有时小叶下面被茸毛。聚伞圆锥花序长达 40 厘米，密被微柔毛，分枝长而广展；苞片窄披针形，被粗毛。花淡黄色，稍芳香；萼裂片卵形，具腺状缘毛，呈啮蚀状；花瓣 4，花时反折，线状长圆形，瓣爪长 1～2.5 毫米，被长柔毛，瓣片基部的鳞片初黄色，花时橙红色，被疣状皱曲毛；雄蕊 8，花丝下部密被白色长柔毛；花盘偏斜，有圆钝小裂片。蒴果圆锥形，具 3 棱，顶端渐尖，果瓣卵形，有网纹。种子近球形。花期 6—8 月，果期 9—10 月。

分　布：分布于我国大部分省市自治区，东北自辽宁起经中部至西南部的云南。

照片来源：潍坊

无患子科 Sapindaceae

197

漆树科 Anacardiaceae

　　乔木或灌木，稀为木质藤本或亚灌木状草本，韧皮部具裂生性树脂道。叶互生，稀对生，单叶，掌状三小叶或奇数羽状复叶，无托叶或托叶不显。花小，辐射对称，两性或多为单性或杂性，排列成顶生或腋生的圆锥花序；通常为双被花，稀为单被或无被花；花萼多少合生，3～5裂，极稀分离，有时呈佛焰苞状撕裂或呈帽状脱落，裂片在芽中覆瓦状或镊合状排列，花后宿存或脱落；花瓣3～5，分离或基部合生，通常下位，覆瓦状或镊合状排列，脱落或宿存，有时花后增大，雄蕊着生于花盘外面基部或有时着生在花盘边缘，与花盘同数或为其2倍，稀仅少数发育，极稀更多，花丝线形或钻形，分离，花药卵形或长圆形或箭形，2室，内向或侧向纵裂；花盘环状或坛状或杯状，全缘或5～10浅裂或呈柄状凸起；心皮1～5，稀较多，分离，仅1枚发育或合生，子房上位，少有半下位或下位，通常1室，少有2～5室，每室有胚珠1颗，倒生，珠柄自子房室基部直立或伸长至室顶而下垂或沿子房壁上升。果多为核果，有的花后花托肉质膨大呈棒状或梨形的假果或花托肉质下凹包于果之中下部，外果皮薄，中果皮通常厚，具树脂，内果皮坚硬，骨质或硬壳质或革质，1室或3～5室，每室具种子1粒；胚稍大，肉质，弯曲，子叶膜质扁平或稍肥厚，无胚乳或有少量薄的胚乳。

　　本科约60属600余种，分布于全球热带、亚热带地区，少数延伸到北温带地区。我国有16属59种。

　　山东渤海海洋生态保护区共发现本科植物2属，共2种。

渤海山东海域海洋保护区生物多样性图集

陆生植被

毛黄栌 *Cotinus coggygria* var. *pubescens*

中文种名： 毛黄栌

拉丁学名： *Cotinus coggygria* var. *pubescens*

分类地位： 被子植物门 / 木兰纲 / 无患子目 / 漆树科 / 黄栌属

识别特征： 灌木，高 3 ～ 5 米。叶多为阔椭圆形，稀圆形，先端圆形或微凹，基部圆形或阔楔形，全缘，叶背、尤其沿脉上和叶柄密被柔毛，侧脉 6 ～ 11 对，先端常叉开；叶柄短。圆锥花序无毛或近无毛；花杂性，直径约 3 毫米；花梗长 7 ～ 10 毫米，花萼无毛，裂片卵状三角形，长约 1.2 毫米，宽约 0.8 毫米；花瓣卵形或卵状披针形，长 2 ～ 2.5 毫米，宽约 1 毫米，无毛；雄蕊 5，长约 1.5 毫米，花药卵形，与花丝等长，花盘 5 裂，紫褐色；子房近球形，直径约 0.5 毫米，花柱 3，分离，不等长，果呈肾形，长约 4.5 毫米，宽约 2.5 毫米，无毛。

分　　布： 分布于我国贵州、四川、甘肃、陕西、山西、山东、河南、湖北、江苏、浙江。生长于海拔 800 ～ 1 500 米的山坡林中。

照片来源： 潍坊

火炬树 *Rhus typhina*

中文种名：火炬树

拉丁学名：*Rhus typhina*

分类地位：被子植物门 / 木兰纲 / 无患子目 / 漆树科 / 盐肤木属

识别特征：落叶灌木或小乔木，高可达 10 米。分枝少，小枝粗壮并密褐色茸毛，叶互生，奇数羽状复叶。小叶 9～27 枚，长圆形至披针形，长 5～15 厘米；先端长，渐尖，基部圆形或广楔形，缘有整齐锯齿；叶表面绿色，背面粉白，均被密柔毛。雌雄异株，顶生直立圆锥花序，密生茸毛，花淡绿色，雌花序及核果深红色，密生茸毛，花柱宿存、密集成火炬形。花期 5—7 月，果期 9—11 月。

分　　布：原产于北美，常在开阔的沙土或砾质土上生长。我国山东、河北、山西、陕西、宁夏、上海等 20 多个省市自治区有栽培。

照片来源：潍坊

渤海山东海域海洋保护区生物多样性图集

陆生植被

苦木科 Simaroubaceae

　　落叶或常绿，乔木或灌木；树皮常有苦味。叶互生，稀对生，常羽状复叶，稀单叶；托叶缺或早落。花序腋生，总状、圆锥状或聚伞花序，稀穗状花序。花小，辐射对称，单性、杂性或两性；萼片 3 ~ 5，花瓣 3 ~ 5，分离，稀缺；花盘环状或杯状；雄蕊与花瓣同数或为花瓣 2 倍，花丝分离，常在基部有鳞片，花药长圆形，丁字着生，2 室，纵裂；子房常 2 ~ 5 裂，2 ~ 5 室，每室 1 ~ 2 胚珠，倒生或弯生，中轴胎座；花柱 2 ~ 5，分离或多少结合，柱头头状。翅果、核果或蒴果，常不裂。种子有胚乳或无，胚直或弯曲，胚轴小，子叶厚。

　　本科约 20 属 120 种，主产于热带和亚热带地区；我国有 5 属 11 种 3 变种，产于长江以南各地，个别种类分布至华北及东北南部。

　　山东渤海海洋生态保护区共发现本科植物 1 属，共 1 种。

臭 椿 *Ailanthus altissima*

中文种名：臭椿
拉丁学名：*Ailanthus altissima*
分类地位：被子植物门/木兰纲/无患子目/苦木科/臭椿属
识别特征：落叶乔木，高可达 20 余米，树皮平滑而有直纹；嫩枝有髓，幼时被黄色或黄褐色柔毛，后脱落。叶为奇数羽状复叶，长 40～60 厘米，叶柄长 7～13 厘米，有小叶 13～27；小叶对生或近对生，纸质，卵状披针形，长 7～13 厘米，宽 2.5～4 厘米，先端长渐尖，基部偏斜，截形或稍圆，两侧各具 1 或 2 个粗锯齿，齿背有腺体 1 个，叶面深绿色，背面灰绿色，柔碎后具臭味。圆锥花序长 10～30 厘米；花淡绿色，花梗长 1～2.5 毫米；萼片 5，覆瓦状排列，裂片长 0.5～1 毫米；花瓣 5，长 2～2.5 毫米，基部两侧被硬粗毛；雄蕊 10，花丝基部密被硬粗毛，雄花中的花丝长于花瓣，雌花中的花丝短于花瓣；花药长圆形，

长约 1 毫米；心皮 5，花柱黏合，柱头 5 裂。翅果长椭圆形，长 3～4.5 厘米，宽 1～1.2 厘米；种子位于翅的中间，扁圆形。花期 4—5 月，果期 8—10 月。

分　　布：除黑龙江、吉林、新疆、青海、宁夏、甘肃和海南外，我国各地均有分布。

照片来源：长岛

渤海山东海域海洋保护区生物多样性图集

陆生植被

楝 科 Meliaceae

　　乔木或灌木，稀为亚灌木。叶互生，很少对生，通常羽状复叶，很少3小叶或单叶；小叶对生或互生，很少有锯齿，基部多少偏斜。花两性或杂性异株，辐射对称，通常组成圆锥花序，间为总状花序或穗状花序；通常5基数，间为少基数或多基数；萼小，常浅杯状或短管状，4～5齿裂或为4～5萼片组成，芽时覆瓦状或镊合状排列；花瓣4～5，少有3～7，芽时覆瓦状、镊合状或旋转排列，分离或下部与雄蕊管合生；雄蕊4～10，花丝合生成一短于花瓣的圆筒形、圆柱形、球形或陀螺形等不同形状的管或分离，花药无柄，直立，内向，着生于管的内面或顶部，内藏或凸出；花盘生于雄蕊管的内面或缺，如存在则成环状、管状或柄状等；子房上位，2～5室，少有1室的，每室有胚珠1～2颗或更多；花柱单生或缺，柱头盘状或头状，顶部有槽纹或有小齿2～4个。果为蒴果、浆果或核果，开裂或不开裂；果皮革质、木质或很少肉质；种子有胚乳或无胚乳，常有假种皮。

　　本科约50属1400种，分布于热带和亚热带地区，少数至温带地区，我国产15属62种12变种，主要分布于长江以南各地，少数分布在长江以北。

　　山东渤海海洋生态保护区共发现本科植物1属，共1种。

楝 *Melia azedarach*

中文种名：楝

拉丁学名：*Melia azedarach*

分类地位：被子植物门 / 木兰纲 / 无患子目 / 楝科 / 楝属

识别特征：落叶乔木，高达 10 余米；树皮灰褐色，纵裂。小枝有叶痕。叶为 2 ～ 3 回奇数羽状复叶，长 20 ～ 40 厘米；小叶对生，卵形、椭圆形至披针形，顶生一片通常略大，长 3 ～ 7 厘米，先端短渐尖，基部楔形或宽楔形，多少偏斜，边缘有钝锯齿，幼时被星状毛，后两面均无毛，侧脉每边 12 ～ 16 条，向上斜举。圆锥花序约与叶等长，无毛或幼时被鳞片状短柔毛；花芳香；花萼 5 深裂，裂片卵形或长圆状卵形，先端急尖，外面被微柔毛；花瓣淡紫色，倒卵状匙形，两面均被微柔毛，通常外面较密；雄蕊管紫色，无毛或近无毛，有纵细脉，花药 10 枚，着生于裂片内侧，且与裂片互生，长椭圆形，顶端微凸尖；子房近球形，5 ～ 6 室，无毛，每室有胚珠 2 颗，花柱细长，柱头头状，顶端具 5 齿，不伸出雄蕊管。核果球形至椭圆形，内果皮木质，4 ～ 5 室，每室有种子 1 粒；种子呈椭圆形。花期 4—5 月，果期 10—12 月。

分　　布：分布在我国黄河以南各地，较常见；生长于低海拔旷野、路旁或疏林中，目前已广泛栽培。

照片来源：潍坊

渤海山东海域海洋保护区生物多样性图集

陆生植被

204

蒺藜科 Zygophyllaceae

　　多年生草本、半灌木或灌木，稀为一年生草本。托叶分裂或不分裂，常宿存；单叶或羽状复叶，小叶常对生，有时互生，肉质。花单生或2朵并生于叶腋，有时为总状花序，或为聚伞花序；花两性，辐射对称或两侧对称；萼片5，有时4，覆瓦状或镊合状排列；花瓣4～5，覆瓦状或镊合状排列；雄蕊与花瓣同数，或比花瓣多1～3倍，通常长短相间，外轮与花瓣对生，花丝下部常具鳞片，花药丁字形着生，纵裂；子房上位，3～5室，稀2～12室，极少各室有横隔膜。果革质或脆壳质，或为2～10分离或连合果瓣的分果，或为室间开裂的蒴果，或为浆果状核果，种子有胚乳或无胚乳。

　　本科约有25属250种，主要分布在热带、亚热带、温带的干旱地区，我国有5属，主要分布在西北和北方较干旱地区。

　　山东渤海海洋生态保护区共发现本科植物2属，共2种。

小果白刺 *Nitraria sibirica*

中文种名：小果白刺
拉丁学名：*Nitraria sibirica*
分类地位：被子植物门 / 木兰纲 / 无患子目 / 蒺藜科 / 白刺属
识别特征：灌木，高 0.5～1.5 米，弯，多分枝，枝铺散，少直立。小枝灰白色，不孕枝先端刺针状。叶近无柄，在嫩枝上 4～6 片簇生，倒披针形，长 6～15 毫米，宽 2～5 毫米，先端锐尖或钝，基部渐窄呈楔形，无毛或幼时被柔毛。聚伞花序长 1～3 厘米，被疏柔毛；萼片 5，绿色，花瓣黄绿色或近白色，矩圆形，长 2～3 毫米。果呈椭圆形或近球形，两端钝圆，长 6～8 毫米，熟时暗红色，果汁暗蓝色，带紫色，味甜而微咸；果核卵形，先端尖，长 4～5 毫米。花期 5—6 月，果期 7—8 月。
分　　布：分布于我国的沙漠地区；华北及东北沿海沙区也有分布。生长于湖盆边缘沙地、盐渍化沙地、沿海盐化沙地。
照片来源：滨州

渤海山东海域海洋保护区生物多样性图集

陆生植被

中文种名：蒺藜

拉丁学名：*Tribulus terrestris*

分类地位：被子植物门 / 木兰纲 / 无患子目 / 蒺藜科 / 蒺藜属

识别特征：一年生草本。茎平卧，无毛，被长柔毛或长硬毛，枝长 20 ~ 60 厘米，偶数羽状复叶，长 1.5 ~ 5 厘米；小叶对生，3 ~ 8 对，矩圆形或斜短圆形，长 5 ~ 10 毫米，宽 2 ~ 5 毫米，先端锐尖或钝，基部稍偏斜，被柔毛，全缘。花腋生，花梗短于叶，花黄色；萼片 5，宿存；花瓣 5；雄蕊 10，生于花盘基部，基部有鳞片状腺体，子房 5 棱，柱头 5 裂，每室 3 ~ 4 胚珠。果有分果瓣 5，硬，长 4 ~ 6 毫米，无毛或被毛，中部边缘有锐刺 2 枚，下部常有小锐刺 2 枚，其余部位常有小瘤体。花期 5—8 月，果期 6—9 月。

分　　布：全球温带地区都有，我国各地均有分布。生长于沙地、荒地、山坡、居民点附近。

照片来源：潍坊

蒺藜科 **Zygophyllaceae**

酢浆草科 Oxalidaceae

　　一年生或多年生草本，极少为灌木或乔木。根茎或鳞茎状块茎，通常肉质，或有地上茎。指状或羽状复叶或小叶萎缩而成单叶，基生或茎生；小叶在芽时或晚间背折而下垂，通常全缘；无托叶或有而细小。花两性，辐射对称，单花或组成近伞形花序或伞房花序，少有总状花序或聚伞花序；萼片5，离生或基部合生，覆瓦状排列，少数为镊合状排列；花瓣5，有时基部合生，旋转排列；雄蕊10，2轮，5长5短，外转与花瓣对生，花丝基部通常连合，有时5枚无药，花药2室，纵裂；雌蕊由5合生心皮组成，子房上位，5室，每室有1至数颗胚珠，中轴胎座，花柱5枚，离生，宿存，柱头通常头状，有时浅裂。果为开裂的蒴果或为肉质浆果。种子通常肉质，干燥时产生弹力的外种皮，或极少具假种皮、胚乳肉质。

　　本科共有7属，约1000种，分布于热带至温带地区，主要产于南美热带地区。我国有3属，约10种，南北地区均产。

　　山东渤海海洋生态保护区共发现本科植物1属，共1种。

渤海山东海域海洋保护区生物多样性图集

陆生植被

208

酢浆草 *Oxalis corniculata*

中文种名：酢浆草
拉丁学名：*Oxalis corniculata*
分类地位：被子植物门/木兰纲/牻牛儿苗目/酢浆草科/酢浆草属
识别特征：草本，高10～35厘米，全株被柔毛。根茎稍肥厚。茎细弱，多分枝，直立或匍匐，匍匐茎节上生根。叶基生或茎上互生；托叶小，长圆形或卵形，边缘被密长柔毛，基部与叶柄合生，或同一植株下部托叶明显而上部托叶不明显；叶柄长1～13厘米，基部具关节；小叶3，无柄，倒心形，长4～16毫米，宽4～22毫米，先端凹入，基部宽楔形，两面被柔毛或表面无毛，沿脉被毛较密，边缘具贴伏缘毛。花单生或数朵集为伞形花序状，腋生，总花梗淡红色，与叶近等长；花梗长4～15毫米，果后延伸；小苞片2，披针形，长2.5～4毫米，膜质；萼片5，披针形或长圆状披针形，长3～5毫米，背面和边缘被柔毛，宿存；花瓣5，黄色，长圆

状倒卵形；雄蕊10，花丝白色半透明，基部合生；子房长圆形，5室，被短伏毛，花柱5，柱头头状。蒴果长圆柱形，5棱。种子呈长卵形，褐色或红棕色，具横向肋状网纹。花、果期2—9月。

分　　布：在我国广泛分布。生长于山坡草池、河谷沿岸、路边、田边、荒地或林下阴湿处等。
照片来源：潍坊

酢浆草科 Oxalidaceae

209

牻牛儿苗科 Geraniaceae

草本，稀亚灌木或灌木。叶互生或对生，常掌状或羽状分裂；具托叶。聚伞花序腋生，稀花单生；花两性，整齐，辐射对称。萼片 5 或 4，覆瓦状排列；花瓣 4 ~ 5，覆瓦状排列：雄蕊 10 ~ 15，2 轮，外轮与花瓣对生，花丝基部合生或离生，花药丁字着生，纵裂；常具 5 枚蜜腺，与花瓣互生；子房上位，心皮（2 ~）3 ~ 5，常 3 ~ 5 室，每室 1 ~ 2 颗倒生胚珠，花柱与心皮同数，常下部合生，上部离生。蒴果，常由中轴延伸成喙，稀无喙，室间开裂，稀不裂，每果瓣具 1 粒种子，开裂果瓣由基部向上反卷或呈螺旋状卷曲，顶部常附着于中轴顶端。种子具胚乳或无胚乳，子叶折叠。

本科约 11 属 750 种，全世界分布，主要产于南非及南美地区。我国有 4 属，约 67 种，主产于西南部地区。

山东渤海海洋生态保护区共发现本科植物 2 属，共 3 种。

牻牛儿苗 *Erodium stephanianum*

中文种名：牻牛儿苗

拉丁学名：*Erodium stephanianum*

分类地位：被子植物门 / 木兰纲 / 牻牛儿苗目 / 牻牛儿苗科 / 牻牛儿苗属

识别特征：多年生草本，通常高 15 ~ 50 厘米。茎多数，仰卧或蔓生，具节，被柔毛。叶对生；基生叶和茎下部叶具长柄，柄长为叶片的

1.5 ~ 2 倍，被开展的长柔毛和倒向短柔毛；叶片轮廓卵形或三角状卵形，基部心形，长 5 ~ 10 厘米，宽 3 ~ 5 厘米，二回羽状深裂，小裂片全缘或具疏齿，表面被疏伏毛，背面被疏柔毛，沿脉被毛较密。伞形花序腋生，长于叶，总花梗被开展长柔毛和倒向短柔毛，每梗具 2 ~ 5 花；苞片狭披针形，分离；花梗与总花梗相似，等于或稍长于花，花期直立，果期开展，上部向上弯曲；萼片先端具长芒，被长糙毛，花瓣紫红色，倒卵形，等于或稍长于萼片，先端圆形或微凹；雄蕊稍长于萼片，花丝紫色，中部以下扩展，被柔毛；雌蕊被糙毛，花柱紫红色。蒴果密被短糙毛。种子褐色，具斑点。花期 6—8 月，果期 8—9 月。

分　　布：分布于我国长江中下游以北的华北、东北、西北、四川西北和西藏。生长于干山坡、农田边、砂质河滩地和草原凹地等。

照片来源：长岛

牻牛儿苗科 Geraniaceae

211

芹叶牻牛儿苗 *Erodium cicutarium*

中文种名：芹叶牻牛儿苗

拉丁学名：*Erodium cicutarium*

分类地位：被子植物门/木兰纲/牻牛儿苗目/牻牛儿苗科/牻牛儿苗属

识别特征：一年生或二年生草本，高10～20厘米。茎多数，直立、斜升或蔓生，被灰白色柔毛。叶对生或互生；基生叶具长柄，茎生叶具短柄或无柄，叶片矩圆形或披针形，长5～12厘米，

宽2～5厘米，二回羽状深裂，裂片7～11对，具短柄或几无柄，小裂片短小，全缘或具1～2齿，两面被灰白色伏毛。伞形花序腋生，明显长于叶，总花梗被白色早落长腺毛，每梗通常具2～10花；花梗与总花梗相似，长为花的3～4倍，花期直立，果期下折；苞片多数，呈卵形或三角形，合生至中部；萼片卵形，3～5脉，先端锐尖，被腺毛或具黏胶质糙长毛；花瓣紫红色，倒卵形，稍长于萼片，先端钝圆或凹，基部楔形，被糙毛；雄蕊稍长于萼片，花丝紫红色，中部以下扩展；雌蕊密被白色柔色。蒴果长2～4厘米，被短伏毛。种子呈卵状矩圆形。花期6—7月，果期7—10月。

分　布：分布于我国东北、华北、江苏北部、西北、四川西北和西藏西部。生长于山地沙砾质山坡、砂质平原草地和干河谷等处。

照片来源：长岛

渤海山东海域海洋保护区生物多样性图集

陆生植被

野老鹳草 *Geranium carolinianum*

中文种名： 野老鹳草

拉丁学名： *Geranium carolinianum*

分类地位： 被子植物门 / 木兰纲 / 牻牛儿苗目 / 牻牛儿苗科 / 老鹳草属

识别特征： 一年生草本，高达 60 厘米。茎直立或仰卧。叶互生或最上部对生，叶圆肾形，长 2～3 厘米，基部心形，掌状 5～7 裂近基部，裂片楔状倒卵形或菱形，上部羽状深裂，小裂片条状长圆形，上面被伏毛，下面沿脉被伏毛。花序腋生和顶生，长于叶，被倒生短毛和开展长腺毛，每花序梗具 2 花，花序梗常数个簇生茎端，花序呈伞形。萼片长卵形或近椭圆形，长 5～7 毫米，被柔毛或沿脉被开展糙毛和腺毛；花瓣淡紫红色，倒卵形，稍长于萼，先端圆，雄蕊稍短于萼片。蒴果长约 2 厘米，被糙毛。花期 4—7 月，果期 5—9 月。

分　布： 原产于美洲，我国为逸生。分布于我国山东、安徽、江苏、浙江、江西、湖南、湖北、四川和云南。生长于平原和低山荒坡杂草丛中。

照片来源： 东营

牻牛儿苗科 Geraniaceae

213

伞形科 Umbelliferae

　　一年生至多年生草本，少有矮小灌木（热带与亚热带地区）。根通常肉质而粗，有时为圆锥形或有分枝自根颈斜出，很少根成束、圆柱形或棒形。茎直立或匍匐上升，通常圆形，稍有棱和槽，或有钝棱，空心或有髓。叶互生，叶片通常分裂或多裂，1回掌状分裂或 1～4 回羽状分裂的复叶，或 1～2 回三出式羽状分裂的复叶，很少为单叶；叶柄的基部有叶鞘，通常无托叶，稀为膜质。花小，两性或杂性，成顶生或腋生的复伞形花序或伞形花序，很少为头状花序；伞形花序的基部有总苞片，全缘、齿裂、很少羽状分裂；小伞形花序的基部有小总苞片，全缘或很少羽状分裂；花萼与子房贴生，萼齿 5 或无；花瓣 5，在花蕾时呈覆瓦状或镊合状排列，基部窄狭，有时成爪或内卷成小囊，顶端钝圆或有内折的小舌片或顶端延长如细线；雄蕊 5，与花瓣互生。子房下位，2 室，每室有一颗倒悬的胚珠，顶部有盘状或短圆锥状的花柱基；花柱 2，直立或外曲，柱头头状。果实在大多数情况下是干果，通常裂成两个分生果，少不裂，呈卵形、圆心形、长圆形至椭圆形，果实由 2 枚背面或侧面扁压的心皮合成，成熟时 2 心皮从合生面分离，每枚心皮有 1 纤细的心皮柄和果柄相连而倒悬其上，因此 2 个分生果又称双悬果，心皮柄顶端分裂或裂至基部，心皮的外面有 5 条主棱（1 条背棱，2 条中棱，2 条侧棱），外果皮表面平滑或有毛、皮刺、瘤状凸起，棱和棱之间有沟槽，有时槽处发展为次棱，而主棱不发育，很少全部主棱和次棱（共 9 条）都同样发育；中果皮层内的棱槽内和合生面通常有纵走的油管 1 至多数。胚乳软骨质，胚乳腹面平直、凸出或凹入，胚小。

　　本科约 200 余属 2 500 种，广布于全球温热带地区。我国约 90 余属 500 余种，各地都有分布。山东渤海海洋生态保护区共发现本科植物 1 属，共 1 种。

渤海山东海域海洋保护区生物多样性图集

陆生植被

蛇 床 *Cnidium monnieri*

中文种名：蛇床

拉丁学名：*Cnidium monnieri*

分类地位：被子植物门 / 木兰纲 / 伞形目 / 伞形科 / 蛇床属

识别特征：一年生草本，高 10 ～ 60 厘米。茎直立或斜上，多分枝，中空，表面具深条棱，粗糙。下部叶具短柄，叶鞘短宽，边缘膜质，上部叶柄全部鞘状；叶片轮廓卵形至三角状卵形，2 ～ 3 回三出式羽状全裂，羽片轮廓卵形至卵状披针形，先端常略呈尾状，末回裂片线形至线状披针形，具小尖头，边缘及脉上粗糙。复伞形花序直径 2 ～ 3 厘米；总苞片 6 ～ 10，线形至线状披针形，边缘膜质，具细睫毛；伞辐 8 ～ 20，不等长，棱上粗糙；小总苞片多枚，线形，长 3 ～ 5 毫米，边缘具细睫毛；小伞形花序具花 15 ～ 20，萼齿无；花瓣白色，先端具内折小舌片；花柱基略隆起，花柱长 1 ～ 1.5 毫米，向下反曲。分果长圆状，长 1.5 ～ 3 毫米，宽 1 ～ 2 毫米，横剖面近五角形，主棱 5，均扩大成翅；每棱槽内油管 1，合生面油管 2；胚乳腹面平直。花期 4—7 月，果期 6—10 月。

分　　布：分布于我国华东、中南、西南、西北、华北、东北。生长于田边、路旁、草地及河边湿地。

照片来源：滨州

伞形科 **Umbelliferae**

215

夹竹桃科 Apocynaceae

　　木本或草本，常蔓生，有乳汁或水汁。单叶，对生或轮生，稀互生，全缘；通常无托叶，稀具假托叶。花两性，辐射对称；单生或多朵排成聚伞花序或圆锥花序；花萼合生成筒状或钟状，常 5 裂，稀 4 裂，基部内面通常有腺体；花冠合瓣，高脚碟形或漏斗形，裂片 5，偶 4，旋转状排列，基部边缘向左或右覆盖，稀镊合状，喉部常有鳞片或毛；雄蕊与花冠裂片同数，着生在花冠筒上或喉部，花药常箭形或矩圆形，分离或互相黏合并贴生在柱头上；花粉颗粒状，多数为单粒，或四合花粉，球形至扁球形，偶长球形和长筒形；具散孔、3（稀 4）孔沟和 2～3（偶 1～4）孔；外壁层次不明，具颗粒至网状、拟网状、脑纹状或穴状纹饰，有时光滑或纹饰模糊。花盘环状、杯状或舌状，稀无花盘；子房上位，心皮 2，分离或合生，1 或 2 室，中轴胎座或侧膜胎座，含少颗至多颗胚珠；花柱 1 条，或因心皮分离而分开；蓇葖果，偶呈浆果状或核果状；种子有翅或有长丝毛。

　　本科约 250 属 2 000 余种，分布于全世界热带、亚热带地区，少数分布在温带地区。我国有 47 属，约 180 种，主要分布于长江以南各地及台湾等，少数分布于北部及西北部地区。

　　山东渤海海洋生态保护区共发现本科植物 1 属，共 1 种。

罗布麻 *Apocynum venetum*

中文种名：罗布麻

拉丁学名：*Apocynum venetum*

分类地位：被子植物门 / 木兰纲 / 龙胆目 / 夹竹桃科 / 罗布麻属

识别特征：半灌木，高 1.5 ～ 3 米，具乳汁；枝条对生或互生，圆筒形，光滑无毛，紫红色或淡红色。叶对生、近对生，叶片呈椭圆状披针形至卵圆状长圆形，长 1 ～ 5 厘米，宽 0.5 ～ 1.5 厘米，顶端急尖至钝，具短尖头，基部急尖至钝，叶缘具细牙齿，两面无毛；叶柄长 3 ～ 6 毫米；叶柄间具腺体。圆锥状聚伞花序一至多歧，通常顶生，花梗长约 4 毫米，被短柔毛；苞片膜质，披针形；花萼 5 深裂，裂片边缘膜质；花冠圆筒状钟形，紫红色或粉红色，花冠筒长 6 ～ 8 毫米，花冠裂片基部向右覆盖，与花冠筒几乎等长；雄蕊着生在花冠筒基部，与副花冠裂片互生；花药箭头状；雌蕊花柱短，柱头基部盘状，2 裂；子房由 2 枚离生心皮所组成，被白色茸毛；花盘环状，肉质。骨葖果 2，平行或叉生，下垂，箸状圆筒形。花期 4—9 月，果期 7—12 月。

分　　布：分布于我国新疆、青海、甘肃、陕西、山西、河南、河北、江苏、山东、辽宁及内蒙古等地。主要野生在盐碱荒地和沙漠边缘及河流两岸、冲积平原、河泊周围及戈壁荒滩上。

照片来源：长岛

夹竹桃科 Apocynaceae

萝藦科 Asclepiadaceae

　　草本、灌木或藤本；常具乳汁，稀具水液。单叶，对生或轮生，稀互生，全缘；常无托叶。聚伞花序组成伞形、总状或密伞花序，顶生、腋生或腋外生。花两性，5 数，辐射对称；花萼深裂，内面基部具腺体；花冠合瓣，坛状或高脚碟状，裂片镊合状或蕾时向右或向左覆瓦状排列；常具副花冠，着生花冠筒、雄蕊或合蕊冠上；雄蕊 5，常着生花冠筒基部，与柱头黏生成合蕊柱，花丝离生或合生成筒，花药 4 室或 2 室，顶端常具膜质附属物，匙形载粉器具四合花粉，载粉器基部具黏盘，或花粉黏合成蜡质花粉块，花粉块柄连接着粉腺，与相邻花粉块形成花粉器，每花粉器具 2 个或 4 个花粉块；子房上位，心皮 2，离生，胚珠多数，花柱合生，柱头肉质。蓇葖果，1 或 2。种子多数，极扁，顶端具簇生绢质种毛。

　　本科约 180 属 2 200 种，分布于世界热带、亚热带，少数温带地区。我国产 44 属 245 种 33 变种，分布于西南及东南部为多，少数在西北与东北各省区。

　　山东渤海海洋生态保护区共发现本科植物 3 属，共 4 种。

鹅绒藤 *Cynanchum chinense*

中文种名：鹅绒藤

拉丁学名：*Cynanchum chinense*

分类地位：被子植物门 / 木兰纲 / 龙胆目 / 萝摩科 / 鹅绒藤属

识别特征：缠绕草本；主根圆柱状，长约 20 厘米，直径约 5 毫米，干后灰黄色；全株被短柔毛。叶对生，薄纸质，宽三角状心形，长 4 ~ 9 厘米，宽 4 ~ 7 厘米，顶端锐尖，基部心形，叶面深绿色，叶背苍白色，两面均被短柔毛，脉上较

密；侧脉约 10 对，在叶背略微隆起。伞形聚伞花序腋生，两歧，着花约 20 朵；花萼外面被柔毛；花冠白色，裂片长圆状披针形；副花冠二形，杯状，上端裂成 10 个丝状体，分为两轮，外轮约与花冠裂片等长，内轮略短；花粉块每室 1 个，下垂；花柱头略微凸起，顶端 2 裂。蓇葖果双生或仅有 1 个发育，细圆柱状，向端部渐尖，长 11 厘米，直径 5 毫米；

种子长圆形；种毛白色绢质。花期 6—8 月，果期 8—10 月。

分　　布：分布于我国辽宁、河北、河南、山东、山西、陕西、宁夏、甘肃、江苏、浙江等地。生长于海拔 500 米以下的山坡向阳灌木丛中或路旁、河畔、田埂边。

照片来源：滨州

萝摩科 Asclepiadaceae

219

地梢瓜 *Cynanchum thesioides*

中文种名：地梢瓜

拉丁学名：*Cynanchum thesioides*

分类地位：被子植物门／木兰纲／龙胆目／萝藦科／鹅绒藤属

识别特征：草质或亚灌木状藤本。小枝被毛。叶对生或近对生，稀轮生，线形或线状披针形，稀宽披针形，长 3 ～ 10 厘米，宽 0.2 ～ 1.5 (2.3) 厘米，侧脉不明显；近无柄。聚伞花序伞状或短总状，有时顶生，小聚伞花序具 2 花。花梗长 0.2 ～ 1 厘米；花萼裂片披针形，长 1 ～ 2.5 毫米，被微柔毛及缘毛；花冠绿白色，常无毛，花冠筒长 1 ～ 1.5 毫米，裂片长 2 ～ 3 毫米；副花冠杯状，较花药短，顶端 5 裂，裂片三角状披针形，长及花药中部或高出药隔膜片，基部内弯；花药顶端膜片直立，卵状三角形，花粉块长圆形；柱头扁平。蓇葖果呈卵球状纺锤形，长 5 ～ 6 (7.5) 厘米，直径 1 ～ 2 厘米。种子呈卵圆形，长 5 ～ 9 毫米，种毛长约 2 厘米。花期 3—8 月，果期 8—10 月。

分　　布：分布于我国黑龙江、吉林、辽宁、内蒙古、河北、河南、山东、山西、陕西、甘肃、新疆和江苏等地。生长于海拔 200 ～ 2 000 米的山坡、沙丘或干旱山谷、荒地、田边等处。

照片来源：滨州

杠 柳 *Periploca sepium*

中文种名：杠柳

拉丁学名：*Periploca sepium*

分类地位：被子植物门 / 木兰纲 / 龙胆目 / 萝藦科 / 杠柳属

识别特征：落叶蔓性灌木，长达 1.5 米。具乳汁，除花外，全株无毛；茎皮灰褐色；小枝通常对生，有细条纹，具皮孔。叶卵状长圆形，长 5 ～ 9 厘米，宽 1.5 ～ 2.5 厘米，顶端渐尖，基部楔形，叶面深绿色，叶背淡绿色；中脉在叶面扁平，在叶背微凸起，侧脉纤细，两面扁平，每边 20 ～ 25 条。聚伞花序腋生，着花数朵；花萼裂片卵圆形，顶端钝，花萼内面基部有 10 个小腺体；花冠紫红色，辐状，张开直径 1.5 厘米，花冠筒短，约长 3 毫米，裂片长圆状披针形，中间加厚呈纺锤形，反折；副花冠环状，10 裂，其中 5 裂延伸丝状被短柔毛，顶端向内弯；雄蕊着生在副花冠内面，并与其合生，花药彼此黏连并包围着柱头；心皮离生；花粉器匙形，四合花粉藏在载粉器内，黏盘黏连在柱头上。蓇葖果 2，圆柱状，长 7 ～ 12 厘米，直径约 5 毫米，无毛，具有纵条纹；种子呈长圆形，黑褐色，顶端具白色绢质种毛。花期 5—6 月，果期 7—9 月。

分　　布：分布于我国吉林、辽宁、内蒙古、河北、山东、山西、江苏、河南、江西、贵州、四川、陕西和甘肃等地。生长于平原及低山丘的林缘、沟坡、河边砂质地或地埂等处。

照片来源：滨州

萝藦科 Asclepiadaceae

221

萝 藦 *Metaplexis japonica*

中文种名：萝藦

拉丁学名：*Metaplexis japonica*

分类地位：被子植物门／木兰纲／龙胆目／萝藦科／萝藦属

识别特征：多年生草质藤本，长达8米，具乳汁；茎圆柱状，下部木质化，上部较柔韧，表面淡绿色，有纵条纹，幼时密被短柔毛，老时被毛渐脱落。叶膜质，卵状心形，长5～12厘米，宽4～7厘米，顶端短渐尖，基部心形，叶面绿色，叶背粉绿色，两面无毛，或幼时被微毛；侧脉每边10～12条，在叶背略明显；叶柄长，为3～6厘米。聚伞花序腋生或腋外生，具长总花梗；总花梗长6～12厘米，被短柔毛；花梗长8毫米，被短柔毛，通常着花13～15；花萼裂片披针形，外面被微毛；花冠白色，有淡紫红色斑纹，近辐状，花冠筒短，花冠裂片披针形，张开，顶端反折，基部向左覆盖；副花冠环状，着生于合蕊冠上，短5裂；

雄蕊连生并包围雌蕊在其中；花粉块卵圆形，下垂；子房无毛，柱头延伸成一长喙，顶端2裂。蓇葖果双生，纺锤形，平滑无毛，长8～9厘米，直径2厘米，顶端急尖，基部膨大；种子扁平，卵圆形，褐色，顶端具白色绢质种毛。花期7—8月，果期9—12月。

分　布：分布于我国东北、华北、华东和甘肃、陕西、贵州、河南和湖北等地。生长于林边荒地、山脚、河边、路旁灌木丛中。

照片来源：潍坊

渤海山东海域海洋保护区生物多样性图集

陆生植被

222

茄 科 Solanaceae

　　一年生至多年生草本、半灌木、灌木或小乔木；直立、匍匐或攀援；有时具皮刺，稀具棘刺。单叶全缘、不分裂或分裂，有时为羽状复叶，互生或在开花枝段上大小不等的二叶双生；无托叶。花单生，簇生或为蝎尾式、伞房式、伞状式、总状式、圆锥式聚伞花序，稀为总状花序；顶生、枝腋或叶腋生、或者腋外生；两性或稀杂性，辐射对称或稍微两侧对称，通常5基数，稀4基数。花萼通常具5齿，中裂或深裂，稀具2齿、3齿、4齿至10齿或裂片，极稀截形而无裂片，裂片在花蕾中镊合状、外向镊合状、内向镊合状或覆瓦状排列或者不闭合，花后几乎不增大或极度增大，果时宿存，稀自近基部周裂而仅基部宿存；花冠具短筒或长筒，辐状、漏斗状、高脚碟状、钟状或坛状，檐部5（稀4～7或10），浅裂、中裂或深裂，裂片大小相等或不相等，在花蕾中覆瓦状、镊合状、内向镊合状排列或折合而旋转；雄蕊与花冠裂片同数而互生，伸出或不伸出于花冠，同形或异形、有时其中1枚较短而不育或退化，插生于花冠筒上，花丝丝状或在基部扩展，花药基底着生或背面着生，直立或向内弓曲，有时靠合或合生成管状而围绕花柱，药室2，纵缝开裂或顶孔开裂；子房通常由2枚心皮合生而成，2室，有时1室或有不完全的假隔膜而在下部分隔成4室，稀3～5（～6）室，2心皮不位于正中线上而偏斜，花柱细瘦，具头状或2浅裂的柱头；中轴胎座；胚珠多数，稀少数至1颗，倒生、弯生或横生。果实为多汁浆果或干浆果，或者为蒴果。种子呈圆盘形或肾脏形；胚乳丰富、肉质；胚弯曲成钩状、环状或螺旋状卷曲，位于周边而埋藏于胚乳中，或直而位于中轴位上。

　　本科约30属3 000种，广泛分布于全世界温带及热带地区，美洲热带地区的种类最为丰富。我国产24属105种35变种。全国普遍分布，但以南部亚热带及热带地区种类较多。

　　山东渤海海洋生态保护区共发现本科植物4属，共4种。

番 茄 *Lycopersicon esculentum*

中文种名：番茄

拉丁学名：*Lycopersicon esculentum*

分类地位：被子植物门 / 木兰纲 / 茄目 / 茄科 / 番茄属

识别特征：一年生草本，株高 0.6～2 米，全株生黏质腺毛，有强烈气味。茎易倒伏。叶羽状复叶或羽状深裂，长 10～40 厘米，小叶极不规则，大小不等，常 5～9 枚，卵形或矩圆形，长 5～7 厘米，边缘有不规则锯齿或裂片。花序总梗长 2～5 厘米，花常 3～7；花梗长 1～1.5 厘米；花萼辐状，裂片披针形，果时宿存；花冠辐状，直径约 2 厘米，黄色。浆果呈扁球状或近球状，肉质而多汁液，橘黄色或鲜红色，光滑；种子黄色。花果期为夏秋季。

分　　布：原产于南美洲地区，在我国南北各地广泛栽培。

照片来源：潍坊

渤海山东海域海洋保护区生物多样性图集

陆生植被

枸　杞 *Lycium chinense*

中文种名：枸杞

拉丁学名：*Lycium chinense*

分类地位：被子植物门 / 木兰纲 / 茄目 / 茄科 / 枸杞属

识别特征：多分枝灌木，高 0.5 ~ 1 米；枝条细弱，弓状弯曲或俯垂，淡灰色，有纵条纹，棘刺长 0.5 ~ 2 厘米，小枝顶端锐尖呈棘刺状。叶纸质或栽培者质稍厚，单叶互生或 2 ~ 4 枚簇生，卵形、卵状菱形、长椭圆形、卵状披针形，顶端急尖，基部楔形；叶柄长 0.4 ~ 1 厘米。花在长枝上单生或双生于叶腋，在短枝上则同叶簇生；花梗长 1 ~ 2 厘米，向顶端渐增粗。花萼长 3 ~ 4 毫米，通常 3 中裂或 4 ~ 5 齿裂，裂片多少有缘毛；花冠漏斗状，淡紫色，筒部向上骤然扩大，稍短于或近等于檐部裂片，5 深裂；雄蕊较花冠稍短，或因花冠裂片外展而伸出花冠；花柱稍伸出雄蕊，上端弓弯，柱头绿色。浆果红色，卵状。种子呈扁肾脏形，长 2.5 ~ 3 毫米，黄色。花果期 6—11 月。

分　布：分布于我国东北、河北、山西、陕西、甘肃南部以及西南、华中、华南和华东各地。常生长于山坡、荒地、丘陵地、盐碱地、路旁及村边宅旁。

照片来源：潍坊

茄　科 Solanaceae

中文种名：毛曼陀罗

拉丁学名：*Datura innoxia*

分类地位：被子植物门／木兰纲／茄目／茄科／曼陀罗属

识别特征：一年生直立草本或半灌木状，高 1 ～ 2 米，全株被细腺毛和短柔毛。茎粗壮，下部灰白色，分枝灰绿色或微带紫色。叶片广卵形，长 10 ～ 18 厘米，宽 4 ～ 15 厘米，顶端急尖，基部不对称近圆形，全缘而微波状或有不规则的疏齿。花单生于枝

杈间或叶腋，直立或斜升；花梗长 1 ～ 2 厘米，初直立，后渐转向下弓曲。花萼圆筒状而不具棱角，向下渐稍膨大，5 裂，有时不等大，花后宿存部分随果实增大而渐大呈五角形，果时向外反折；花冠长漏斗状，长 15 ～ 20 厘米，檐部直径 7 ～ 10 厘米，下半部带淡绿色，上部白色，花开放后呈喇叭状，边缘有 10 尖头；子房密生白色柔针毛，花柱长 13 ～ 17 厘米。蒴果俯垂，近球状或卵球状，密生细针刺，针刺有韧曲性，全果亦密生白色柔毛，成熟后淡褐色，由近顶端不规则开裂。种子呈扁肾形，褐色。花果期 6—9 月。

分　　布：在我国大连、北京、上海、南京等许多城市有栽培，新疆阿尔泰地区、河北、山东、河南、湖北、江苏等地有野生。常生长于村边、路旁。

照片来源：东营

中文种名：龙葵

拉丁学名：*Solanum nigrum*

分类地位：被子植物门／木兰纲／茄目／茄科／茄属

识别特征：一年生直立草本，高 0.25 ～ 1 米，茎无棱或棱不明显，绿色或紫色，近无毛或被微柔毛。叶卵形，长 2.5 ～ 10 厘米，宽 1.5 ～ 5.5 厘米，先端短尖，基部楔形至阔楔形而下延至叶柄，全缘或每边具不规则的波状粗齿，光滑或两面均被稀疏短柔毛，叶脉每边 5 ～ 6 条，叶柄长约 1 ～ 2 厘米。蝎尾状花序腋外生，由 3 ～ 6 (10) 花组成，总花梗长约 1 ～ 2.5 厘米，花梗长约 5 毫米，近无毛或具短柔毛；萼小，浅杯状，齿卵圆形，先端圆，基部两齿间连接处呈角度；花冠白色，筒部隐于萼内，长不及 1 毫米，冠檐长约 2.5 毫米，5 深裂，裂片卵圆形；花丝短，花药黄色，长约 1.2 毫米，约为花丝长度的 4 倍；子房卵形，直径约 0.5 毫米，花柱长约 1.5 毫米，中部以下被白色茸毛，柱头小，头状。浆果呈球形，熟时黑色。种子多数，近卵形，直径约 1.5 ～ 2 毫米，两侧压扁。

分　　布：我国几乎各地均有分布。喜生长于田边，荒地及村庄附近。

照片来源：潍坊

旋花科 Convolvulaceae

　　草本、亚灌木或灌木；被单毛或分叉毛；常有乳汁。有些种具肉质块根。茎缠绕或攀援，有时平卧或匍匐，稀直立。单叶，互生，全缘，掌状或羽状分裂或复出，基部常心形或戟形；无托叶。花两性，辐射对称，常5数，单花或组成聚伞状、总状、圆锥状或头状花序；苞片成对，小或叶状，稀果期增大。萼片分离或基部连合，宿存，有些种类果期增大成翅状；花冠漏斗状或高脚碟状，稀坛状，常具5条被毛或无毛的瓣中带，冠檐近全缘或5裂，蕾期旋转折扇状或镊合状；雄蕊与花冠裂片互生，贴生花冠筒部，花药内向或侧向，纵裂，花粉粒平滑或具刺；花盘环状或杯状；子房上位，常2心皮，1~2 (3~4)室，每室1~2胚珠；花柱1或2，柱头单一或2~3裂。蒴果或浆果。种子常三棱形，平滑或被毛。

　　本科约50属1 500种，广布于全球，主产于美洲和亚洲的热带与亚热带地区。我国有22属，约125种，南北地区均有分布。其中有多种为蔬菜和经济作物，有不少种为药用和观赏植物，有一些种为农区常见杂草。

　　山东渤海海洋生态保护区共发现本科植物3属，共7种。

打碗花 *Calystegia hederacea*

中文种名：打碗花

拉丁学名：*Calystegia hederacea*

分类地位：被子植物门 / 木兰纲 / 茄目 / 旋花科 / 打碗花属

识别特征：一年生草本，全体不被毛，植株通常矮小，高 8 ~ 30 (40) 厘米，常自基部分枝，具细长白色的根。茎细，平卧，有细棱。基部叶片长圆形，长 2 ~ 3 (5.5) 厘米，宽 1 ~ 2.5 厘米，顶端圆，基部戟形，上部叶片 3 裂，中裂片长圆形或长圆状披针形，侧裂片近三角形，全缘或 2 ~ 3 裂，叶片基部心形或戟形；叶柄长 1 ~ 5 厘米。花腋生，1 朵，花梗长于叶柄，有细棱；苞片宽卵形，长 0.8 ~ 1.6 厘米，顶端钝或锐尖至渐尖；萼片长圆形，长 0.6 ~ 1 厘米，顶端钝，具小短尖头，内萼片稍短；花冠淡紫色或淡红色，钟状，长 2 ~ 4 厘米，冠檐近截形或微

裂；雄蕊近等长，花丝基部扩大，贴生花冠管基部，被小鳞毛；子房无毛，柱头 2 裂，裂片长圆形，扁平。蒴果呈卵球形，长约 1 厘米，宿存萼片与之近等长或稍短。种子黑褐色，长 4 ~ 5 毫米，表面有小疣。

分　　布：分布在全国各地。从平原至高海拔地方都有生长，为农田、荒地、路旁常见杂草。

照片来源：潍坊

旋花科 Convolvulaceae

肾叶打碗花 *Calystegia soldanella*

中文种名：肾叶打碗花

拉丁学名：*Calystegia soldanella*

分类地位：被子植物门／木兰纲／茄目／旋花科／打碗花属

识别特征：多年生草本，全体近于无毛，具细长的根。茎细长，平卧，有细棱或有时具狭翅。叶肾形，长0.9～4厘米，宽1～5.5厘米，质厚，顶端圆或凹，具小短尖头，全缘或浅波状；叶柄长于叶片，或从沙土中伸出很长。花腋生，1朵，花梗长于叶柄，

有细棱；苞片宽卵形，比萼片短，长0.8～1.5厘米，顶端圆或微凹，具小短尖；萼片近于等长，长1.2～1.6厘米，外萼片长圆形，内萼片卵形，具小尖头；花冠淡红色，钟状，长4～5.5厘米，冠檐微裂；雄蕊花丝基部扩大，无毛；子房无毛，柱头2裂，扁平。蒴果呈卵球形，长约1.6厘米。种子黑色，长6～7毫米，表面无毛亦无小疣。

分　　布：分布于我国辽宁、河北、山东、江苏、浙江、台湾等沿海地区。生长于海滨沙地或海岸岩石缝中。

照片来源：长岛

藤长苗 *Calystegia pellita*

中文种名：藤长苗

拉丁学名：*Calystegia pellita*

分类地位：被子植物门 / 木兰纲 / 茄目 / 旋花科 / 打碗花属

识别特征：多年生草本，根细长。茎缠绕或下部直立，圆柱形，有细棱，密被灰白色或黄褐色长柔毛，有时毛较少。叶长圆形或长圆状线形，长 4 ~ 10 厘米，宽 0.5 ~ 2.5 厘米，顶端钝圆或锐尖，

具小短尖头，基部圆形、截形或微呈戟形，全缘，两面被柔毛，通常背面沿中脉密被长柔毛，有时两面毛较少，叶脉在背面稍凸起；叶柄长 0.2 ~ 1.5 (2) 厘米，毛被同茎。花腋生，单一，花梗短于叶，密被柔毛；苞片卵形，长 1.5 ~ 2.2 厘米，顶端钝，具小短尖头，外面密被褐黄色短柔毛，有时被毛较少，具有如叶脉的中脉和侧脉；萼片近相等，长 0.9 ~ 1.2 厘米，呈长圆状卵形，上部具黄褐色缘毛；花冠淡红色，漏斗状，长 4 ~ 5 厘米，冠檐于瓣中带顶端被黄褐色短柔毛；雄蕊花丝基部扩大；子房无毛，2 室，每室 2 胚珠，柱头 2 裂，裂片长圆形，扁平。蒴果近球形。种子呈卵圆形，无毛。

分　　布：分布于我国黑龙江、辽宁、河北、山西、陕西、甘肃、新疆、山东、河南、湖北、安徽、江苏、四川东北部。生长于海拔 380 ~ 700 (1 700) 米的平原路边、田边杂草中或山坡草丛。

照片来源：潍坊

231

中文种名：旋花

拉丁学名：*Calystegia sepium*

分类地位：被子植物门 / 木兰纲 / 茄目 / 旋花科 / 打碗花属

识别特征：多年生草本，全体不被毛。茎缠绕，伸长，有细棱。叶形多变，三角状卵形或宽卵形，长 4 ~ 10 (15) 厘米以上，宽 2 ~ 6 (10) 厘米或更宽，顶端渐尖或锐尖，基部戟形或心形，全缘

或基部稍伸展为具 2 ~ 3 个大齿缺的裂片；叶柄常短于叶片或两者近等长。花腋生，1 朵；花梗通常稍长于叶柄，长达 10 厘米，有细棱或有时具狭翅；苞片宽卵形，长 1.5 ~ 2.3 厘米，顶端锐尖；萼片卵形，长 1.2 ~ 1.6 厘米，顶端渐尖或有时锐尖；花冠通常白色或有时淡红或紫色，漏斗状，长 5 ~ 6 (7) 厘米，冠檐微裂；雄蕊花丝基部扩大，被小鳞毛；子房无毛，柱头 2 裂，裂片卵形，扁平。蒴果卵形，长约 1 厘米，为增大宿存的苞片和萼片所包被。种子呈黑褐色，长 4 毫米，表面有小疣。

分　　布：分布在我国大部分地区。生长于海拔 140 ~ 2 080 (2 600) 米的路旁、溪边草丛、农田边或山坡林缘。

照片来源：长岛

牵　牛　*Ipomoea nil*

中文种名：牵牛

拉丁学名：*Ipomoea nil*

分类地位：被子植物门 / 木兰纲 / 茄目 / 旋花科 / 番薯属

识别特征：一年生缠绕草本，茎上被倒向的短柔毛及杂有倒向或开展的长硬毛。叶宽卵形或近圆形，深或浅 3 裂，偶 5 裂，长 4 ～ 15 厘米，宽 4.5 ～ 14 厘米，基部圆，心形，中裂片长圆形或卵圆形，渐尖或骤尖，侧裂片较短，三角形，裂口锐或圆，叶面或疏或密被微硬的柔毛；叶柄长 2 ～ 15 厘米，毛被同茎。花腋生，单一或通常 2 朵着生于花序梗顶，花序梗长短不一，长 1.5 ～ 18.5 厘米，通常短于叶柄，有时较长，毛被同茎；苞片线形或叶状，被开展的微硬毛；花梗长 2 ～ 7 毫米；小苞片线形；萼片近等长，披针状线形，内面 2 片稍狭；花冠漏斗状，蓝紫色或紫红色，花冠管色淡；雄蕊及花柱内藏；雄蕊不等长；花丝基部被柔毛；子房无毛，柱头头状。蒴果近球形，3 瓣裂。种子呈卵状三棱形，黑褐色或米黄色，被褐色短茸毛。

分　　布：除西北和东北外，我国大部分地区都有分布。生长于海拔 100 ～ 200 (1 600) 米的山坡灌丛、干燥河谷路边、园边宅旁、山地路边，或为栽培。

照片来源：潍坊

旋花科 Convolvulaceae

233

圆叶牵牛 *Ipomoea purpurea*

中文种名：圆叶牵牛

拉丁学名：*Ipomoea purpurea*

分类地位：被子植物门／木兰纲／茄目／旋花科／番薯属

识别特征：一年生缠绕草本，茎上被倒向的短柔毛杂有倒向或开展的长硬毛。叶圆心形或宽卵状心形，长4～18厘米，宽3.5～16.5厘米，基部圆心形，顶端锐尖、骤尖或渐尖，通常全缘，偶有3裂，两面疏

或密被刚伏毛；叶柄长2～12厘米，毛被与茎同。花腋生，单一或2～5朵着生于花序梗顶端成伞形聚伞花序，花序梗比叶柄短或近等长，长4～12厘米，毛被与茎相同；苞片线形，长6～7毫米，被开展的长硬毛；花梗长1.2～1.5厘米，被倒向短柔毛及长硬毛；萼片近等长，外面3片长椭圆形，渐尖，内面2片线状披针形；花冠漏斗状，紫红色、红色或白色，花冠管通常白色；雄蕊与花柱内藏；雄蕊不等长，花丝基部被柔毛；子房无毛，3室，每室2胚珠，柱头头状；花盘环状。蒴果近球形，3瓣裂。种子呈卵状三棱形，黑褐色或米黄色，被极短的糠秕状毛。

分　布：分布在我国大部分地区，生长于平地以至海拔2800米的田边、路边、宅旁或山谷林内，栽培或野生。

照片来源：长岛

渤海山东海域海洋保护区生物多样性图集

陆生植被

田旋花 *Convolvulus arvensis*

中文种名：田旋花

拉丁学名：*Convolvulus arvensis*

分类地位：被子植物门 / 木兰纲 / 茄目 / 旋花科 / 旋花属

识别特征：多年生草本，茎平卧或缠绕，有条纹及棱角，无毛或上部被疏柔毛。叶卵状长圆形至披针形，先端钝或具小短尖头，基部大多戟形或箭形及心形，全缘或 3 裂，侧裂片展开，微尖，中裂片卵状椭圆形，狭三角形或披针状长圆形，微尖或近圆；叶柄较叶片短；叶脉羽状，基部掌状。花序腋生，总梗长 3 ~ 8 厘米，1 或有时 2 ~ 3 朵花，花柄比花萼长得多；苞片 2，线形；萼片有毛，稍不等，2 枚外萼片稍短，长圆状椭圆形，内萼片近圆形，钝或稍凹，或多或少具小短尖头，边缘膜质；花冠宽漏斗形，白色或粉红色，或白色具粉红色或红色的瓣中带，或粉红色具红色或白色的瓣中带，5 浅裂；雄蕊 5，稍不等长，较花冠短一半，花丝基部扩大，具小鳞毛；雌蕊较雄蕊稍长，子房有毛，2 室，每室 2 胚珠，柱头 2，线形。蒴果呈卵状球形，或圆锥形，无毛。种子 4 粒，呈卵圆形，暗褐色或黑色。

分　　布：分布在我国吉林、黑龙江、辽宁、河北、河南、山东、山西、陕西、甘肃、宁夏、新疆、内蒙古、江苏、四川、青海、西藏等地。生长于耕地及荒坡草地上。

照片来源：潍坊

旋花科 **Convolvulaceae**

菟丝子科 Cuscutaceae

寄生草本。茎缠绕，黄色或红色，借助吸器固着于寄主。无叶，或退化成小鳞片。花小，排成总状、穗状或簇生成头状花序；花部基数 4 ~ 5；萼片近相等；花冠筒内面基部雄蕊下有 5 个流苏状的鳞片；雄蕊着生于花冠喉部或花冠裂片之间；花粉近球形至扁球形；具 3 ~ 6 沟；外壁两层等厚或外层厚于内层，表面具颗粒至细网状或粗网状纹饰。子房上位，2 室，每室 2 胚珠。蒴果周裂或不规则破裂。

本科 1 属，约 150 种，广布于全世界暖温带地区，主产于美洲。我国约有 10 种，南北地区均产。

山东渤海海洋生态保护区共发现本科植物 1 属，共 1 种。

菟丝子 *Cuscuta chinensis*

中文种名：菟丝子

拉丁学名：*Cuscuta chinensis*

分类地位：被子植物门/木兰纲/茄目/菟丝子科/菟丝子属

识别特征：一年生寄生草本。茎缠绕，黄色，纤细，直径约1毫米，无叶。花序侧生，少花或多花簇生成小伞形或小团伞花序，近于无总花序梗；苞片及小苞片小，鳞片状；花梗稍粗壮，长仅1毫米许；花萼杯状，中部以下连合，裂片三角状，长约1.5毫米，顶端钝；花冠白色，壶形，长约3毫米，裂片三角状卵形，顶端锐尖或钝，向外反折，宿存；雄蕊着生花冠裂片弯缺微下处；鳞片长圆形，边缘长流苏状；子房近球形，花柱2，等长或不等长，柱头球形。蒴果球形，直径约3毫米，几乎全为宿存的花冠所包围，成熟时整齐周裂。种子2～49，淡褐色，卵形，长约1毫米，表面粗糙。

分　　布：分布在我国黑龙江、吉林、辽宁、河北、山西、陕西、宁夏、甘肃、内蒙古、新疆、山东、江苏、安徽、河南、浙江、福建、四川、云南等地。生长于海拔200～3000米的田边、山坡阳处、路边灌丛或海边沙丘。通常寄生于豆科、菊科、藜科等多种植物上。

照片来源：滨州

菟丝子科 Cuscutaceae

237

紫草科 Boraginaceae

　　一年生、二年生或多年生草本，稀灌木或小乔木，常被刚毛、硬毛或糙伏毛。单叶，基生叶丛生，茎生叶互生，稀对生或轮生；无托叶。聚伞花序或镰状聚伞花序，稀少花或花单生；具苞片或无，苞片叶状，常较小，与花对生或互生，或生于花侧。花两性，辐射对称，稀左右对称；花萼 (3 ~ 4) 5，常宿存；花冠筒状、钟状、漏斗状或高脚碟状，冠檐 (4) 5 裂，裂片在花蕾中覆瓦状排列，稀旋转状，喉部或筒部具 5 个梯形或半月形附属物，稀无附属物；雄蕊 5，生于花冠筒部，稀生于喉部，轮状排列，稀螺旋状排列，内藏或伸出，花药内向，2 室，基部背着，纵裂；蜜腺在花冠筒内基部环状排列，或生于花盘上；雌蕊由 2 心皮组成，子房 2 室，每室 2 胚珠，或内壁形成隔膜成 4 室，每室 1 胚珠，或子房 (2) 4 裂，每裂瓣具 1 胚珠，花柱顶生或生于子房裂瓣间的雌蕊基上，分枝或不分枝；胚珠近直生、倒生或半倒生；雌蕊基平、塔形或锥形。核果具 1 ~ 4 粒种子，或瓣裂成 (2) 4 个小坚果，果皮干燥，稀多汁，常具疣状、碗状或盘状凸起。种子直生或斜生，种皮膜质；无胚乳，稀具少量内胚乳；胚直伸，稀弯曲，子叶平，肉质，胚根在上方。

　　本科有约 100 属 2 000 种，分布于世界的温带和热带地区，地中海地区为其分布中心。我国有 48 属 269 种，遍布全国，但以西南部地区最为丰富。

　　山东渤海海洋生态保护区共发现本科植物 5 属，共 6 种。

中文种名：多苞斑种草

拉丁学名：*Bothriospermum secundum*

分类地位：被子植物门 / 木兰纲 / 唇形目 / 紫草科 / 斑种草属

识别特征：一年生或二年生草本，高 25～40 厘米，具直伸的根。茎单一或数条丛生，由基部分枝，分枝通常细弱，稀粗壮，开展或向上直伸，被向上开展的硬毛及伏毛。基生叶具柄，倒卵状长圆形，长 2～5 厘米，先端钝，基部渐狭为叶柄；茎生叶长圆形或卵状披针形，无柄，两面均硬毛及短硬毛。花序生茎顶及腋生枝条顶端，花与苞片依次排列，而各偏于一侧；苞片长圆形或卵状披针形，被硬毛及短伏毛；花梗果期不增长或稍增长，下垂；花萼外面密生硬毛，裂片披针形，裂至基部；花冠蓝色至淡蓝色；花药长圆形，长与附属物略等，花丝极短；花柱圆柱形，约为花萼的 1/3，柱头头状。小坚果呈卵状椭圆形，密生疣状凸起，腹面有纵椭圆形的环状凹陷。花期 5—7 月。

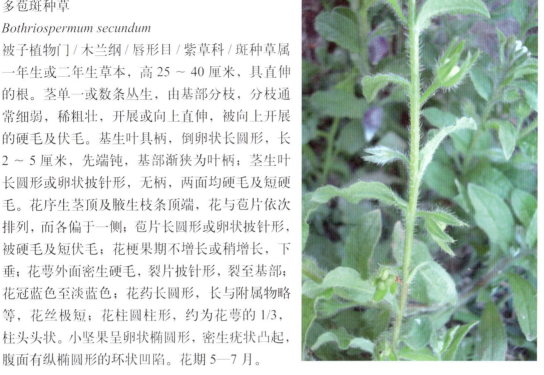

分　布：分布在我国东北、河北、山东、山西、陕西、甘肃、江苏及云南。生长于海拔 250～2 100 米的山坡、道旁、河床、农田路边及山坡林缘灌木林下、山谷溪边阴湿处等。

照片来源：潍坊

紫草科 **Boraginaceae**

砂引草 *Messerschmidia sibirica*

中文种名：砂引草

拉丁学名：*Messerschmidia sibirica*

分类地位：被子植物门 / 木兰纲 / 唇形目 / 紫草科 / 砂引草属

识别特征：多年生草本，高 10 ～ 30 厘米，有细长的根状茎。茎单一或数条丛生，直立或斜升，通常分枝，密生糙伏毛或白色长柔毛。叶披针形、倒披针形或长圆形，长 1 ～ 5 厘米，宽 6 ～ 10 毫米，先端渐尖或钝，基部楔形或圆，密生糙伏毛或长柔毛，中脉明显，上面凹陷，下面凸起，侧脉不明显，无柄或近无柄。花序顶生，直径 1.5 ～ 4 厘米；萼片披针形，密生向上的糙伏毛；花冠黄白色，钟状，裂片卵形或长圆形，外弯，花冠筒较裂片长，外面密生向上的糙伏毛；花药长圆形，先端具短尖，花丝极短，着生花筒中部；子房无毛，略现 4 裂，花柱细，柱头浅 2 裂，下部环状膨大。核果椭圆形或卵球形，粗糙，密生伏毛，先端凹陷，核具纵肋，成熟时分裂为 2 个各含 2 粒种子的分核。花期 5 月，果实 7 月成熟。

分　　布：分布于我国东北、河北、河南、山东、陕西、甘肃、宁夏等地。生长于海拔 4 ～ 1 930 米的海滨沙地、干旱荒漠及山坡道旁。

照片来源：潍坊

渤海山东海域海洋保护区生物多样性图集

陆生植被

细叶砂引草 *Messerschmidia sibirica* var. *angustior*

中文种名： 细叶砂引草

拉丁学名： *Messerschmidia sibirica* var. *angustior*

分类地位： 被子植物门 / 木兰纲 / 唇形目 / 紫草科 / 砂引草属

识别特征： 多年生草本，根茎细长，茎直立，有分枝，高 10 ～ 30 厘米，密被白色长柔毛。叶无柄或近于无柄，叶片狭长圆形至线形或线状披针形，长 1 ～ 3.5 厘米，宽 2 ～ 6 毫米，全缘，两面贴生白色长柔毛。聚伞花序伞房状，近二叉状分枝，花密集，花萼 5 深裂，裂片披针形，长约 2.5 毫米，密被白色柔毛，花冠白色，漏斗状，花冠筒长约 5 毫米，裂片 5，长约 4 毫米，雄蕊 5，内藏，子房 4 室，每室具 1 胚珠，柱头 2 浅裂，下部环状膨大。核果近圆形，长 7 ～ 8 毫米，宽 5 ～ 8 毫米，先端平截，具纵棱，密生短柔毛，成熟时分裂为 2 个各含 2 粒种子的分核。花期 5—6 月，果期 7—8 月。

分　　布： 分布于我国宁夏、陕西、内蒙古、河北、山东、山西、河南、辽宁、黑龙江。生长于海拔 450 ～ 1 900 米的干旱山坡、路边及河边沙地。

照片来源： 滨州

紫草科 **Boraginaceae**

241

田紫草 *Lithospermum arvense*

中文种名：田紫草

拉丁学名：*Lithospermum arvense*

分类地位：被子植物门 / 木兰纲 / 唇形目 / 紫草科 / 紫草属

识别特征：一年生草本，根稍含紫色物质。茎通常单一，高 15～35 厘米，自基部或仅上部分枝有短糙伏毛。叶无柄，倒披针形至线形，长 2～4 厘米，宽 3～7 毫米，先端急尖，两面均有短糙伏毛。聚伞花序生枝上部，长可达 10 厘米，苞片与叶同形而较小；花序排列稀疏，有短花梗；花萼裂片线形，长 4～5.5 毫米，通常直立，两面均有短伏毛，果期时裂片长可达 11 毫米且基部稍硬化；花冠高脚碟状，白色，有时蓝色或淡蓝色，筒部长约 4 毫米，外面稍有毛，檐部长约为筒部的一半，裂片卵形或长圆形，直立或稍开展，长约 1.5 毫米，稍不等大，喉部无附属物，但有 5 条延伸到筒部的毛带；雄蕊着生花冠筒下部，花药长约 1 毫米；花柱长 1.5～2 毫米，柱头头状。小坚果呈三角状卵球形，长约 3 毫米，灰褐色，有疣状凸起。花果期 4—8 月。

分　　布：分布于我国黑龙江、吉林、辽宁、河北、山东、山西、江苏、浙江、安徽、湖北、陕西、甘肃及新疆。生长于丘陵、低山草坡或田边。

照片来源：潍坊

渤海山东海域海洋保护区生物多样性图集

陆生植被

附地菜 *Trigonotis peduncularis*

中文种名：附地菜

拉丁学名：*Trigonotis peduncularis*

分类地位：被子植物门 / 木兰纲 / 唇形目 / 紫草科 / 附地菜属

识别特征：一年生或二年生草本。茎通常多条丛生，稀单一，密集，铺散，高 5 ～ 30 厘米，基部多分枝，被短糙伏毛。基生叶呈莲座状，有叶柄，叶片匙形，先端圆钝，基部楔形或渐狭，两面被糙伏毛，茎上部叶长圆形或椭圆形，无叶柄或具短柄。花序生茎顶，幼时卷曲，后渐次伸长，通常占全茎的 1/2 ～ 4/5，只在基部具 2 ～ 3 个叶状苞片，其余部分无苞片；花梗短，花后伸长，顶端与花萼连接部分变粗呈棒状；花萼裂片卵形，先端急尖；花冠淡蓝色或粉色，筒部甚短，檐部直径 1.5 ～ 2.5 毫米，裂片平展，倒卵形，先端圆钝，喉部附属物，白色或带黄色；花药卵形，先端具短尖。小坚果 4，呈斜三棱锥状四面体形，有短毛或平滑无毛，背面三角状卵形，具 3 锐棱，具短柄，柄长约 1 毫米，向一侧弯曲。早春开花，花期甚长。

分　　布：分布于我国西藏、云南、广西北部、江西、福建、新疆、甘肃、内蒙古、东北等地。生长于平原、丘陵草地、林缘、田间及荒地。

照片来源：潍坊

紫草科 Boraginaceae

鹤　虱 *Lappula myosotis*

中文种名：鹤虱

拉丁学名：*Lappula myosotis*

分类地位：被子植物门／木兰纲／唇形目／紫草科／鹤虱属

识别特征：一年生或二年生草本。茎直立，高 30 ~ 60 厘米，中部以上多分枝，密被白色短糙毛。基生叶长圆状匙形，全缘，先端钝，基部渐狭成长柄，长达 7 厘米（包括叶柄），宽 3 ~ 9 毫米，两面密被有白色基盘的长糙毛；茎生叶较短而狭，披针形或线形，扁平或沿中肋纵折，先端尖，基部渐狭，无叶柄。花序在花期短，果期伸长，长 10 ~ 17 厘米；苞片线形，较果实稍长；花萼 5 深裂，几达基部，裂片线形，急尖，有毛；花冠淡蓝色，漏斗状至钟状，长约 4 毫米，檐部直径 3 ~ 4 毫米，裂片长圆状卵形，喉部附属物梯形。小坚果呈卵状，背面狭卵形或长圆状披针形，通常有颗粒状疣突，稀平滑或沿中线龙骨状凸起上有小棘突，边缘有 2 行近等长的锚状刺。花果期 6—9 月。

分　　布：分布于我国华北、西北、内蒙古西部等地。生长于草地、山坡草地等处。

照片来源：潍坊

渤海山东海域海洋保护区生物多样性图集

陆生植被

马鞭草科 Verbenaceae

　　灌木或乔木，有时为藤本，极少数为草本。叶对生，很少轮生或互生，单叶或掌状复叶，很少羽状复叶；无托叶。花序顶生或腋生，多数为聚伞、总状、穗状、伞房状聚伞或圆锥花序；花两性，极少退化为杂性，左右对称或很少辐射对称；花萼宿存，杯状、钟状或管状，稀漏斗状，顶端有 4 ~ 5 齿或为截头状，很少有 6 ~ 8 齿，通常在果实成熟后增大或不增大，或有颜色；花冠管圆柱形，管口裂为二唇形或略不相等的 4 ~ 5 裂，很少多裂，裂片通常向外开展，全缘或下唇中间 1 裂片的边缘呈流苏状；雄蕊 4，极少 2 或 5 ~ 6，着生于花冠管上，花丝分离，花药通常 2 室，基部或背部着生于花丝上，内向纵裂或顶端先开裂而成孔裂；花盘通常不显著；子房上位，通常为 2 心皮组成，少为 4 或 5，全缘或微凹或 4 浅裂，极稀深裂，通常 2 ~ 4 室，有时为假隔膜分为 4 ~ 10 室，每室有 2 胚珠，或因假隔膜而每室有 1 胚珠；花柱顶生，极少数多少下陷于子房裂片中；柱头明显分裂或不裂。核果、蒴果或浆果状核果，外果皮薄，中果皮干或肉质，内果皮多少质硬成核，核单一或可分为 2 或 4 个，偶见 8 ~ 10 个分核。种子通常无胚乳，胚直立，有扁平、多少厚或折皱的子叶，胚根短，通常下位。

　　本科约 80 余属 3 000 余种，主要分布于热带和亚热带地区，少数延至温带地区；我国现有 21 属 175 种 31 变种，多分布在长江以南地区，北方地区也有一些种类。

　　山东渤海海洋生态保护区共发现本科植物 2 属，共 3 种。

中文种名：海州常山

拉丁学名：*Clerodendrum trichotomum*

分类地位：被子植物门 / 木兰纲 / 唇形目 / 马鞭草科 / 大青属

识别特征：灌木或小乔木，高 1.5 ～ 10 米；幼枝、叶柄、花序轴等多少被黄褐色柔毛或近于无毛，老枝灰白色，具皮孔，髓白色，有淡黄色

薄片状横隔。叶片纸质，卵形、卵状椭圆形或三角状卵形，顶端渐尖，基部宽楔形至截形，偶有心形，表面深绿色，背面淡绿色，两面幼时被白色短柔毛，老时表面光滑无毛，背面仍被短柔毛或无毛，或沿脉毛较密，侧脉 3 ～ 5 对，全缘或有时边缘具波状齿。伞房状聚伞花序顶生或腋生，通常二歧分枝；苞片叶状，椭圆形，早落；花萼蕾时绿白色，后紫红色，基部合生，中部略膨大，有 5 棱脊，顶端 5 深裂，裂片三角状披针形或卵形，顶端尖；花冠白色或带粉红色，花冠管细，顶端 5 裂，裂片长椭圆形；雄蕊 4，花丝与花柱同伸出花冠外；花柱较雄蕊短，柱头 2 裂。核果近球形，包藏于增大的宿萼内，成熟时外果皮呈蓝紫色。花果期 6—11 月。

分　布：分布于我国辽宁、甘肃、陕西以及华北、中南、西南各地。生长于海拔 2 400 米以下的山坡灌丛中。

照片来源：潍坊

黄 荆 *Vitex negundo*

中文种名： 黄荆

拉丁学名： *Vitex negundo*

分类地位： 被子植物门 / 木兰纲 / 唇形目 / 马鞭草科 / 牡荆属

识别特征： 灌木或小乔木；小枝四棱形，密生灰白色茸毛。掌状复叶，小叶5，少有3；小叶片长圆状披针形至披针形，顶端渐尖，基部楔形，全缘或每边有少数粗锯齿，表面绿色，背面密生灰白色茸毛；中间小叶长4～13厘米，宽1～4厘米，两侧小叶依次递小，若具5小叶时，中间3小叶有柄，最外侧的2小叶无柄或近于无柄。聚伞花序排成圆锥花序式，顶生，长10～27厘米，花序梗密生灰白色茸毛；花萼钟状，顶端有5裂齿，外有灰白色茸毛；花冠淡紫色，外有微柔毛，顶端5裂，二唇形；雄蕊伸出花冠管外；子房近无毛。核果近球形，直径约2毫米；宿萼接近果实的长度。花期4—6月，果期7—10月。

分　　布： 主要分布于我国长江以南各地，北达秦岭淮河。生长于山坡路旁或灌木丛中。

照片来源： 东营

荆　条 *Vitex negundo* var. *heterophylla*

中文种名：荆条

拉丁学名：*Vitex negundo* var. *heterophylla*

分类地位：被子植物门 / 木兰纲 / 唇形目 / 马鞭草科 / 牡荆属

识别特征：落叶灌木，高 1～5 米，小枝四棱。叶对生、具长柄，5～7 出掌状复叶，小叶椭圆状卵形，长 2～10 厘米，先端锐尖，缘具切裂状锯齿或羽状裂，背面灰白色，被柔毛。花组成疏展的圆锥花序，长 12～20 厘米；花萼钟状，具 5 齿裂，宿存；花冠蓝紫色，二唇形；雄蕊 4，二强；雄蕊和花柱稍外伸。核果呈球形或倒卵形。花期 6—8 月，果期 7—10 月。

分　　布：分布于我国辽宁、河北、山西、山东、河南、陕西、甘肃、江苏、安徽、江西、湖南、贵州、四川。生长于山坡、路旁。

照片来源：潍坊

陆生植被

唇形科 Labiatae

　　草本、亚灌木或灌木，极稀乔木或藤木，通常含芳香油；茎通常四棱柱形；叶对生或轮生，极少互生；花两性，很少单性，两侧对称，很少近辐射对称，单生或成对，或于叶腋内丛生；或为轮伞花序或聚伞花序，再排成穗状、总状、圆锥花序式或头状花序式；花萼合生，4～5裂，常二唇形，宿存；花冠合瓣，冠檐4～5裂，常二唇形；雄蕊通常4，二强，有时退化为2，稀具第五枚退化雄蕊，花丝分离或两两成对，极稀在基部连合或成鞘，花药2室，纵裂，稀在花后贯通为1室，有时前对或后对药室退化为1室，形成半药；花盘发达，通常2～4浅裂或全缘，心皮2，4裂；子房上位，假4室，每室有1胚珠，花柱一般着生于子房基部，稀着生点高于子房基部，顶端相等或不相等2浅裂，稀不裂；果通常裂成4个小坚果，稀核果状；每个坚果有1粒种子，无胚乳或有少量胚乳，胚具与果轴平行或横生的子叶。

　　本科约有220属3 500余种，世界性分布。我国有99属800余种，遍布南北各地。

　　山东渤海海洋生态保护区共发现本科植物3属，共3种。

京黄芩 *Scutellaria pekinensis*

中文种名：京黄芩

拉丁学名：*Scutellaria pekinensis*

分类地位：被子植物门／木兰纲／唇形目／唇形科／黄芩属

识别特征：一年生草本；根茎细长。茎高 24 ～ 40 厘米，直立，四棱形，绿色，基部通常带紫色，不分枝或分枝，疏被上曲的白色小柔毛，以茎上部者较密。叶草质，卵圆形或三角状卵圆形，先端锐尖至钝，有时圆形，基部截形，截状楔形至近圆形，边缘具浅而钝的 2 ～ 10 对牙齿，两面疏被伏贴的小柔毛，下面以沿各脉上较密，侧脉 3 ～ 4 对，斜上升，与中脉在上面不明显下面凸出，疏被上曲的小柔毛。花对生，排列成顶生长 4.5 ～ 11.5 厘米的总状花序；花长约 2.5 毫米，与序轴密被上曲的白色小柔毛；苞片除花序上最下一对较大且叶状外余均细小，狭披针形，长 3 ～ 7 毫米，全缘，疏被短柔毛。花萼开花时长约 3 毫米，果时增大，长 4 毫米，密被小柔毛。花冠蓝紫色，外被具腺小柔毛，内面无毛；冠筒前方基部略膝曲状，中部宽 1.5 毫米，向上渐宽，至喉部宽达 5 毫米；冠檐 2 唇形，上唇盔状，内凹，顶端微缺，下唇中裂片宽卵圆形，两侧中部微内缢，顶端微缺，两侧裂片卵圆形。雄蕊 4，二强；花丝扁平，中部以下被纤毛。花盘肥厚，前方隆起；子房柄短。花柱细长。子房光滑，无毛。成熟小坚果栗色或黑栗色，卵形。花期 6—8 月，果期 7—10 月。

分　　布：分布于我国吉林、河北、山东、河南、陕西、浙江等地；生长于海拔 600 ～ 1 800 米间的石坡、潮湿谷地或林下。

照片来源：长岛

渤海山东海域海洋保护区生物多样性图集

陆生植被

250

夏至草 *Lagopsis supina*

中文种名：夏至草

拉丁学名：*Lagopsis supina*

分类地位：被子植物门 / 木兰纲 / 唇形目 /
唇形科 / 夏至草属

识别特征：多年生草本，具圆锥形的主根。
茎高 15 ～ 35 厘米，四棱形，
具沟槽，带紫红色，密被微柔
毛，常在基部分枝。叶轮廓为
圆形，长宽 1.5 ～ 2 厘米，先
端圆形，基部心形，3 深裂，
裂片有圆齿或长圆形牙齿，有
时叶片为卵圆形，3 浅裂或深
裂，裂片无齿或有稀疏圆齿，
边缘具纤毛，脉掌状，3 ～ 5
出；叶柄长，基生叶的长 2 ～ 3
厘米，上部叶的较短，通常
在 1 厘米左右。轮伞花序疏花，
直径约 1 厘米；小苞片稍短于
萼筒，弯曲，刺状，密被微柔毛。
花萼管状钟形，外密被微柔毛，
内面无毛，脉 5，凸出，齿 5，
不等大，边缘有细纤毛。花冠
白色，稀粉红色，稍伸出于萼

筒；冠筒长约 5 毫米，直径约 1.5 毫米；冠檐二唇形，上唇长圆形，全缘，下唇斜展，3 浅裂。
雄蕊 4，着生于冠筒中部稍下，不伸出，后对较短；花药卵圆形。小坚果呈长卵形，褐色。
花期 3—4 月，果期 5—6 月。

分　　布：分布于我国黑龙江、吉林、辽宁、内蒙古、河北、河南、山西、山东、浙江、江苏、安徽、
湖北、陕西、甘肃、新疆、青海、四川、贵州、云南等地；生长于路旁、旷地上及西北、
西南各省区海拔高达 2 600 米以上的地区。

照片来源：潍坊

唇形科 **Labiatae**

益母草 *Leonurus artemisia*

中文种名：益母草

拉丁学名：*Leonurus artemisia*

分类地位：被子植物门 / 木兰纲 / 唇形目 / 唇形科 / 益母草属

识别特征：一年生或二年生草本。茎直立，高 30 ～ 120 厘米，钝四棱形，微具槽，有倒向糙伏毛，在节及棱上尤为密集，多分枝，或仅于茎中部以上有能育的小枝条。茎下部叶轮廓为卵形，基部宽楔形，掌状 3 裂，裂片上再分裂，上面绿色，有糙伏毛，叶脉稍下陷，下面淡绿色；茎中部叶轮廓为菱形，较小，通常分裂成 3 个或偶有多个长圆状线形的裂片，基部狭楔形；花序最上部的苞叶近无柄，线形或线状披针形，全缘或具稀少牙齿。轮伞花序腋生组成长穗状花序。花萼管状钟形，5 脉，显著，齿 5，前 2 齿靠合，后 3 齿较短，等长。花冠粉红

至淡紫红色，冠檐二唇形，上唇长圆形，全缘；下唇略短于上唇，3 裂，中裂片倒心形，先端微缺，侧裂片卵圆形。雄蕊 4，前对较长。花柱丝状，略超出于雄蕊而与上唇片等长。子房褐色，无毛。小坚果呈长圆状三棱形，淡褐色，光滑。花期 6—9 月，果期 9—10 月。

分　　布：分布于我国各地。生长于多种生境，尤以阳处为多，海拔可高达 3 400 米。

照片来源：潍坊

渤海山东海域海洋保护区生物多样性图集

陆生植被

252

车前科 Plantaginaceae

　　一年生、二年生或多年生草本，稀小灌木，陆生或沼生，稀水生。根为直根系或须根系。茎通常变态成紧缩的根茎，根茎通常直立，稀斜升，少数具直立和节间明显的地上茎。叶螺旋状互生，常呈莲座状，或于地上茎上互生、对生或轮生；单叶，全缘或具齿，稀羽状或掌状分裂；叶柄基部常扩大成鞘状；无托叶。穗状花序窄圆柱状、圆柱状或头状，偶简化为单花，稀总状花序，腋生；花序梗常细长；每花具 1 苞片。花小，两性，稀杂性或单性，雌雄同株或异株，风媒，稀虫媒或闭花受粉；花萼 4 裂，前对萼片与后对萼片常不相等，裂片分生或后对合生，宿存；花冠干膜质，白色、淡黄色或淡褐色，高脚碟状或筒状，檐部 3 ~ 4 裂，辐射对称，裂片覆瓦状排列，开展或直立，花后常反折，宿存；雄蕊 4，稀 1 或 2，相等或近相等，无毛。花丝贴生冠筒内面，与裂片互生，丝状，外伸或内藏，花药背着，丁字药，顶端骤缩成三角形或钻形小凸起，2 药室平行，纵裂，顶端不汇合，基部多少心形；花盘不存在；雌蕊由背腹向 2 心皮合生而成，子房上位，2 室，中轴胎座，稀 1 室基底胎座，胚珠 1 ~ 40 余颗，横生或倒生，花柱 1，丝状，被毛。果常为周裂的蒴果，果皮膜质，无毛，内含 1 ~ 40 余粒种子，稀为含 1 种子的骨质坚果。种子盾状着生，腹面隆起、平坦或内凹成船形，无毛；胚直伸，稀弯曲，肉质胚乳位于中央。

　　本科 3 属，约 200 种，广布于全世界。我国有 1 属 20 种，分布于南北各地。

　　山东渤海海洋生态保护区共发现本科植物 1 属，共 4 种。

长叶车前 *Plantago lanceolata*

中文种名：长叶车前

拉丁学名：*Plantago lanceolata*

分类地位：被子植物门 / 木兰纲 / 车前目 / 车前科 / 车前属

识别特征：多年生草本。直根粗长。根茎粗短，不分枝或分枝。叶基生呈莲座状，无毛或散生柔毛；叶片纸质，线状披针形、披针形或椭圆状披针形，长 6 ～ 20 厘米，宽 0.5 ～ 4.5 厘米，先端渐尖至急尖，边缘全缘或具极疏的小齿，基部狭楔形，下延，脉（3 ～）5 ～ 7 条；叶柄细，长 2 ～ 10 厘米，基部略扩大成鞘状，有长柔毛。花序 3 ～ 15 个；花序梗直立或弓曲上升，长 10 ～ 60 厘米，有明显的纵沟槽，棱上多少贴生柔毛；穗状花序幼时常呈圆锥状卵形，后变短圆柱状或头状，长 1 ～ 5（～ 8）厘米，紧密；花冠白色，无毛，冠筒约与萼片等长或稍长。雄蕊着生于冠筒内面中部，与花柱明显外伸，花药椭圆形，先端有卵状三角形小尖头，白色至淡黄色。胚珠 2 ～ 3。蒴果呈狭卵球形，于基部上方周裂。种子呈狭椭圆形至长卵形，淡褐色至黑褐色，有光泽。花期 5—6 月，果期 6—7 月。

分　　布：分布在我国辽宁、甘肃、新疆、山东、江苏、浙江、江西、云南等地。生长于海拔 3 ～ 900 米的海滩、河滩、草原湿地、山坡多石处或砂质地、路边、荒地。

照片来源：长岛

渤海山东海域海洋保护区生物多样性图集

陆生植被

254

中文种名：车前

拉丁学名：*Plantago asiatica*

分类地位：被子植物门 / 木兰纲 / 车前目 / 车前科 / 车前属

识别特征：二年生或多年生草本。须根多数。根茎短，稍粗。叶基生呈莲座状，平卧、斜展或直立；叶片薄纸质或纸质，宽卵形至宽椭圆形，长 4 ～ 12 厘米，宽 2.5 ～ 6.5 厘米，先端钝圆至急尖，边缘波状、全缘或中部以下有锯齿、牙齿或裂齿，基部宽楔形或近圆形，多少下延，两面疏生短柔毛；脉 5 ～ 7 条；叶柄长 2 ～ 15（～ 27）厘米，基部扩大成鞘，疏生短柔毛。花序 3 ～ 10 个，直立或弓曲上升；花序梗长 5 ～ 30 厘米，有纵条纹，疏生白色短柔毛；穗状花序细圆柱状，长 3 ～ 40 厘米，紧密或稀疏，下部常间断；花冠白色，无毛，冠筒与萼片约等长。雄蕊着生于冠筒内面近基部，与花柱明显外伸，花药卵状椭圆形，顶端具宽三角形凸起，白色。胚珠 7 ～ 15（～ 18）。蒴果呈纺锤状卵形、卵球形或圆锥状卵形，于基部上方周裂。种子呈卵状椭圆形或椭圆形，具角，黑褐色至黑色。花期 4—8 月，果期 6—9 月。

分　　布：分布于我国黑龙江、吉林、辽宁、内蒙古、河北、山西、陕西、甘肃、新疆、山东、江苏、安徽、浙江、江西、福建、台湾、河南、湖北、湖南、广东、广西、海南、四川、贵州、云南、西藏。生长于草地、沟边、河岸湿地、田边、路旁或村边空旷处。

照片来源：潍坊

中文种名：大车前

拉丁学名：*Plantago major*

分类地位：被子植物门／木兰纲／车前目／车前科／车前属

识别特征：二年生或多年生草本。须根多数。根茎粗短。叶基生呈莲座状，平卧、斜展或直立；叶片草质、薄纸质或纸质，宽卵形至宽椭圆形，长 3～18 (30) 厘米，宽 2～11 (21) 厘米，先端钝尖或急尖，边缘波状、疏生不规则牙齿或近全缘，两面疏生短柔毛或近无毛，少数被较密的柔毛，脉 (3) 5～7 条；叶柄长 (1) 3～10 (26) 厘米，基部鞘状，常被毛。花序 1 至数个；花序梗直立或弓曲上升，长 (2) 5～18 (45) 厘米，有纵条纹，被短柔毛或柔毛；穗状花序细圆柱状，基部常间断。花冠白色，无毛，冠筒等长或略长于萼片。雄蕊着生于冠筒内面近基部，与花柱明显外伸，花药椭圆形，通常初为淡紫色，稀白色。胚珠 12～40 余颗。蒴果近球形、卵球形或宽椭圆球形，于中部或稍低处周裂。

种子卵形、椭圆形或菱形，具角，腹面隆起或近平坦，黄褐色。花期 6—8 月，果期 7—9 月。

分　　布：分布于我国黑龙江、吉林、辽宁、内蒙古、河北、山西、陕西、甘肃、青海、新疆、山东、江苏、福建、台湾、广西、海南、四川、云南、西藏。生长于草地、草甸、河滩、沟边、沼泽地、山坡路旁、田边或荒地。

照片来源：长岛

平车前 *Plantago depressa*

中文种名：平车前

拉丁学名：*Plantago depressa*

分类地位：被子植物门 / 木兰纲 / 车前目 / 车前科 / 车前属

识别特征：一年生或二年生草本。直根长，具多数侧根，多少肉质。根茎短。叶基生呈莲座状，平卧、斜展或直立；叶片纸质，椭圆形、椭圆状披针形或卵状披针形，长 3～12

厘米，宽 1～3.5 厘米，先端急尖或微钝，边缘具浅波状钝齿、不规则锯齿或牙齿，基部宽楔形至狭楔形，下延至叶柄，脉 5～7 条，上面略凹陷，于背面明显隆起，两面疏生白色短柔毛；叶柄长 2～6 厘米，基部扩大成鞘状。花序 3～10 余个；花序梗有纵条纹，疏生白色短柔毛；穗状花序细圆柱状，上部密集，基部常间断。花冠白色，无毛，冠筒等长或略长于萼片。雄蕊着生于冠筒内面近顶端，同花柱明显外伸，花药呈卵状椭圆形或宽椭圆形，先端具宽三角状小凸起。胚珠 5。蒴果卵状椭圆形至圆锥状卵形，于基部上方周裂。种子呈椭圆形，腹面平坦，黄褐色至黑色。花期 5—7 月，果期 7—9 月。

分　　布：分布于我国黑龙江、吉林、辽宁、内蒙古、河北、山西、陕西、宁夏、甘肃、青海、新疆、山东、江苏、河南、安徽、江西、湖北、四川、云南、西藏。生长于草地、河滩、沟边、草甸、田间及路旁。

照片来源：潍坊

车前科 Plantaginaceae

257

木犀科 Oleaceae

乔木，直立或藤状灌木。叶对生，稀互生或轮生，单叶、三出复叶或羽状复叶，稀羽状分裂，全缘或具齿；具叶柄，无托叶。花辐射对称，两性，稀单性或杂性，雌雄同株、异株或杂性异株，通常聚伞花序排列成圆锥花序，或为总状、伞状、头状花序，顶生或腋生，或聚伞花序簇生于叶腋，稀花单生；花萼4裂，有时多达12裂，稀无花萼；花冠4裂，有时多达12裂，浅裂、深裂至近离生，或有时在基部成对合生，稀无花冠，花蕾时呈覆瓦状或镊合状排列；雄蕊2，稀4，着生于花冠管上或花冠裂片基部，花药纵裂，花粉通常具3沟；子房上位，由2枚心皮组成2室，每室具胚珠2，有时1或多颗，胚珠下垂，稀向上，花柱单一或无花柱，柱头2裂或头状。翅果、蒴果、核果、浆果或浆果状核果；种子具1粒伸直的胚；具胚乳或无胚乳；子叶扁平；胚根向下或向上。

本科约27属400余种，广布于两半球的热带和温带地区，亚洲地区种类尤为丰富。我国产12属178种6亚种25变种15变型，南北各地均有分布。

山东渤海海洋生态保护区共发现本科植物5属，共6种。

白 蜡 *Fraxinus chinensis*

中文种名：白蜡

拉丁学名：*Fraxinus chinensis*

分类地位：被子植物门 / 木兰纲 / 玄参目 / 木犀科 / 梣属

识别特征：落叶乔木，高 10 ～ 12 米；树皮灰褐色，纵裂。芽阔卵形或圆锥形，被棕色柔毛或腺毛。小枝黄褐色，粗糙，无毛或疏被长柔毛。羽状复叶长 15 ～ 25 厘米；叶柄长 4 ～ 6 厘米；叶轴挺直，上面具浅沟，初时疏被柔毛；小叶 5 ～ 7 枚，硬纸质，卵形、倒卵状长圆形至披针形，长 3 ～ 10 厘米，先端锐尖至渐尖，基部钝圆或楔形，叶缘具整齐锯齿，上面无毛，下面无毛或有时沿中脉两侧被白色长柔毛，中脉在上面平坦，侧脉 8 ～ 10 对，下面凸起，细脉在两面凸起，明显网结。圆锥花序顶生或腋生枝梢；花序梗长 2 ～ 4 厘米，无毛或被细柔毛，光滑；花雌雄异株；雄花密集，花萼小，钟状，无花冠，花药与花丝近等长；雌花疏离，花萼大，桶状，4 浅裂，花柱细长，柱头 2 裂。翅果匙形，上中部最宽，先端锐尖，常呈犁头状，基部渐狭，翅平展，下延至坚果中部，坚果呈圆柱形。花期 4—5 月，果期 7—9 月。

分　　布：分布于我国南北各地。多为栽培，也见于海拔 800 ～ 1600 米的山地杂木林中。

照片来源：潍坊

木犀科 Oleaceae

259

白丁香 *Syringa oblata* var. *alba*

中文种名：白丁香

拉丁学名：*Syringa oblata* var. *alba*

分类地位：被子植物门 / 木兰纲 / 玄参目 / 木犀科 / 丁香属

识别特征：灌木或小乔木；树皮灰褐色或灰色。小枝、花序轴、花梗、苞片、花萼、幼叶两面以及叶柄均密被腺毛。小枝较粗，疏生皮孔。叶片较小，基部通常为截形、圆楔形至近圆形，或近心形。叶柄长 1～3 厘米。圆锥花序直立，由侧芽抽生，近球形或长圆形，长 4～16 (20) 厘米，宽 3～7 (10) 厘米；花梗长 0.5～3 毫米；花萼长约 3 毫米，萼齿渐尖、锐尖或钝；花白色；花冠管圆柱形，长 0.8～1.7 厘米，裂片呈直角开展，卵圆形、椭圆形至倒卵圆形，长 3～6 毫米，宽 3～5 毫米，先端内弯略呈兜状或不内弯；花药黄色，位于距花冠管喉部 0～4 毫米处。果呈倒卵状椭圆形、卵形至长椭圆形，长 1～1.5 (2) 厘米，宽 4～8 毫米，先端长渐尖，光滑。花期 4—5 月，果期 6—10 月。

分　　布：我国长江流域以北普遍栽培。

照片来源：潍坊

渤海山东海域海洋保护区生物多样性图集

陆生植被

紫丁香 *Syringa oblata*

中文种名： 紫丁香

拉丁学名： *Syringa oblata*

分类地位： 被子植物门／木兰纲／玄参目／木犀科／丁香属

识别特征： 灌木或小乔木，高可达 5 米；树皮灰褐色或灰色。小枝、花序轴、花梗、苞片、花萼、幼叶两面以及叶柄均密被腺毛。小枝较粗，疏生皮孔。叶片革质或厚纸质，卵圆形至肾形，宽常大于长，长 2 ~ 14 厘米，宽 2 ~ 15 厘米，先端短凸尖至长渐尖或锐尖，基部心形、截形至近圆形，或宽楔形，上面深绿色，下面淡绿色；叶柄长 1 ~ 3 厘米。圆锥花序直立，由侧芽抽生，近球形或长圆形；花梗长 0.5 ~ 3 毫米；花萼长约 3 毫米，萼齿渐尖、锐尖或钝；花冠紫色，花冠管圆柱形，长 0.8 ~ 1.7 厘米，裂片呈直角开展，卵圆形、椭圆形至倒卵圆形，长 3 ~ 6 毫米，宽 3 ~ 5 毫米，先端内弯略呈兜状或不内弯；花药黄色。果呈倒卵状椭圆形、卵形至长椭圆形，长 1 ~ 1.5 (2) 厘米，宽 4 ~ 8 毫米，先端长渐尖，光滑。花期 4—5 月，果期 6—10 月。

分　　布： 分布于我国东北、华北、西北（除新疆）以至西南达四川西北部地区。生长于山坡丛林、山沟溪边、山谷路旁及滩地水边。

照片来源： 潍坊

木犀科 Oleaceae

261

连 翘 *Forsythia suspensa*

中文种名：连翘

拉丁学名：*Forsythia suspensa*

分类地位：被子植物门 / 木兰纲 / 玄参目 / 木犀科 / 连翘属

识别特征：落叶灌木。枝开展或下垂，棕色、棕褐色或淡黄褐色，小枝土黄色或灰褐色，略呈四棱形，节间中空，节部具实心髓。叶通常为单叶或3裂至三出复叶，叶片卵形、宽卵形或椭圆状卵形至椭圆形，长2～10厘米，宽1.5～5厘米，先端锐尖，基部圆形、宽楔形至楔形，叶缘除基部外具锐锯齿或粗锯齿，上面深绿色，下面淡黄绿色，两面无毛；叶柄长0.8～1.5厘米。花通常单生或2至数朵着生于叶腋，先于叶开放；花梗长5～6毫米；花萼绿色，裂片长圆形或长圆状椭圆形，先端钝或锐尖，边缘具睫毛，与花冠管近等长；花冠黄色，裂片倒卵状长圆形或长圆形。果呈卵球形、卵状椭圆形或长椭圆形，先端喙状渐尖，表面疏生皮孔；果梗长0.7～1.5厘米。花期3—4月，果期7—9月。

分　　布：分布于我国河北、山西、陕西、山东、安徽、河南、湖北、四川。生长于山坡灌丛、林下或草丛中，或山谷、山沟疏林中。

照片来源：潍坊

迎春 *Jasminum nudiflorum*

中文种名：迎春

拉丁学名：*Jasminum nudiflorum*

分类地位：被子植物门 / 木兰纲 / 玄参目 / 木犀科 / 素馨属

识别特征：落叶灌木，直立或匍匐，高 0.3 ~ 5 米，枝条下垂。枝稍扭曲，光滑无毛，小枝四棱形，棱上多少具狭翼。叶对生，三出复叶，小枝基部常具单叶；叶轴具狭翼，叶柄长 3 ~ 10 毫米；叶片和小叶片幼时两面

稍被毛；小叶片卵形、长卵形或椭圆形，先端锐尖或钝，具短尖头，基部楔形，叶缘反卷，中脉在上面微凹入，下面凸起；顶生小叶片较大，长 1 ~ 3 厘米，宽 0.3 ~ 1.1 厘米，无柄或基部延伸成短柄，侧生小叶片长 0.6 ~ 2.3 厘米，宽 0.2 ~ 11 厘米，无柄；单叶为卵形或椭圆形，有时近圆形。花单生于去年生小枝的叶腋，稀生于小枝顶端；花梗长 2 ~ 3 毫米；花萼绿色，裂片 5 ~ 6 枚，

窄披针形，先端锐尖；花冠黄色，花冠管长 0.8 ~ 2 厘米，基部直径 1.5 ~ 2 毫米，向上渐扩大，裂片 5 ~ 6 枚，长圆形或椭圆形，长 0.8 ~ 1.3 厘米，宽 3 ~ 6 毫米，先端锐尖或圆钝。花期 2—3 月。

分　布：分布于我国甘肃、陕西、四川、云南西北部，西藏东南部。生长于山坡灌丛中。

照片来源：潍坊

木犀科 Oleaceae

金叶女贞 *Ligustrum vicaryi*

中文种名：金叶女贞

拉丁学名：*Ligustrum vicaryi*

分类地位：被子植物门／木兰纲／玄参目／木犀科／女贞属

识别特征：落叶灌木，是金边卵叶女贞与欧洲女贞的杂交种。株高1～2米。枝灰褐色。叶卵状椭圆形，长3～7厘米，顶端渐尖，有短芒尖，基部圆形或阔楔形，嫩叶黄色，后渐变为黄绿色。圆锥花序，小花白色。核果呈阔椭圆形，紫黑色。花期5—6月。10月下旬果熟。

分　　布：适应性强，对土壤要求不严格，在我国长江以南及黄河流域等地的气候条件均能适应，生长良好。

照片来源：潍坊

渤海山东海域海洋保护区生物多样性图集

陆生植被

  草本、灌木或少有乔木。叶互生、下部对生而上部互生、全对生、轮生，无托叶。花序总状、穗状或聚伞状，常合成圆锥花序，向心或更多离心。花常不整齐；萼下位，常宿存，5 少有 4 基数；花冠 4～5 裂，裂片多少不等或作二唇形；雄蕊常 4，而有 1 枚退化，少有 2～5 枚或更多，花药 1～2 室，药室分离或多少汇合；花盘常存在，环状、杯状或小而似腺；子房 2 室，极少仅有 1 室；花柱简单，柱头头状或 2 裂或 2 片状；胚珠多颗，少有各室 2 颗，倒生或横生。果为蒴果，少有浆果状，具生于 1 游离的中轴上或着生于果爿边缘的胎座上；种子细小，有时具翅或有网状种皮，脐点侧生或在腹面，胚乳肉质或缺少；胚伸直或弯曲。

  本科约 200 属 3 000 余种，广布于全球各地，多数在温带地区。我国产 56 属，约 650 种，主要分布于西南部山地。

  山东渤海海洋生态保护区共发现本科植物 4 属，共 4 种。

地　黄 *Rehmannia glutinosa*

中文种名：地黄

拉丁学名：*Rehmannia glutinosa*

分类地位：被子植物门 / 木兰纲 / 玄参目 / 玄参科 / 地黄属

识别特征：多年生草本，株高 10 ~ 30 厘米，密被灰白色长柔毛和腺毛。茎紫红色。叶通常在茎基部集成莲座状，或逐渐缩小而在茎上互生；叶片卵形至长椭圆形，上面绿色，下面略带紫色或紫红色，长 2 ~ 13 厘米，宽 1 ~ 6 厘米，边缘具有

不规则圆齿、钝锯齿或牙齿；基部渐狭成柄，叶脉在上面凹陷，下面隆起。花梗细弱，弯曲而后上升，在茎顶部略排列成总状花序，或几全部单生叶腋而分散在茎上；萼长 1 ~ 1.5 厘米，密被长柔毛和白色长毛，具 10 条隆起的脉；萼齿 5，矩圆状披针形或卵状披针形抑或多少三角形；花冠筒多少弓曲，外面紫红色，被长柔毛；花冠裂片 5，先端钝或微凹，内面黄紫色，外面紫红色，两面均被长柔毛；雄蕊 4；蒴果呈卵形至长卵形，长 1 ~ 1.5 厘米。花果期 4—7 月。

分　布：分布于我国辽宁、河北、河南、山东、山西、陕西、甘肃、内蒙古、江苏、湖北等地。生长于海拔 50 ~ 1 100 米的砂质壤土、荒山坡、山脚、墙边、路旁等处。

照片来源：潍坊

毛泡桐 *Paulownia tomentosa*

中文种名： 毛泡桐

拉丁学名： *Paulownia tomentosa*

分类地位： 被子植物门 / 木兰纲 / 玄参目 / 玄参科 / 泡桐属

识别特征： 乔木，高达 20 米，树皮褐灰色。小枝有明显皮孔，幼时常具黏质短腺毛。叶心形，长达 40 厘米，先端锐尖，基部心形，全缘或波状浅裂，上面毛稀疏。下面毛密或较疏，老叶下面灰褐色树枝状毛常具柄和 3 ～ 12 条细长丝状分枝，新枝上的叶较大，其毛常不分枝，有时具黏质腺毛；叶柄常有黏质短腺毛。花序枝的侧枝不发达，花序为金字塔形或窄圆锥形，通常长在 50 厘米以下。花萼浅钟形，外面茸毛不脱落，分裂至中部或裂过中部，萼齿卵状长圆形，在花期锐尖或稍钝至果期钝头；花冠紫色，漏斗状钟形，长 5 ～ 7.5 厘米，在离管基部约 5 毫米处弓曲，向上突然膨大，外面有腺毛，内面几无毛，檐部二唇形；雄蕊长达 2.5 厘米；子房卵圆形，有腺毛，花柱短于雄蕊。蒴果卵圆形，幼时密生黏质腺毛，宿萼不反卷，果皮厚约 1 毫米。种子连翅长约 2.5 ～ 4 毫米。花期 4—5 月，果期 8—9 月。

分　　布： 分布于我国辽宁南部、河北、河南、山东、江苏、安徽、湖北、江西等地，通常栽培，在西部地区有野生。

照片来源： 潍坊

中文种名： 婆婆纳

拉丁学名： *Veronica didyma*

分类地位： 被子植物门 / 木兰纲 / 玄参目 / 玄参科 / 婆婆纳属

识别特征： 铺散多分枝草本，多少被长柔毛，高 10 ～ 25 厘米。叶仅 2 ～ 4 对（腋间有花的为苞片），具 3 ～ 6 毫米长的短柄，叶片心形至卵形，长 5 ～ 10 毫米，宽 6 ～ 7 毫米，每边有 2 ～ 4 个深刻的钝齿，两面被白色长柔毛。总状花序很长；苞片叶状，下部的

对生或全部互生；花梗比苞片略短；花萼裂片卵形，顶端急尖，果期时稍增大，三出脉，疏被短硬毛；花冠淡紫色、蓝色、粉色或白色，直径 4 ～ 5 毫米，裂片圆形至卵形；雄蕊比花冠短。蒴果近于肾形，密被腺毛，略短于花萼，宽 4 ～ 5 毫米，凹口约为 90° 角，裂片顶端圆，脉不明显，宿存的花柱与凹口齐或略过之。种子背面具横纹，长约 1.5 毫米。花期 3—10 月。

分　　布： 分布在我国华东、华中、西南、西北等地，在北京常见。生长于荒地。

照片来源： 潍坊

中文种名：通泉草

拉丁学名：*Mazus japonicus*

分类地位：被子植物门 / 木兰纲 / 玄参目 / 玄参科 / 通泉草属

识别特征：一年生草本，高 3 ～ 30 厘米，无毛或疏生短柔毛。茎直立，上升或倾卧状上升，着地部分节上常生不定根，分枝多而披散，少不分枝。基生叶少到多数，有时呈莲座状或早落，倒卵状匙形至卵状倒披针形，膜质至薄纸质，长 2 ～ 6 厘米，顶端全缘或有不明显的疏齿，基部楔形，下延成带翅的叶柄，边缘具不规则的粗齿或基部有 1 ～ 2 片浅羽裂；茎生叶对生或互生，少数，与基生叶相似或几乎等大。总状花序生于茎、枝顶端，通常 3 ～ 20，花疏稀；花梗在果期长达 10 毫米，上部的较短；花萼钟状，花期长约 6 毫米，果期时多少增大，萼片与萼筒近等长，卵形；花冠白色、紫色或蓝色，长约 10 毫米，上唇裂片卵状三角形，下唇中裂片较小，稍凸出，倒卵圆形；子房无毛。蒴果球形；种子小而多，黄色，种皮上有不规则的网纹。花果期 4—10 月。

分　　布：分布遍及我国，仅内蒙古、宁夏、青海及新疆未见标本。生长于海拔 2 500 米以下的湿润的草坡、沟边、路旁及林缘。

照片来源：长岛

紫葳科 Bignoniaceae

　　乔木、灌木或木质藤本，稀为草本；常具有各式卷须及气生根。叶对生、互生或轮生，单叶或羽叶复叶，稀掌状复叶；顶生小叶或叶轴有时呈卷须状，卷须顶端有时变为钩状或为吸盘而攀援他物；无托叶或具叶状假托叶；叶柄基部或脉腋处常有腺体。花两性，左右对称，通常大而美丽，组成顶生、腋生的聚伞花序、圆锥花序或总状花序或总状式簇生，稀老茎生花；苞片及小苞片存在或早落。花萼钟状、筒状，平截，或具 2 ~ 5 齿，或具钻状腺齿。花冠合瓣，钟状或漏斗状，常二唇形，5 裂，裂片覆瓦状或镊合状排列。能育雄蕊通常 4，具 1 枚后方退化雄蕊，有时能育雄蕊 2，具或不具 3 枚退化雄蕊，稀 5 枚雄蕊均能育，着生于花冠筒上。花盘存在，环状，肉质。子房上位，2 室稀 1 室，或因隔膜发达而成 4 室；中轴胎座或侧膜胎座；胚珠多颗，叠生；花柱丝状，柱头 2 唇形。蒴果，室间或室背开裂，形状各异，光滑或具刺，通常下垂，稀为肉质不开裂；隔膜各式，圆柱状、板状增厚，稀为十字形（横切面），与果瓣平行或垂直。种子通常具翅或两端有束毛，薄膜质，极多数，无胚乳。

　　本科约 120 属 650 种，广布于热带、亚热带地区，少数种类延伸到温带地区。我国有 12 属，约 35 种，南北地区均产，但大部分种类集中于南方各地。

　　山东渤海海洋生态保护区共发现本科植物 1 属，共 1 种。

厚萼凌霄 *Campsis radicans*

中文种名：厚萼凌霄

拉丁学名：*Campsis radicans*

分类地位：被子植物门／木兰纲／玄参目／玄参科／凌霄属

识别特征：藤本，具气生根，长达 10 米。小叶 9 ～ 11 枚，椭圆形至卵状椭圆形，长 3.5 ～ 6.5 厘米，宽 2 ～ 4 厘米，顶端尾状渐尖，基部楔形，边缘具齿，上

面深绿色，下面淡绿色，被毛，至少沿中肋被短柔毛。花萼钟状，长约 2 厘米，口部直径约 1 厘米，5 浅裂至萼筒的 1/3 处，裂片齿卵状三角形，外向微卷，

无凸起的纵肋。花冠筒细长，漏斗状，橙红色至鲜红色，筒部为花萼长的 3 倍，长约 6 ～ 9 厘米，直径约 4 厘米。蒴果长圆柱形，长 8 ～ 12 厘米，顶端具喙尖，沿缝线具龙骨状凸起，粗约 2 毫米，具柄，硬壳质。

分　　布：原产于美洲。分布在我国广西、江苏、浙江、湖南栽培，用作庭园观赏植物。

照片来源：长岛

紫葳科 Bignoniaceae

桔梗科 Campanulaceae

　　一年生草本或多年生草本，具根状茎，或具茎基，有时茎基具横走分枝，有时植株具地下块根。稀为灌木、小乔木或草质藤本。大多数种类具乳汁管，分泌乳汁。单叶，互生，少对生或轮生。花常常集成聚伞花序，有时聚伞花序演变为假总状花序，或集成圆锥花序，或缩成头状花序，有时花单生。花两性，稀少单性或雌雄异株，多5数，辐射对称或两侧对称。花萼5裂，萼筒与子房贴生，无萼筒，5全裂，裂片大多离生，常宿存，镊合状排列。花冠合瓣，浅裂或深裂至基部而成为5个花瓣状的裂片，整齐，或后方纵缝开裂至基部，其余部分浅裂，使花冠为两侧对称，裂片在花蕾中镊合状排列，稀覆瓦状排列；雄蕊5，通常与花冠分离，或贴生于花冠筒下部，或花丝基部的长茸毛在下部黏合成筒，或花药联合而花丝分离，或完全联合，花丝基部常扩大成片状，无毛或边缘密生茸毛，花药内向，稀侧向，在两侧对称的花中，花药常不等大，常有两个或更多个花药有顶生刚毛；花盘有或无，如有则为上位，分离或为筒状或环状；子房下位或半上位，稀上位，2～5(6)室，花柱单一，常在柱头下有毛，柱头2～5(6)裂，胚珠多颗，多着生于中轴胎座上。蒴果，顶端瓣裂或在侧面（在宿存的花萼裂片之下）孔裂，或盖裂，或为不规则撕裂的干果，稀浆果。种子多粒，有或无棱，胚直，具胚乳。

　　本科有60～70个属，约2 000种。世界广布，但主产地为温带和亚热带地区。我国产16属，约170种。

　　山东渤海海洋生态保护区共发现本科植物1属，共1种。

荠苨 *Adenophora trachelioides*

中文种名：荠苨

拉丁学名：*Adenophora trachelioides*

分类地位：被子植物门／木兰纲／桔梗目／桔梗科／沙参属

识别特征：茎单生，高 40～120 厘米，无毛，常多少之字形曲折，有时具分枝。基生叶心脏肾形，宽超过长；茎生叶具 2～6 厘米长的叶柄，叶片心形或在茎上部的叶基部近于平截形，通常叶基部不向叶柄下延成翅，顶端钝至短渐尖，边缘为单锯齿或重锯齿，长 3～13 厘米，宽 2～8 厘米，无毛或仅沿叶脉疏生短硬毛。花序分枝大多长而几乎平展，组成大圆锥花序，或分枝短而组成狭、圆锥花序。花萼筒部倒三角状圆锥形，裂片长椭圆形或披针形；花冠钟状，蓝色、蓝紫色或白色，长 2～2.5 厘米，裂片宽三

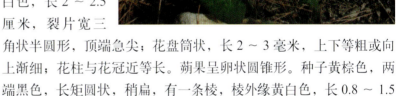

角状半圆形，顶端急尖；花盘筒状，长 2～3 毫米，上下等粗或向上渐细；花柱与花冠近等长。蒴果呈卵状圆锥形。种子黄棕色，两端黑色，长矩圆状，稍扁，有一条棱，棱外缘黄白色，长 0.8～1.5 毫米。花期 7—9 月。

分　　布：分布于我国辽宁、河北、山东、江苏（北部）、浙江（天目山）、安徽（黄山）等地。

照片来源：长岛

茜草科 Rubiaceae

　　乔木、灌木、藤本或草本。单叶，对生或轮生，有时具不等叶性，常全缘；托叶常生于叶柄间，稀生于叶柄内，分离或合生，宿存或脱落，稀退化为连接对生叶叶柄间的横线，内面常有黏液毛，有时叶状。由聚伞花序组成复合花序，稀聚伞花序具单花或少花；常具苞片和小苞片。花两性，稀单性或杂性，常辐射对称，花柱常异长；萼筒与子房合生，顶部常4～5裂，稀近不等，有时其中1片或数个（稀全部）萼裂片呈叶状或花瓣状，多白色；花冠筒状、漏斗状、高脚碟状或钟状，花冠裂片常4～5，镊合状、覆瓦状或旋转状排列；雄蕊与花冠裂片同数而互生，稀2枚，着生花冠筒内壁，花药2室，纵裂，稀顶孔开裂；有花盘，稀裂或腺体状；子房下位，2室，具中轴、顶生或基底胎座，稀1室，具侧膜胎座，花柱长或短，柱头不裂或2裂至多裂；子房每室1至多颗胚珠。蒴果、浆果、核果或小坚果，开裂或不裂，或为分果，有时为分果片。种子稀具翅，多具胚乳，胚直伸或弯曲。

　　本科属、种数无准确记载，广布全世界的热带和亚热带地区，少数分布至北温带地区。我国有98属，约676种。主要分布在东南部、南部和西南部地区，少数分布西北部和东北部地区。

　　山东渤海海洋生态保护区共发现本科植物2属，共3种。

茜 草 *Rubia cordifolia*

中文种名：茜草

拉丁学名：*Rubia cordifolia*

分类地位：被子植物门 / 木兰纲 / 茜草目 / 茜草科 / 茜草属

识别特征：草质攀援藤木，长通常 1.5～3.5 米；根状茎和其节上的须根均红色；茎数至多条，从根状茎的节上发出，细长，方柱形，有 4 棱，棱上生倒生皮刺，中部以上多分枝。叶通常 4 片轮生，纸质，披针形或长圆状披针形，长 0.7～3.5 厘米，顶端渐尖，有时钝尖，基部心形，边缘有齿状皮刺，两面粗糙，脉上有微小皮刺；基出脉 3 条，

极少外侧有 1 对很小的基出脉。叶柄长通常 1～2.5 厘米，有倒生皮刺。聚伞花序腋生和顶生，多回分枝，有花 10 余朵至数十朵，花序和分枝均细瘦，有微小皮刺；花冠淡黄色，干时淡褐色，盛开时花冠檐部直径约 3～3.5 毫米，花冠裂片近卵形，微伸展，长约 1.5 毫米，外面无毛。果呈球形，直径通常 4～5 毫米，成熟时橘黄色。花期 8—9 月，果期 10—11 月。

分　布：分布于我国东北、华北、西北和四川（北部）及西藏（昌都地区）等地。常生长于疏林、林缘、灌丛或草地上。

照片来源：潍坊

中文种名：拉拉藤

拉丁学名：*Galium aparine* var. *echinospermum*

分类地位：被子植物门／木兰纲／茜草目／茜草科／拉拉藤属

识别特征：多枝、蔓生或攀援状草本，通常高 30 ～ 90 厘米；茎有 4 棱角；棱上、叶缘、叶脉上均有倒生的小刺毛。叶纸质或近膜质，6 ～ 8 片轮生，稀为 4 ～ 5 片，带状倒披针形或长圆状倒披针形，长 1 ～ 5.5 厘米，宽 1 ～ 7 毫米，顶端有针状凸尖头，基部渐狭，两面常有紧贴的刺状毛，常萎软状，干时常卷缩，1 脉，近无柄。聚伞花序腋生或顶生，少至多花，花小，4 数，有纤细的花梗；花萼被钩毛，萼檐近截平；花冠黄绿色或白色，辐状，裂片长圆形，长不及 1 毫米，镊合状排列；子房被毛，花柱 2 裂至中部，柱头头状。果干燥，有 1 或 2 个近球状的分果爿，直径达 5.5 毫米，肿胀，密被钩毛，果柄直，长可达 2.5 厘米，较粗，每一爿有 1 粒平凸的种子。花期 3—7 月，果期 4—11 月。

分　布：我国除海南及南海诸岛外，全国均有分布。生长于海拔 20 ～ 4600 米的山坡、旷野、沟边、河滩、田中、林缘、草地。

照片来源：长岛

蓬子菜 *Galium verum*

中文种名：蓬子菜

拉丁学名：*Galium verum*

分类地位：被子植物门 / 木兰纲 / 茜草目 / 茜草科 / 拉拉藤属

识别特征：多年生近直立草本，基部稍木质，高 25 ~ 45 厘米；茎有 4 角棱，被短柔毛或秕糠状毛。叶纸质，6 ~ 10 片轮生，线形，通常长 1.5 ~ 3 厘米，宽 1 ~ 1.5 毫米，顶端短尖，边缘极反卷，常卷成管状，上面无毛，稍有光泽，下面有短柔毛，稍苍白，干时常变黑色，1 脉，无柄。聚伞花序顶生和腋生，较大，多花，通常在枝顶结成带叶的长可达 15 厘米、宽可达 12 厘米的圆锥花序状；总花梗密被短柔毛；花小，稠密；花梗有疏短柔毛或无毛，长 1 ~ 2.5 毫米；萼管无毛；花冠黄色，辐状，无毛，直径约 3 毫米，花冠裂片卵形或长圆形，顶端稍钝，长约 1.5 毫米；花药黄色，花丝长约 0.6 毫米；花柱长约 0.7 毫米，顶部 2 裂。果小，果爿双生，近球状，直径约 2 毫米，无毛。花期 4—8 月，果期 5—10 月。

分　　布：分布于我国黑龙江、吉林、辽宁、内蒙古、河北、山西、陕西、宁夏、甘肃、青海、新疆、山东、江苏、安徽、浙江、河南、湖北、四川、西藏。生长于海拔 40 ~ 4 000 米的山地、河滩、旷野、沟边、草地、灌丛或林下。

照片来源：长岛

茜草科 **Rubiaceae**

277

忍冬科 Caprifoliaceae

　　灌木或木质藤本，有时为小乔木或小灌木，落叶或常绿，很少为多年生草本。茎干有皮孔或否，有时纵裂，木质松软，常有发达的髓部。叶对生，很少轮生，多为单叶，全缘、具齿或有时羽状或掌状分裂，具羽状脉，极少具基部或离基三出脉或掌状脉，有时为奇数羽状复叶；叶柄短，有时两叶柄基部连合，通常无托叶，有时托叶形小而不显著或退化成腺体。聚伞或轮伞花序，或由聚伞花序集合成伞房式或圆锥式复花序，有时因聚伞花序中央的花退化而仅具 2 朵花，排成总状或穗状花序，极少花单生。花两性，极少杂性，整齐或不整齐；苞片和小苞片存在或否，极少小苞片增大成膜质的翅；萼筒贴生于子房，萼裂片或萼齿 5 ~ 4（~ 2），宿存或脱落，较少于花开后增大；花冠合瓣，辐状、钟状、筒状、高脚碟状或漏斗状，裂片 5 ~ 4（~ 3），覆瓦状或稀镊合状排列，有时两唇形，上唇二裂，下唇三裂，或上唇四裂，下唇单一，有或无蜜腺；花盘不存在，或呈环状或为一侧生的腺体；雄蕊 5，或 4 而二强，着生于花冠筒，花药背着，2 室，纵裂，通常内向，很少外向，内藏或伸出于花冠筒外；子房下位，2 ~ 5（7 ~ 10）室，中轴胎座，每室含 1 颗至多颗胚珠，部分子房室常不发育。浆果、核果或蒴果，具 1 粒至多粒种子；种子具骨质外种皮，平滑或有槽纹，内含 1 枚直立的胚和丰富、肉质的胚乳。

　　本科约 13 属，约 500 种，主要分布于北温带和热带高海拔山地，东亚和北美东部地区种类最多，个别属分布在大洋洲和南美洲地区。我国有 12 属 200 余种，大多分布于华中和西南各地。

　　山东渤海海洋生态保护区共发现本科植物 1 属，共 2 种。

金银忍冬 *Lonicera maackii*

中文种名： 金银忍冬

拉丁学名： *Lonicera maackii*

分类地位： 被子植物门 / 木兰纲 / 川续断目 / 忍冬科 / 忍冬属

识别特征： 落叶灌木。茎干直径达10厘米。幼枝、叶两面脉、叶柄、苞片、小苞片及萼檐外面均被柔毛和微腺毛。冬芽小，卵圆形，有5~6对或更多鳞片。叶纸质，卵状椭圆形或卵状披针形，稀长圆状披针形、倒卵状长圆形、菱状长圆形或圆卵形，长5~8厘米，先端渐尖或长渐尖；花芳香，生于幼枝叶腋，总花梗长1~2毫米，短于叶柄；苞片线形，有时线状倒披针形而呈叶状。小苞片绿色，多少连合成对，长为萼筒的1/2至几相等，先端平截；相邻两萼筒分离，长约2毫米，无毛或疏生微腺毛，萼檐钟状，为萼筒长的2/3至相等，干膜质，萼齿5个，宽三角形或披针形，裂隙约达萼檐之半；花冠先白后黄色，唇形，冠筒长约为唇瓣的1/2；雄蕊与花柱长约花冠的2/3。果熟时暗红色，圆形。花期5—6月，果期8—10月。

分　布： 分布于我国黑龙江、吉林、辽宁三省的东部，河北、山西南部、陕西、甘肃东南部、山东东部和西南部、江苏、安徽、浙江北部、河南、湖北、湖南西北部和西南部、四川东北部、贵州，云南东部至西北部及西藏。生长于林中或林缘溪流附近的灌木丛中。

照片来源： 潍坊

忍冬科 Caprifoliaceae

中文种名：忍冬

拉丁学名：*Lonicera japonica*

分类地位：被子植物门 / 木兰纲 / 川续断目 / 忍冬科 / 忍冬属

识别特征：半常绿藤本。幼枝暗红褐色，密被硬直糙毛、腺毛和柔毛，下部常无毛。叶纸质，卵形或长圆状卵形，有时卵状披针形，稀圆卵状或倒卵形，极少有1至数个钝缺刻，长3～5 (9.5) 厘米，基部

圆形或近心形，有糙缘毛，下面淡绿色，小枝上部叶两面均密被糙毛，下部叶常无毛，下面多少带青灰色；叶柄长4～8毫米，密被柔毛。总花梗常单生小枝上部叶腋，与叶柄等长或较短，下方者长2～4厘米，密被柔毛，兼有腺毛；苞片卵形或椭圆形，两面均有柔毛或近无毛。小苞片先端圆或平截，有糙毛和腺毛；萼筒长约2毫米，无毛，萼齿卵状三角形或长三角形，有长毛，外面和边缘有密毛；花冠白色，后黄色，唇形，冠筒稍长于唇瓣，被倒生糙毛和长腺毛，上唇裂片先端钝，下唇带状反曲；雄蕊和花柱高出花冠。果呈圆形，熟时呈蓝黑色。花期4—6月（秋季常开花），果期10—11月。

分　布：除我国黑龙江、内蒙古、宁夏、青海、新疆、海南和西藏无自然生长外，全国各省均有分布。生长于山坡灌丛或疏林中、乱石堆、山谷路旁及村庄篱笆边。

照片来源：潍坊

菊　科 Compositae

　　草本、亚灌木或灌木，稀为乔木。有时有乳汁管或树脂道。叶通常互生，稀对生或轮生，全缘或具齿或分裂，无托叶，或有时叶柄基部扩大成托叶状；花两性或单性，极少有单性异株，整齐或左右对称，5基数，少数或多数密集成头状花序或为短穗状花序，为1层或多层总苞片组成的总苞所围绕；头状花序单生或数个至多数排列成总状、聚伞状、伞房状或圆锥状；花序托平或凸起，具窝孔或无窝孔，无毛或有毛；具托片或无托片；萼片不发育，通常形成鳞片状、刚毛状或毛状的冠毛；花冠常辐射对称，管状，或左右对称，两唇形，或舌状，头状花序盘状或辐射状，有同形的小花，全部为管状花或舌状花，或有异形小花，即外围为雌花，舌状，中央为两性的管状花；雄蕊4～5，着生于花冠管上，花药内向，合生成筒状，基部钝，锐尖、戟形或具尾；花柱上端两裂，花柱分枝上端有附器或无附器；子房下位，合生心皮2，1室，具1颗直立的胚珠；果为不开裂的瘦果；种子无胚乳，具2个，稀1个子叶。

　　本科约有1 000属，25 000～30 000种，广布于全世界，热带地区较少。我国约有200余属，2 000多种，生长于全国各地。

　　山东渤海海洋生态保护区共发现本科植物28属，共51种。

全叶马兰 *Kalimeris integrifolia*

中文种名：全叶马兰

拉丁学名：*Kalimeris integrifolia*

分类地位：被子植物门／木兰纲／菊目／菊科／马兰属

识别特征：多年生草本。茎直立，高 30～70 厘米，单生或丛生，被细硬毛，中部以上有近直立的帚状分枝。下部叶在花期枯萎；中部叶多而密，条状披针形、倒披针形或矩圆形，长 2.5～4 厘米，宽 0.4～0.6 厘米，顶端钝或渐尖，常有小尖头，基部渐狭无柄，全缘，边缘稍反卷；上部叶较小，条形；全部叶下面灰绿，两面密被粉状短茸毛；中脉在下面凸起。头状花序单生枝端且排成疏伞房状。总苞半球形，总苞片 3 层，覆瓦状排列，外层近条形，长 1.5 毫米，内层矩圆状披针形，长几达 4 毫米，顶端尖，上部草质，有短粗毛及腺点。舌状花 1 层，20 余个，管部长 1 毫米，有毛；舌片淡紫色，长 11 毫米，宽 2.5 毫米。管状花花冠长 3 毫米，管部长 1 毫米，有毛。瘦果呈倒卵形，浅褐色，扁。冠毛带褐色，不等长。花期 6—10 月，果期 7—11 月。

分　　布：广泛分布于我国西部、中部、东部、北部及东北部地区。也分布于朝鲜、日本、俄罗斯西伯利亚东部。生长于山坡、林缘、灌丛、路旁。

照片来源：潍坊

渤海山东海域海洋保护区生物多样性图集

陆生植被

282

马　兰　*Kalimeris indica*

中文种名：马兰

拉丁学名：*Kalimeris indica*

分类地位：被子植物门 / 木兰纲 / 菊目 / 菊科 / 马兰属

识别特征：根状茎有匍枝，有时具直根。茎直立，高 30 ～ 70 厘米，上部有短毛，上部或从下部起有分枝。基部叶在花期枯萎；茎部叶倒披针形或倒卵状矩圆形，顶端钝或尖，基部渐狭成具翅的长柄，边缘从中部以上具有小尖头的钝或尖齿或有羽状裂片，上部叶小，全缘，基部急狭无柄，全部叶稍薄质，两面或上面有疏微毛或近无毛，边缘及下面沿脉有短粗毛，中脉在下面凸起。头状花序单生于枝端并排列成疏伞房状。总苞半球形；总苞片 2 ～ 3 层，覆瓦状排列；外层倒披针形，内层倒披针状矩圆形，顶端钝或稍尖，上部草质，有疏短毛，边缘膜质，有缘毛。花托圆锥形。舌状花 1 层，15 ～ 20 个，管部长 1.5 ～ 1.7 毫米；舌片浅紫色；管状花长 3.5 毫米，管部长 1.5 毫米，被短密毛。瘦果呈倒卵状矩圆形，极扁，褐色，边缘浅色而有厚肋，上部被腺毛及短柔毛。冠毛弱而易脱落，不等长。花期 5—9 月，果期 8—10 月。

分　　布：广泛分布于亚洲南部及东部地区。

照片来源：长岛

菊　科 Compositae

283

阿尔泰狗娃花 *Heteropappus altaicus*

中文种名：阿尔泰狗娃花

拉丁学名：*Heteropappus altaicus*

分类地位：被子植物门 / 木兰纲 / 菊目 / 菊科 / 狗娃花属

识别特征：多年生草本，有横走或垂直的根。茎直立，高20～60厘米，被上曲或有时开展的毛，上部常有腺毛，上部或全部有分枝。基部叶在花期枯萎；下部叶条形或矩圆状披针形，倒披针形，或近匙形，长2.5～6厘米，稀达10厘米，宽0.7～1.5厘米，全缘或有疏浅齿；上部叶渐狭小，条形；全部叶两面或下面被粗毛或细毛，常有腺点，中脉在下面稍凸起。头状花序直径2～3.5厘米，稀4厘米，单生枝端或排成伞房状。总苞半球形；总苞片2～3层，近等长或外层稍短，矩圆状披针形或条形。舌状花约20个，有微毛；舌片浅蓝紫色，矩圆状条形；管状花长5～6毫米，管部长1.5～2.2毫米，裂片不等大，有疏毛；瘦果扁，呈倒卵状矩圆形，灰绿色或浅褐色，被绢毛，上部有腺点。冠毛污白色或红褐色，长4～6毫米，有不等长的微糙毛。花果期5—9月。

分　　布：广泛分布于亚洲中部、东部、北部及东北部，也见于喜马拉雅西部。生长于海拔从滨海到4000米的草原，荒漠地、沙地及干旱山地。

照片来源：滨州

中文种名：小蓬草

拉丁学名：*Conyza canadensis*

分类地位：被子植物门 / 木兰纲 / 菊目 / 菊科 / 白酒草属

识别特征：一年生草本。茎直立，高 50～100 厘米或更高，圆柱状，多少具棱，有条纹，被疏长硬毛，上部多分枝。叶密集，基部叶花期常枯萎，下部叶倒披针形，顶端尖或渐尖，基部渐狭成柄，边缘具疏锯齿或全缘，中、上部叶较小，线状披针形或线形，近无柄或无柄，全缘或少有具 1～2 个齿，两面或仅上面被疏短毛边缘常被上弯的硬缘毛。头状花序多数，直径 3～4 毫米，排列成顶生多分枝的大圆锥花序；花序梗细，总苞近圆柱状；总苞片 2～3 层，淡绿色，线状披针形或线形，顶端渐尖，外层约短于内层之半，边缘干膜质，无毛；花托平，具不明显的凸起；雌花多数，舌状，白色，舌片小，稍超出花盘，线形，顶端具 2 个钝小齿；两性花淡黄色，花冠管状，上端具 4 或 5 个齿裂，管部上部被疏微毛；瘦果呈线状披针形，稍扁压，被贴微毛；冠毛污白色，1 层，糙毛状。花期 5—9 月。

分　　布：原产于北美洲，现在世界各地广泛分布。我国南北各地均有分布。常生长于旷野、荒地、田边和路旁。

照片来源：潍坊

菊　科 Compositae

285

野塘蒿 *Conyza bonariensis*

中文种名：野塘蒿

拉丁学名：*Conyza bonariensis*

分类地位：被子植物门 / 木兰纲 / 菊目 / 菊科 / 白酒草属

识别特征：一年生或二年生草本。茎直立或斜升，高20～50厘米，稀更高，中部以上常分枝，密被贴短毛，杂有开展的疏长毛。叶密集，基部叶花期常枯萎，下部叶倒披针形或长圆状披针形，长3～5厘米，宽0.3～1厘米，顶端尖或稍钝，基部渐狭成长柄，通常具粗齿或羽状浅裂，中部和上部叶具短柄或无柄，狭披针形或线形，长3～7厘米，宽0.3～0.5厘米。头状花序多数，在茎端排列成总状或总状圆锥花序，花序梗长10～15毫米；总苞呈椭圆状卵形，总苞片2～3层，线形，顶端尖，背面密被灰白色短糙毛，外层稍短或短于内层之半，内层长约4毫米，宽0.7毫米，具干膜质边缘。花托稍平，有明显的蜂窝孔；雌花多层，白色，花冠细管状，长3～3.5毫米，无舌片或顶端仅有3～4个细齿；两性花淡黄色，花冠管状，上部被疏微毛，上端具5齿裂；瘦果呈线状披针形；冠毛1层，淡红褐色。花期5—10月。

分　　布：原产于南美洲，现广泛分布于热带及亚热带地区。分布于我国中部、东部、南部至西南部各地。常生长于荒地、田边、路旁，为常见杂草。

照片来源：潍坊

一年蓬 *Erigeron annuus*

中文种名：一年蓬
拉丁学名：*Erigeron annuus*
分类地位：被子植物门 / 木兰纲 / 菊目 / 菊科 / 飞蓬属

识别特征：一年生或二年生草本。茎下部被长硬毛，上部被上弯短硬毛。基部叶长圆形或宽卵形，稀近圆形，基部窄成具翅长柄，具粗齿；下部茎生叶与基部叶同形，叶柄较短；中部和上部叶长圆状披针形或披针形，具短柄或无柄，有齿或近全缘；最上部叶线形，叶边缘被硬毛，两面被疏硬毛或近无毛。头状花序数个或多数，排成疏圆锥花序，总苞半球形，总苞片3层，披针形，淡绿色或多少褐色，背面密被腺毛和疏长毛；外围雌花舌状，2层，上部被疏微毛，舌片平展，白色或淡天蓝色，线形，先端具2小齿；中央两性花管状，黄色，管部长约0.5毫米，檐部近倒锥形，裂片无毛；瘦果呈披针形，扁，被疏贴柔毛；冠毛异形，雌花冠毛极短，小冠腺质鳞片结合成环状。花期6—9月。

分　　布：原产于北美洲。在我国已驯化，广泛分布于吉林、河北、河南、山东、江苏、安徽、江西、福建、湖南、湖北、四川和西藏等省区，常生长于路边旷野或山坡荒地。

照片来源：潍坊

菊科 **Compositae**

287

鼠麴草 *Gnaphalium affine*

中文种名：鼠麴草

拉丁学名：*Gnaphalium affine*

分类地位：被子植物门 / 木兰纲 / 菊目 / 菊科 / 鼠麴草属

识别特征：一年生草本。茎直立或基部发出的枝下部斜升，高 10 ～ 40 厘米或更高，上部不分枝，有沟纹，被白色厚绵毛。叶无柄，匙状倒披针形或倒卵状匙形，长 5 ～ 7 厘米，宽 11 ～ 14 毫米，上部叶长 15 ～ 20 毫米，宽 2 ～ 5 毫米，基部渐狭，稍下延，顶端圆，具刺尖头，两面被白色绵毛，上面常较薄，叶脉 1 条，在下面不明显。头状花序较多或较少数，直径 2 ～ 3 毫米，近无柄，在枝顶密集成伞房花序，花黄色至淡黄色；总苞钟形，总苞片 2 ～ 3 层，金黄色或柠檬黄色，膜质，有光泽，外层倒卵形或匙状倒卵形，内层长匙形；花托中央稍凹入，无毛。雌花多数，花冠细管状，花冠顶端扩大，3 齿裂，裂片无毛。两性花较少，管状，长约 3 毫米，向上渐扩大。瘦果呈倒卵形或倒卵状圆柱形，有乳头状凸起。冠毛粗糙，污白色。花期 1—4 月，果期 8—11 月。

分　布：分布于我国华东、华南、华中、华北、西北及西南等地，在台湾有所分布。生长于低海拔干地或湿润草地上，尤以稻田最常见。

照片来源：潍坊

渤海山东海域海洋保护区生物多样性图集

陆生植被

旋覆花 *Inula japonica*

中文种名：旋覆花

拉丁学名：*Inula japonica*

分类地位：被子植物门 / 木兰纲 / 菊目 / 菊科 / 旋覆花属

识别特征：多年生草本。茎被长伏毛，或下部脱毛。中部叶长圆形、长圆状披针形或披针形，长 4 ～ 13 厘米，基部常有圆形半抱茎小耳，无柄，有小尖头状疏齿或全缘，上面有疏毛或近无毛，下面有疏伏毛和腺点，中脉和侧脉有较密长毛；上部叶线状披针形。头状花序直径 3 ～ 4

厘米，排成疏散伞房花序，花序梗细长。总苞半球形，直径 1.3 ～ 1.7 厘米，总苞片约 5 层，线状披针形，近等长，最外层常叶质，较长，外层基部革质，上部叶质，背面有伏毛或近无毛，有缘毛，内层干膜质，渐尖，有腺点和缘毛。舌状花黄色，较总苞长 2 ～ 2.5 倍，舌片线形，长 1 ～ 1.3 厘米；管状花花冠长约 5 毫米，冠毛白色，有 20 余微糙毛，与管状花近等长。瘦果长 1 ～ 1.2 毫米，圆柱形，有 10 条浅沟，被疏毛。花期 6—10 月，果期 9—11 月。

分　　布：分布于我国北部、东北部、中部、东部各地，在四川、贵州、福建、广东也可见到。生长于海拔 150 ～ 2 400 米的山坡路旁、湿润草地、河岸和田埂上。

照片来源：潍坊

菊科 Compositae

289

苍 耳 *Xanthium sibiricum*

中文种名：苍耳

拉丁学名：*Xanthium sibiricum*

分类地位：被子植物门 / 木兰纲 / 菊目 / 菊科 / 苍耳属

识别特征：一年生草本，高 20 ～ 90 厘米。茎直立不分枝或少分枝，下部圆柱形，上部有纵沟，被灰白色糙伏毛。叶三角状卵形或心形，近

全缘，或有 3 ～ 5 个不明显浅裂，顶端尖或钝，基部稍心形或截形，与叶柄连接处成相等的楔形，边缘有不规则的粗锯齿，有三基出脉，侧脉弧形，直达叶缘，脉上密被糙伏毛，上面绿色，下面苍白色，被糙伏毛。雄性的头状花序球形，总苞片长圆状披针形，被短柔毛，花托柱状，托片倒披针形，顶端尖，有微毛，有多数的雄花，花冠钟形，管部上端有 5 宽裂片；雌性的头状花序椭圆形，外层总苞片小，披针形，被短柔毛，内层总苞片结合成囊状，宽卵形或椭圆形，绿色、淡黄绿色或有时带红褐色，在瘦果成熟时变坚硬，外面有疏生的具钩状的刺，刺极细而直，基部微增粗或几不增粗，基部被柔毛，常有腺点，或全部无毛。瘦果 2 颗，呈倒卵形。花期 7—8 月，果期 9—10 月。

分　　布：广泛分布于我国东北、华北、华东、华南、西北及西南各地。常生长于平原、丘陵、低山、荒野路边、田边。

照片来源：潍坊

陆生植被

鳢　肠 *Eclipta prostrata*

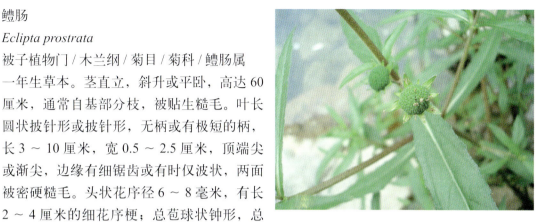

中文种名：鳢肠

拉丁学名：*Eclipta prostrata*

分类地位：被子植物门 / 木兰纲 / 菊目 / 菊科 / 鳢肠属

识别特征：一年生草本。茎直立，斜升或平卧，高达 60 厘米，通常自基部分枝，被贴生糙毛。叶长圆状披针形或披针形，无柄或有极短的柄，长 3 ～ 10 厘米，宽 0.5 ～ 2.5 厘米，顶端尖或渐尖，边缘有细锯齿或有时仅波状，两面被密硬糙毛。头状花序径 6 ～ 8 毫米，有长 2 ～ 4 厘米的细花序梗；总苞球状钟形，总苞片绿色，草质，5 ～ 6 个排成 2 层，长圆形或长圆状披针形，外层较内层稍短，背面及边缘被白色短伏毛；外围的雌花 2 层，舌状，长 2 ～ 3 毫米，舌片短，顶端 2 浅裂或全缘，中央的两性花多数，花冠管状，白色，长约 1.5 毫米，顶端 4 齿裂；花柱分枝钝，有乳头状凸起；花托凸，有披针形或线形的托片。托片中部以上有微毛；瘦果呈暗褐色，长 2.8 毫米，雌花的瘦果呈三棱形，两性花的瘦果呈扁四棱形，顶端截形，具 1 ～ 3 个细齿，基部稍缩小，边缘具白色的肋，表面有小瘤状凸起，无毛。花期 6—9 月。

分　　布：世界热带及亚热带地区广泛分布。分布于我国各地。生长于河边，田边或路旁。

照片来源：潍坊

菊　科 **Compositae**

291

中文种名：菊芋

拉丁学名：*Helianthus tuberosus*

分类地位：被子植物门 / 木兰纲 / 菊目 / 菊科 / 向日葵属

识别特征：多年生草本，高 1～3 米，有块状的地下茎及纤维状根。茎直立，有分枝，被白色短糙毛或刚毛。叶通常对生，但上部叶互生；下部叶卵圆形或卵状椭圆形，有长柄，长 10～16 厘米，宽 3～6 厘米，基部宽楔形或圆形，有时微心形，顶端渐细尖，

边缘有粗锯齿，离基三出脉，上面被白色短粗毛、下面被柔毛，叶脉上有短硬毛，上部叶长椭圆形至阔披针形，基部渐狭，下延成短翅状，顶端渐尖，短尾状。头状花序较大，少数或多数，单生于枝端，有 1～2 个线状披针形的苞叶，直立，直径 2～5 厘米，总苞片多层，披针形，顶端长渐尖，背面被短伏毛，边缘被开展的缘毛；托片长圆形，长 8 毫米。舌状花通常 12～20 个，舌片黄色，开展，长椭圆形，长 1.7～3 厘米；管状花花冠黄色，长 6 毫米。瘦果小，楔形，上端有 2～4 个有毛的锥状扁芒。花期 8—9 月。

分　布：原产于北美地区，在我国各地广泛栽培。

照片来源：潍坊

陆生植被

向日葵 *Helianthus annuus*

中文种名：向日葵

拉丁学名：*Helianthus annuus*

分类地位：被子植物门 / 木兰纲 / 菊目 / 菊科 / 向日葵属

识别特征：一年生高大草本。茎直立，高1～3米，粗壮，被白色粗硬毛，不分枝或有时上部分枝。叶互生，心状卵圆形或卵圆形，顶端急尖或渐尖，三基出脉，边缘有粗锯齿，两面被短糙毛，有长柄。头状花序极大，直径约10～30厘米，单生于茎端或枝端，常下倾。总苞片多层，叶质，覆瓦状排列，卵形至卵状披针形，顶端尾状渐尖，被长硬毛或纤毛。花托平或稍凸，有半膜质托片。舌状花多数，黄色、舌片开展，长圆状卵形或长圆形，不结实。管状花极多数，棕色或紫色，有披针形裂片，结果实。瘦果呈倒卵形或卵状长圆形，稍扁压，长10～15毫米，有细肋，常被白色短柔毛，上端有2个膜片状早落的冠毛。花期7—9月，果期8—9月。

分　　布：原产于北美地区，在世界各国均有栽培。

照片来源：潍坊

剑叶金鸡菊 *Coreopsis lanceolata*

中文种名：剑叶金鸡菊

拉丁学名：*Coreopsis lanceolata*

分类地位：被子植物门 / 木兰纲 / 菊目 / 菊科 / 金鸡菊属

识别特征：多年生草本，高 30 ～ 70 厘米，有纺锤状根。茎直立，无毛或基部被软毛，上部有分枝。叶较少数，在茎基部成对簇生，有长柄，叶片匙形或线状倒披针形，基部楔形，顶端钝或圆形，长 3.5 ～ 7 厘米，宽 1.3 ～ 1.7 厘米；茎上部叶少数，全缘或三深裂，裂片长圆形或线状披针形，顶裂片较大，长 6 ～ 8 厘米，宽 1.5 ～ 2 厘米，基部窄，顶端钝，叶柄通常长 6 ～ 7 厘米，基部膨大，有缘毛；上部叶无柄，线形或线状披针形。头状花序在茎端单生，直径 4 ～ 5 厘米。总苞片内外层近等长；披针形，长 6 ～ 10 毫米，顶端尖。舌状花黄色，舌片倒卵形或楔形；管状花狭钟形，瘦果呈圆形或椭圆形，长 2.5 ～ 3 毫米，边缘有宽翅，顶端有 2 短鳞片。花期 5—9 月。

分　　布：原产于北美地区。在我国各地庭园常有栽培。

照片来源：潍坊

大花金鸡菊 *Coreopsis grandiflora*

中文种名：大花金鸡菊

拉丁学名：*Coreopsis grandiflora*

分类地位：被子植物门 / 木兰纲 / 菊目 / 菊科 / 金鸡菊属

识别特征：多年生草本，高 20 ～ 100 厘米。茎直立，下部常有稀疏的糙毛，上部有分枝。叶对生；基部叶有长柄、

披针形或匙形；下部叶羽状全裂，裂片长圆形；中部及上部叶 3 ～ 5 深裂，裂片线形或披针形，中裂片较大，两面及边缘有细毛。头状花序单生于枝端，直径 4 ～ 5 厘米，具长花序梗。总苞片外层较短，披针形，长 6 ～ 8 毫米，顶端尖，有缘毛；内层卵形或卵状披针形，长 10 ～ 13 毫米；托片线状钻形。舌状花 6 ～ 10 个，舌片宽大，黄色，长 1.5 ～ 2.5 厘米；管状花长 5 毫米，两性。瘦果呈椭圆形或近圆形，长 2.5 ～ 3 毫米，边缘具膜质宽翅，顶端具 2 枚短鳞片。花期 5—9 月。

分　布：原产于美洲地区的观赏植物，在我国各地常栽培，有时归化逸为野生。

照片来源：潍坊

菊 科 Compositae

295

中文种名：鬼针草

拉丁学名：*Bidens pilosa*

分类地位：被子植物门 / 木兰纲 / 菊目 / 菊科 / 鬼针草属

识别特征：一年生草本，茎无毛或上部被极疏柔毛。茎下部叶3裂或不裂，花前枯萎；中部叶柄长1.5～5厘米，无翅，小叶3，两侧小叶椭圆形或卵状椭圆形，长2～4.5厘米，具短柄，有锯齿，顶生小叶长椭圆形或卵状长圆形，长3.5～7厘米，有锯齿，无毛或被极疏柔毛；上部叶3裂或不裂，线状披针形。头状花序直径8～9毫米，花序梗长1～6厘米；总苞基部被柔毛，外层总苞片7～8枚，线状匙形，草质，背面无毛或边缘有疏柔毛。无舌状花，盘花筒状，冠檐5齿裂。瘦果熟时黑色，线形，具棱，长0.7～1.3厘米，上部具稀疏瘤凸及刚毛，顶端芒刺3～4，具倒刺毛。花果期8—10月。

分　　布：产于我国华东、华中、华南、西南各地。生长于村旁、路边及荒地中。

照片来源：潍坊

小花鬼针草 *Bidens parviflora*

中文种名： 小花鬼针草

拉丁学名： *Bidens parviflora*

分类地位： 被子植物门 / 木兰纲 / 菊目 / 菊科 / 鬼针草属

识别特征： 一年生草本。茎高 20 ~ 90 厘米，下部圆柱形，有纵条纹，中上部常为钝四方形，无毛或被稀疏短柔毛。叶对生，具柄，柄长 2 ~ 3 厘米，背面微凸或扁平，腹面有沟槽，槽内及边缘有疏柔毛，2 ~ 3 回羽状分裂，第一次分裂深达中肋，裂片再次羽状分裂，小裂片具 1 ~ 2 个粗齿或再作第三回羽裂，最后一次裂片条形或条状披针形，先端锐尖，边缘稍向上反卷。头状花序单生茎端及枝端，具长梗。总苞筒状，基部被柔毛，外层苞片 4 ~ 5 枚，草质，条状披针形，边缘被疏柔毛，内层苞片稀疏，常仅 1 枚，托片状。托片长椭圆状披针形，膜质，具狭而透明的边缘。无舌状花，盘花两性，6 ~ 12 朵，花冠筒状，长 4 毫米，冠檐4 齿裂。瘦果呈条形，略具 4 棱，两端渐狭，有小刚毛，顶端芒刺 2 枚，有倒刺毛。

分　布： 分布于我国东北、华北、西南及山东、河南、陕西、甘肃等地。生长于路边荒地、林下及水沟边。

照片来源： 潍坊

金盏银盘 *Bidens biternata*

中文种名： 金盏银盘

拉丁学名： *Bidens biternata*

分类地位： 被子植物门／木兰纲／菊目／菊科／鬼针草属

识别特征： 一年生草本。茎直立，高30～150厘米，略具4棱，无毛或被稀疏卷曲短柔毛。叶为一回羽状复叶，顶生小叶卵形至长圆状卵形或卵状披针形，先端渐尖，基部楔形，边缘具稍密且近于均匀的锯齿，有时一侧深裂为一小裂片，两面均被柔毛，侧生小叶1～2对，卵形或卵状长圆形，近顶部的一对稍小，通常不分裂，基部下延，无柄或具短柄，下部的1对约与顶生小叶相等，具明显的柄，三出复叶状分裂或仅一侧具一裂片，裂片椭圆形，边缘有锯齿。头状花序直径7～10毫米。总苞基部有短柔毛，外层苞片8～10，草质，条形，先端锐尖，背面密被短柔毛，内层苞片长椭圆形或长圆状披针形，背面褐色，有深色纵条纹，被短柔毛。舌状花通常3～5，不育，舌片淡黄色，长椭圆形，先端3齿裂，或有时无舌状花；盘花筒状，冠檐5齿裂。瘦果呈条形，黑色，顶端芒刺3～4，具倒刺毛。

分　　布： 分布于我国华南、华东、华中、西南及河北、山西、辽宁等地。生长于路边、村旁及荒地中。

照片来源： 潍坊

渤海山东海域海洋保护区生物多样性图集

陆生植被

298

牛膝菊 *Galinsoga parviflora*

中文种名： 牛膝菊

拉丁学名： *Galinsoga parviflora*

分类地位： 被子植物门 / 木兰纲 / 菊目 / 菊科 / 牛膝菊属

识别特征： 一年生草本。茎枝被贴伏柔毛和少量腺毛。叶对生，卵形或长椭圆状卵形，长 2.5 ~ 5.5 厘米，叶柄长 1 ~ 2 厘米；向上及花序下部的叶披针形；茎叶两面疏被白色贴伏柔毛，沿脉和叶柄毛较密，具浅或钝锯齿或波状浅锯齿，花序下部的叶有时全缘或近全缘。头状花序半球形，排成疏散伞房状，花序梗长约 3 厘米；总苞半球形或宽钟状，直径 3 ~ 6 毫米，总苞片 1 ~ 2 层，约 5 个，外层短，内层卵形或卵圆形，白色，膜质。舌状花 4 ~ 5，舌片白色，先端 3 齿裂，筒部细管状，密被白色柔毛；管状花黄色，下部密被白色柔毛。瘦果具 3 棱或中央瘦果 4 ~ 5 棱，熟时呈黑色或黑褐色，被白色微毛。舌状花冠冠毛状，脱落；管状花冠毛膜片状，白色，披针形，边缘流苏状。花果期 7—10 月。

分　　布： 分布于我国四川、云南、贵州、西藏等地。生长于林下、河谷地、荒野、河边、田间、溪边或市郊路旁。

照片来源： 长岛

菊科 Compositae

299

中文种名：孔雀草

拉丁学名：*Tagetes patula*

分类地位：被子植物门 / 木兰纲 / 菊目 / 菊科 / 万寿菊属

识别特征：一年生草本，高 30 ～ 100 厘米，茎直立，通常近基部分枝，分枝斜开展。叶羽状分裂，长 2 ～ 9 厘米，宽 1.5 ～ 3 厘米，裂片线状披针形，边缘有锯齿，齿端常有长细芒，齿的基部通常有 1 个腺体。头状花序单生，直径 3.5 ～ 4 厘米，花序梗长 5 ～ 6.5 厘米，顶端稍增粗；总苞长 1.5 厘米，宽 0.7 厘米，长椭圆形，上端具锐齿，有腺点；舌状花金黄色或橙色，带有红色斑；舌片近圆形长 8 ～ 10 毫米，宽 6 ～ 7 毫米，顶端微凹；管状花花冠黄色，长 10 ～ 14 毫米，与冠毛等长，具 5 齿裂。瘦果线形，基部缩小，长 8 ～ 12 毫米，黑色，被短柔毛，冠毛鳞片状，其中 1 ～ 2 个长芒状，2 ～ 3 个短而钝。花期 7—9 月。

分　　布：原产于墨西哥，在我国各地庭园常有栽培。在云南中部及西北部、四川中部和西南部及贵州西部均已归化。

照片来源：潍坊

万寿菊 *Tagetes erecta*

中文种名：万寿菊

拉丁学名：*Tagetes erecta*

分类地位：被子植物门／木兰纲／菊目／菊科／万寿菊属

识别特征：一年生草本，高 50 ～ 150 厘米。茎直立，粗壮，具纵细条棱，分枝向上平展。叶羽状分裂，长 5 ～ 10 厘米，宽 4 ～ 8 厘米，

裂片长椭圆形或披针形，边缘具锐锯齿，上部叶裂片的齿端有长细芒；沿叶缘有少数腺体。头状花序单生，直径 5 ～ 8 厘米，花序梗顶端棍棒状膨大；总苞长 1.8 ～ 2 厘米，宽 1 ～ 1.5 厘米，杯状，顶端具齿尖；舌状花黄色或暗橙色；长 2.9 厘米，舌片呈倒卵形，长 1.4 厘米，宽 1.2 厘米，基部收缩成长爪，顶端微弯缺；管状花花冠黄色，长约 9 毫米，顶端具 5 齿裂。瘦果线形，基部缩小，黑色或褐色，长 8 ～ 11 毫米，被短微毛；冠毛有 1 ～ 2 个长芒和 2 ～ 3 个短而钝的鳞片。花期 7—9 月。

分　　布：原产于墨西哥。在我国各地均有栽培。在广东和云南南部、东南部已归化。

照片来源：潍坊

菊科 Compositae

301

甘 菊 *Chrysanthemum lavandulifolium*

中文种名：甘菊

拉丁学名：*Chrysanthemum lavandulifolium*

分类地位：被子植物门／木兰纲／菊目／菊科／菊属

识别特征：多年生草本，高 0.3 ～ 1.5 米，有地下匍匐茎。茎直立，自中部以上多分枝或仅上部伞房状花序分枝。茎枝有稀疏的柔毛，但上部及花序梗上的毛稍多。基部和下部叶花期脱落。中部茎叶卵形、宽卵形或椭圆状卵

形。二回羽状分裂，一回全裂或几全裂。最上部的叶或接花序下部的叶羽裂、3 裂或不裂。全部叶两面同色或几同色，被稀疏或稍多的柔毛或上面几无毛。中部茎叶叶柄长 0.5 ～ 1 厘米，柄基有分裂的叶耳或无耳。头状花序直径 10 ～ 15 (20) 毫米，通常多数在茎枝顶端排成疏松或稍紧密的复伞房花序。总苞碟形，直径 5 ～ 7 毫米。总苞片约 5 层。外层线形或线状长圆形，无毛或有稀柔毛；中内层卵形、长椭圆形至倒披针形，全部苞片顶端圆形，边缘白色或浅褐色，膜质。舌状花黄色，舌片椭圆形，先端全缘或 2 ～ 3 个不明显的齿裂。瘦果长 1.2 ～ 1.5 毫米。花果期 5—11 月。

分　　布：分布于我国吉林、辽宁、河北、山东、山西、陕西、甘肃、青海、新疆、江西、江苏、浙江、四川、湖北及云南。生长于海拔 630 ～ 2 800 米的山坡、岩石上、河谷、河岸、荒地及黄土丘陵地。

照片来源：长岛

渤海山东海域海洋保护区生物多样性图集

陆生植被

艾 *Artemisia argyi*

中文种名：艾

拉丁学名：*Artemisia argyi*

分类地位：被子植物门 / 木兰纲 / 菊目 / 菊科 / 蒿属

识别特征：多年生草本或稍亚灌木状，植株有浓香。茎有少数短分枝，茎、枝被灰色蛛丝状柔毛。叶上面被灰白色柔毛，兼有白色腺点与小凹点，下面密被白色蛛丝状线毛；基生叶具长柄；茎下部叶近圆形或宽卵形，羽状深裂，每侧裂片 2 ~ 3，裂片

有 2 ~ 3 小裂齿，干后下面主、侧脉常深褐或锈色，叶柄长 0.5 ~ 0.8 厘米；中部叶卵形、三角状卵形或近菱形，长 5 ~ 8 厘米，一（二）回羽状深裂或半裂，每侧裂片 2 ~ 3，裂片卵形、卵状披针形或披针形，干后主脉和侧脉深褐或锈色，叶柄长 0.2 ~ 0.5 厘米；上部叶与苞片叶羽状半裂、浅裂、3 深裂或不裂。头状花序椭圆形，直径 2.5 ~ 3（~ 3.5）毫米，排成穗状花序或复穗状花序，在茎上常组成尖塔形窄圆锥花序；总苞片背面密被灰白色蛛丝状绵毛，边缘膜质；雌花 6 ~ 10；两性花 8 ~ 12，檐部紫色。瘦果呈长卵圆形或长圆形。花果期 7—10 月。

分　　布：分布广，除极干旱与高寒地区外，几乎遍及全国。生长于低海拔至中海拔地区的荒地、路旁河边及山坡等地，也见于森林草原及草原地区，局部地区为植物群落的优势种。

照片来源：潍坊

菊科 Compositae

中文种名：野艾蒿

拉丁学名：*Artemisia lavandulifolia*

分类地位：被子植物门 / 木兰纲 / 菊目 / 菊科 / 蒿属

识别特征：多年生草本，植株有香气。茎成小丛，少单生，高 50 ～ 120 厘米，具纵棱，分枝多，斜向上伸展；茎、枝被灰白色蛛丝状短柔毛。叶纸质，上面绿色，具密集白色腺点及小凹点，初时疏被灰白色蛛丝状柔毛，背面除中脉外密被灰白色密绵毛；基生叶与茎下部叶宽卵形或近圆形，二回羽状全裂或第一回全裂，第二回深裂，具长柄，花期叶萎谢；中部叶卵形、长圆形或近圆形，（一至）二回羽状全裂或第二回为深裂，叶柄长 1 ～ 2（～ 3）厘米，基部有小型羽状分裂的假托叶；上部叶羽状全裂，具短柄或近无柄。头状花序极多数，椭圆形或长圆形，在分枝的上半部排成密穗状或复穗状花序，稀为开展的圆锥花序，花后头状花序多下倾；总苞片 3 ～ 4 层；雌花花冠狭管状，檐部具 2 裂齿，紫红色；两性花花冠管状，檐部紫红色。瘦果呈长卵形或倒卵形。花果期 8—10 月。

分　　布：分布于我国黑龙江、吉林、辽宁、内蒙古、河北、山西、陕西、甘肃、山东、江苏、安徽、江西、河南、湖北、湖南、广东、广西、四川、贵州、云南等地。多生长于低或中海拔地区的路旁、林缘、山坡、草地、山谷、灌丛及河湖滨草地等。

照片来源：潍坊

白莲蒿 *Artemisia sacrorum*

中文种名：白莲蒿

拉丁学名：*Artemisia sacrorum*

分类地位：被子植物门 / 木兰纲 / 菊目 / 菊科 / 蒿属

识别特征：半灌木状草本。茎多数，常组成小丛，高 50 ~ 100 (150) 厘米，褐色或灰褐色，具纵棱，下部木质，皮常剥裂或脱落，分枝多而长；茎下部与中部叶长卵形、三角状卵形或长椭圆状卵形，长 2 ~ 10 厘米，宽 2 ~ 8 厘米，2 ~ 3 回栉齿状羽状分裂，第一回全裂，每侧有裂片 3 ~ 5 枚，裂片椭圆形或长椭圆形，每裂片再次羽状全裂，小裂片栉齿状披针形或线状披针形；上部叶略小，1 ~ 2 回栉齿状羽状分裂，具短柄或近无柄。头状花序近球形，下垂，直径 2 ~ 3.5 (4) 毫米，具短梗或近无梗，在分枝上排成穗状花序式的总状花序，并在茎上组成密集或

略开展的圆锥花序；总苞片 3 ~ 4 层，外层总苞片披针形或长椭圆形，中、内层总苞片椭圆形，近膜质或膜质；雌花 10 ~ 12；两性花 20 ~ 40。瘦果呈狭椭圆状卵形或狭圆锥形。花果期 8—10 月。

分　　布：除高寒地区外，几乎遍布全国。生长于中、低海拔地区的山坡、路旁、灌丛地及森林草原地区。

照片来源：长岛

菊科 Compositae

黄花蒿 *Artemisia annua*

中文种名：黄花蒿

拉丁学名：*Artemisia annua*

分类地位：被子植物门／木兰纲／菊目／菊科／蒿属

识别特征：一年生草本。茎单生，茎、枝、叶两面及总苞片背面无毛或初叶下面微有极稀柔毛。叶两面具脱落性白色腺点及细小凹点，茎下部叶宽卵形或三角状卵形，长 3 ～ 7 厘米，三（四）回栉齿状羽状深裂，每侧裂片 5 ～ 8 (10) 个，中肋在

上面稍隆起，中轴两侧有窄翅无小栉齿，稀上部有数枚小栉齿，叶柄长 1 ～ 2 厘米，基部有半抱茎假托叶；中部叶 2 ～ 3 回栉齿状羽状深裂，小裂片栉齿状三角形，具短柄；上部叶与苞片叶 1 ～ 2 回栉齿状羽状深裂，近无柄。头状花序球形，多数，直径 1.5 ～ 2.5 毫米，有短梗，基部有线形小苞叶，在分枝上排成总状或复总状花序，在茎上组成开展的尖塔形圆锥花序；总苞片背面无毛；雌花 10 ～ 18；两性花 10 ～ 30。瘦果呈椭圆状卵圆形，稍扁。花果期 8—11 月。

分　　布：遍及全国，生境适应性强，东部、南部省区生长在路旁、荒地、山坡、林缘等处；其他生长在草原、森林、干河谷、半荒漠及砾质坡地等，也见于盐渍化的土壤上。

照片来源：潍坊

渤海山东海域海洋保护区生物多样性图集

陆生植被

茵陈蒿 *Artemisia capillaris*

中文种名： 茵陈蒿

拉丁学名： *Artemisia capillaris*

分类地位： 被子植物门 / 木兰纲 / 菊目 / 菊科 / 蒿属

识别特征： 亚灌木状草本，植株有浓香。茎、枝初密被灰白或灰黄色绢质柔毛。枝端有密集叶丛，基生叶常成莲座状；基生叶、茎下部叶与营养枝叶两面均被棕黄色或灰黄色绢质柔毛，

叶卵圆形或卵状椭圆形，长 2 ~ 4 (5) 厘米，2 回羽状全裂，每侧裂片 2 ~ 3 (4)，裂片 3 ~ 5 全裂，小裂片线形或线状披针形，细直，不弧曲，长 0.5 ~ 1 厘米，叶柄长 3 ~ 7 毫米；中部叶宽卵形、近圆形或卵圆形，长 2 ~ 3 厘米，1 ~ 2 回羽状全裂，小裂片线形或丝线形，细直，长 0.8 ~ 1.2 厘米，近无毛，基部裂片常半抱茎；上部叶与苞片叶羽状 5 全裂或 3 全裂。头状花序卵圆形，稀近球形，直径 1.5 ~ 2 毫米，有短梗及线形小苞片，在分枝的上端或小枝端偏向外侧生长，排成复总状花序，在茎上端组成大型、开展圆锥花序；总苞片淡黄色，无毛；雌花 6 ~ 10；两性花 3 ~ 7。瘦果呈长圆形或长卵圆形。花果期 7—10 月。

分　　布： 分布于我国辽宁、河北、陕西、山东、江苏、安徽、浙江、江西、福建、台湾、河南、湖北、湖南、广东、广西、四川等。生长于低海拔地区河岸、海岸附近的湿润沙地、路旁及低山坡地区。

照片来源： 滨州

菊　科 **Compositae**

307

猪毛蒿 *Artemisia scoparia*

中文种名：猪毛蒿

拉丁学名：*Artemisia scoparia*

分类地位：被子植物门／木兰纲／菊目／菊科／
蒿属

识别特征：多年生草本或一年生、二年生草本；
植株有浓香。茎单生，稀 2 ~ 3，高

达 1.3 米，中部以上分枝，茎、枝幼被灰白或灰黄色绢质柔毛。基生叶与营养枝叶两面被灰白色绢质柔毛，近圆形或长卵形，2 ~ 3 回羽状全裂，具长柄；茎下部叶初两面密被灰白或灰黄色绢质柔毛，长卵形或椭圆形，2 ~ 3 回羽状全裂，每侧裂片 3 ~ 4，裂片羽状全裂，每侧小裂片 1 ~ 2，小裂片线形，叶柄长 2 ~ 4 厘米；中部叶初两面被柔毛，长圆形或长卵形，长 1 ~ 2 厘米，1 ~ 2 回羽状全裂，每侧裂片 2 ~ 3，不裂或 3 全裂，小裂片丝线形或毛发状，长 4 ~ 8 毫米；茎上部叶与分枝叶及苞片叶 3 ~ 5 全裂或不裂。头状花序近球形，稀卵圆形，直径 1 ~ 1.5 (2) 毫米，基部有线形小苞叶，排成复总状或复穗状花序，在茎上组成开展圆锥花序；总苞片无毛；雌花 5 ~ 7；两性花 4 ~ 10。瘦果呈倒卵圆形或长圆形。花果期 7—10 月。

分　　布：遍及全国，主要生长在山坡、旷野、路旁等。

照片来源：东营

欧洲千里光 *Senecio vulgaris*

中文种名：欧洲千里光

拉丁学名：*Senecio vulgaris*

分类地位：被子植物门 / 木兰纲 / 菊目 / 菊科 / 千里光属

识别特征：一年生草本。茎疏被蛛丝状毛至无毛。叶倒披针状匙形或长圆形，长3～11厘米，羽状浅裂至深裂，侧生裂片3～4对，长圆形或长圆状披针形，具齿，下部叶基部渐窄成柄，无柄。中部叶基部半抱茎，两面尤其下面多少被蛛丝状毛至无毛；上部叶线形，具齿。头状花序无舌状花，排成密集伞房花序，花序梗长0.5～2厘米，有疏柔毛或无毛，具数个线状钻形小苞片；总苞钟状，长6～7毫米，外层小苞片7～11，线状钻形，长2～3毫米，具黑色长尖头，总苞片18～22，线形，宽0.5毫米，上端变黑色，背面无毛。无舌状花；管状花多数，花冠黄色。瘦果呈圆柱形，沿肋有柔毛；冠毛白色。花期4—10月。

分　　布：我国自东北至西南多地有分布，生长于海拔300～2300米的开阔山坡、草地及路旁。

照片来源：长岛

菊　科 **Compositae**

银叶菊 *Senecio cineraria*

中文种名：银叶菊

拉丁学名：*Senecio cineraria*

分类地位：被子植物门 / 木兰纲 / 菊目 / 菊科 / 千里光属

识别特征：多年生草本植物。植株多分枝，高度一般在 50 ~ 80 厘米，叶 1 ~ 2 回羽状分裂，正反面均被银白色柔毛。叶片质较薄，叶片缺裂，头状花序单生枝顶，花小、黄色。花期 6—9 月。

分　　布：原产于南欧地区，较耐寒，在我国长江流域能露地越冬。

照片来源：长岛

渤海山东海域海洋保护区生物多样性图集

陆生植被

蓝刺头 *Echinops sphaerocephalus*

中文种名：蓝刺头

拉丁学名：*Echinops sphaerocephalus*

分类地位：被子植物门 / 木兰纲 / 菊目 / 菊科 / 蓝刺头属

识别特征：多年生草本，高 50 ~ 150 厘米。茎单生，上部分枝长或短，粗壮，全部茎枝被稠密的多细胞长节毛和稀疏的蛛丝状薄毛。基部和下部茎叶全形宽披针形，羽状半裂，侧裂片 3 ~ 5

对，三角形或披针形，边缘刺齿，顶端针刺状渐尖，向上叶渐小，与基生叶及下部茎叶同形并等样分裂。全部叶质地薄，纸质，两面异色，上面绿色，被稠密短糙毛，下面灰白色，被薄蛛丝状绵毛，但沿中脉有多细胞长节毛。复头状花序单生茎枝顶端。头状花序长 2 厘米。基毛长 1 厘米，为总苞长度之半，白色，扁毛状，不等长。外层苞片稍长于基毛，长倒披针形；中层苞片倒披针形或长椭圆形；内层披针形。全部苞片 14 ~ 18 枚。小花淡蓝色或白色，花冠 5 深裂，裂片线形。瘦果呈倒圆锥状，被黄色的稠密顺向贴伏的长直毛，不遮盖冠毛。冠毛量杯状；冠毛膜片线形，边缘糙毛状，大部分结合。花果期 8—9 月。

分　　布：分布于我国东北、内蒙古、甘肃、宁夏、河北、山西、陕西和新疆天山地区。生长于山坡林缘或渠边。

照片来源：长岛

菊科 Compositae

311

中文种名： 刺儿菜

拉丁学名： *Cirsium segetum*

分类地位： 被子植物门／木兰纲／菊目／菊科／蓟属

识别特征： 多年生草本。根状茎长。茎直立，高 30 ～ 80 厘米，茎无毛或被蛛丝状毛。基生叶花期枯萎；下部叶和中部叶椭圆形或椭圆状披针形，长 7 ～ 15 厘米，宽 1.5 ～ 10 厘米，先端钝或圆形，基部楔形，通常无叶柄，上部茎叶渐小，叶缘有细密的针刺或刺齿，全部茎叶两面同色，无毛。头状花序单生于茎端，雌雄异株；雄花序总苞长约 18 毫米，雌花序总苞长约 25 毫米；总苞片 6 层，外层甚短，长椭圆状披针形，内层披针形，先端长尖，具刺；雄花花冠长 17 ～ 20 毫米，裂片长 9 ～ 10 毫米，花药紫红色，长约 6 毫米；雌花花冠紫红色，长约 26 毫米，裂片长约 5 毫米，退化花药长约 2 毫米。瘦果呈椭圆形或长卵形，略扁平；冠毛羽状。花期 5—6 月，果期 5—7 月。

分　　布： 分布于除我国广东、广西、云南、西藏外的全国各地。生长于山坡、河旁或荒地、田间。

照片来源： 潍坊

大刺儿菜 *Cirsium setosum*

中文种名：大刺儿菜

拉丁学名：*Cirsium setosum*

分类地位：被子植物门 / 木兰纲 / 菊目 / 菊科 / 蓟属

识别特征：多年生草本。茎直立，高30～80（100～120）厘米，上部有分枝，花序分枝无毛或有薄茸毛。基生叶和中部茎叶椭圆形、长椭圆形或椭圆状倒披针形，顶端钝或圆形，基部楔形，通常无叶柄，上部茎叶渐小，椭圆形或披针形或线状披针形，大部分茎叶羽状浅裂或半裂或边缘粗大圆锯齿。全部茎叶两面同色，绿色或下面色淡，两面无毛，极少两面异色。头状花序单生茎端，或植株含少数或多数头状花序在茎枝顶端排成伞房花序。总苞卵形、长卵形或卵圆形。总苞片约6层，覆瓦状排列，向内层渐长。小花紫红色或白色，雌花花冠长2.4厘米，檐部长6毫米；两性花花冠长1.8厘米，檐部长6毫米。瘦果淡黄色，椭圆形或

偏斜椭圆形，压扁，顶端斜截形。冠毛污白色；冠毛刚毛长羽毛状。花果期5—9月。

分　　布：除我国西藏、云南、广东、广西外，几乎遍及全国各地。生长于平原、丘陵和山地。生长于山坡、河旁或荒地、田间。

照片来源：潍坊

菊科 Compositae

蓟 *Cirsium japonicum*

中文种名：蓟
拉丁学名：*Cirsium japonicum*
分类地位：被子植物门 / 木兰纲 / 菊目 / 菊科 / 蓟属
识别特征：多年生草本。茎直立，高 30 (100) ～ 80 (150) 厘米，分枝或不分枝，全部茎枝有条棱，被长毛，茎端头状花序下部灰白色，被茸毛及长毛。基生叶卵形、长倒卵形、椭圆形或长椭圆形，长 8 ～ 20 厘米，羽状深裂或几全裂，基部渐窄成翼柄，柄翼边缘有针刺及刺齿，侧裂片 6 ～ 12 对，

卵状披针形、半椭圆形、斜三角形、长三角形或三角状披针形，有小锯齿，或二回状分裂；基部向上的茎生叶渐小，与基生叶同形并等样分裂，两面绿色，基部半抱茎。头状花序直立，顶生；总苞钟状，直径 3 厘米，总苞片约 6 层，覆瓦状排列，向内层渐长，背面有微糙毛，沿中肋有黑色黏腺，外层与中层卵状三角形或长三角形，内层披针形或线状披针形。小花红或紫色。瘦果压扁，偏斜楔状倒披针状；冠毛浅褐色。花果期 4—11 月。

分　布：分布于我国河北、山东、陕西、江苏、浙江、江西、湖南、湖北、四川、贵州、云南、广西、广东、福建和台湾。生长于山坡林中、林缘、灌丛中、草地、荒地、田间、路旁或溪旁。

照片来源：潍坊

渤海山东海域海洋保护区生物多样性图集

陆生植被

314

中文种名： 白花大蓟
拉丁学名： *Cirsium japonicum* f. *albiflorum*
分类地位： 被子植物门 / 木兰纲 / 菊目 / 菊科 / 蓟属
识别特征： 多年生草本。茎直立，分枝或不分枝，全部茎枝有条棱，被长毛，茎端头状花序下部灰白色，被茸毛及长毛。基生叶卵形、长倒卵形、椭圆形或长椭

圆形，羽状深裂或几全裂，基部渐窄成翼柄，柄翼边缘有针刺及刺齿，卵状披针形、半椭圆形、斜三角形、长三角形或三角状披针形，有小锯齿，或二回状分裂；基部向上的茎生叶渐小，与基生叶同形并等样分裂，两面绿色，基部半抱茎。头状花序直立，顶生；总苞钟状，总苞片约6层，覆瓦状排列，向内层渐长，背面有微糙毛，沿中肋有黑色黏腺，外层与中层卵状三角形或长三角形，内层披针形或线状披针形。小花白色。瘦果压扁，偏斜楔状倒披针状；冠毛浅褐色。花果期4—11月。

分　　布： 本种首次发现于我国浙江普陀山。本次植物调查发现于我国山东蓬莱长岛自然保护区北长山岛。生长于林缘、草丛、山地中。

照片来源： 长岛

菊 科 **Compositae**

315

泥胡菜 *Hemisteptia lyrata*

中文种名：泥胡菜

拉丁学名：*Hemisteptia lyrata*

分类地位：被子植物门 / 木兰纲 / 菊目 / 菊科 / 泥胡菜属

识别特征：一年生草本，高 30～100 厘米。茎单生，很少簇生，通常纤细，被稀疏蛛丝毛。基生叶长椭圆形或倒披针形，花期通常枯萎；中下部茎叶与基生叶同形，长 4～15 厘米或更长，宽 1.5～5 厘米或更宽，全部叶大头羽状深裂或几全裂，侧裂片 2～6 对，通常 4～6 对，极少为 1 对，向基部的侧裂片渐小，顶裂片大，全部裂片边缘三角形锯齿或重锯齿，

侧裂片边缘通常稀锯齿，最下部侧裂片通常无锯齿。全部茎叶质地薄，两面异色，上面绿色，无毛，下面灰白色，被厚或薄茸毛。头状花序在茎枝顶端排成疏松伞房花序，少单生。总苞宽钟状或半球形，总苞片多层，覆瓦状

排列，最外层长三角形，外层及中层椭圆形或卵状椭圆形，最内层线状长椭圆形或长椭圆形。小花紫色或红色，花冠长 1.4 厘米，檐部长 3 毫米，深 5 裂，花冠裂片线形，长 2.5 毫米，细管部为细丝状，长 1.1 厘米。瘦果呈楔状或偏斜楔形。冠毛白色。花果期 3—8 月。

分　　布：除我国新疆、西藏外，遍布全国。普遍生长于山坡、山谷、平原、丘陵、林缘、林下、草地、荒地、田间、河边、路旁等处。

照片来源：潍坊

渤海山东海域海洋保护区生物多样性图集

陆生植被

316

细叶鸦葱 *Scorzonera pusilla*

中文种名：细叶鸦葱

拉丁学名：*Scorzonera pusilla*

分类地位：被子植物门 / 木兰纲 / 菊目 / 菊科 / 鸦葱属

识别特征：多年生草本，高 5 ～ 20 厘米。根垂直直伸，有串珠状变粗的球形块根。茎直立，上部通常有分枝，极少不分枝，多数簇生于根颈顶端，茎基被鞘状残迹，全部茎枝被稀疏的短柔毛或脱毛。基生叶多数，狭线形或丝状线

形，先端渐尖，弧形弯曲，钩状，基部鞘状扩大，边缘平，两面被蛛丝状柔毛或上面的毛稀疏而几无毛，离基 3 出脉，中脉明显。茎生叶互生，常对生或几对生或有时 3 枚轮生，与基生叶同形并被同样的毛被。头状花序生茎枝顶端。总苞狭圆柱状，总苞片约 4 层，外层卵形，中层长椭圆形或长椭圆状披针形，内层长椭圆形，全部总苞片外面被尘状短柔毛。舌状小花黄色。瘦果呈圆柱状，无毛，无脊瘤。冠毛白色，大部为羽毛状，羽枝纤细，蛛丝毛状，上部为细锯齿状。花果期 4—7 月。

分　　布：分布于我国新疆。生长于海拔 540 ～ 3 370 米的石质山坡、荒漠砾石地、平坦沙地、半固定沙丘、盐碱地、路边、荒地、山前平原及砂质冲积平原。

照片来源：长岛

菊 科 Compositae

317

蒙古鸦葱 *Scorzonera mongolica*

中文种名：蒙古鸦葱

拉丁学名： *Scorzonera mongolica*

分类地位：被子植物门 / 木兰纲 / 菊目 / 菊科 / 鸦葱属

识别特征：多年生草本。茎直立或铺散，上部有分枝，茎枝灰绿色，无毛，茎基被褐色或淡黄色鞘状残迹。基生叶长椭圆形、长椭圆状披针形或线状披针形，长 2 ~ 10 厘米，基部渐窄成柄，柄基鞘状；茎生叶互生或对生，披针形、长披针形、长椭圆形或线状长椭圆形，基部楔形收窄，无柄；叶肉质，两面无毛，灰绿色。头状花序单生茎端，或茎生 2 枚头状花序，成聚伞花序状排列；总苞窄圆柱状，直径约 0.6 毫米，总苞片 4 ~ 5 层，背面无毛或被蛛丝状柔毛，外层卵形、宽卵形，长 3 ~ 5 毫米，中层长椭圆形或披针形，长 1.2 ~ 1.8 厘米，内层线状披针形，长 2 厘米。舌状小花黄色。瘦果呈圆柱状，长 5 ~ 7 毫米，淡黄色，被长柔毛，顶端疏被柔毛；冠毛白色，长 2.2 厘米，羽毛状。花果期 4—8 月。

分　　布：分布于我国辽宁、河北、山西、陕西、宁夏、甘肃、青海、新疆、山东、河南。生长于盐化草甸、盐化沙地、盐碱地、干湖盆、湖盆边缘、草滩及河滩地。

照片来源：潍坊

渤海山东海域海洋保护区生物多样性图集

陆生植被

318

桃叶鸦葱 *Scorzonera sinensis*

中文种名：桃叶鸦葱

拉丁学名：*Scorzonera sinensis*

分类地位：被子植物门 / 木兰纲 / 菊目 / 菊科 / 鸦葱属

识别特征：多年生草本。茎直立，簇生或单生，不分枝，光滑无毛；茎基被稠密的纤维状撕裂的鞘状残遗物。基生叶宽卵形、宽披针形、宽椭圆形、倒披针形、椭圆状披针形、线状长椭圆形或线形，顶端急尖、渐尖或钝或圆形，向基部渐狭成长或短柄，柄基鞘状扩大，两面光滑无毛，离基 3 ～ 5 出脉，侧脉纤细，边缘皱波状；茎生叶少数，鳞片状，披针形或钻状披针形，基部心形，半抱茎或贴茎。头状花序单生茎顶。

总苞圆柱状。总苞片约 5 层，外层三角形或偏斜三角形，中层长披针形，内层长椭圆状披针形；全部总苞片外面光滑无毛，顶端钝或急尖。舌状小花黄色。瘦果呈圆柱状，有多数高起纵肋，肉红色，无毛，无脊瘤。冠毛污黄色，大部羽毛状，羽枝纤细，蛛丝毛状，上端为细锯齿状；冠毛与瘦果连接处有蛛丝状毛环。花果期 4—9 月。

分　布：分布于我国北京、辽宁、内蒙古、河北、山西、陕西、宁夏、甘肃、山东、江苏、安徽、河南。生长于海拔 280 ～ 2 500 米的山坡、丘陵地、沙丘、荒地或灌木林下。

照片来源：长岛

菊科 Compositae

319

中文种名: 黄鹤菜

拉丁学名: *Youngia japonica*

分类地位: 被子植物门 / 木兰纲 / 菊目 / 菊科 / 黄鹤菜属

识别特征: 多年生草本。茎下部被柔毛。基生叶倒披针形、椭圆形、长椭圆形或宽线形,长 2.5 ~ 13 厘米,大头羽状深裂或全裂,叶柄长 1 ~ 7 厘米,有翼或

无翼,顶裂片卵形、倒卵形或卵状披针形,有锯齿或几全缘,侧裂片 3 ~ 7 对,椭圆形,最下方侧裂片耳状,侧裂片均有锯齿或细锯齿或有小尖头,稀全缘,叶及叶柄被柔毛;无茎生叶或极少有茎生叶,头状花序排成伞房花序;总苞圆柱状,长 4 ~ 5 毫米,总苞片 4 层,背面无毛,外层宽卵形,长宽不及 0.6 毫米,内层长 4 ~ 5 毫米,披针形,边缘白色宽膜质,内面有糙毛。舌状小花黄色。瘦果呈纺锤形,褐色或红褐色,长 1.5 ~ 2 毫米,无喙,有 11 ~ 13 条纵肋;冠毛糙毛状。花果期 4—10 月。

分　　布: 分布于我国北京、陕西、甘肃、山东、江苏、安徽、浙江、江西、福建、河南、湖北、湖南、广东、广西、四川、云南、西藏等地。生长于山坡、山谷及山沟林缘、林下、林间草地及潮湿地、河边沼泽地、田间与荒地上。

照片来源: 潍坊

苦苣菜 *Sonchus oleraceus*

中文种名：苦苣菜

拉丁学名：*Sonchus oleraceus*

分类地位：被子植物门 / 木兰纲 / 菊目 / 菊科 / 苦苣菜属

识别特征：一年生或二年生草本。茎枝无毛，或上部花序被腺毛。基生叶羽状深裂，长椭圆形或倒披针形，或大头羽状深裂，倒披针形，或不裂，椭圆形、椭圆状戟形、三角形、三角状戟形或圆形，基部渐窄成翼柄；中下部茎生

叶羽状深裂或大头状羽状深裂，椭圆形或倒披针形，长 3～12 厘米，基部骤窄成翼柄，柄基圆耳状抱茎，顶裂片与侧裂片宽三角形、戟状宽三角形、卵状心形。头状花序排成伞房或总状花序或单生茎顶；总苞宽钟状，长 1.5 厘米，直径 1 厘米，总苞片 3～4 层，先端长尖，背面无毛，外层长披针形或长三角形，长 3～7 毫米，中内层长披针形至线状披针形，长 0.8～1.1 厘米。舌状小花黄色。瘦果呈褐色，长椭圆形或长椭圆状倒披针形，长 3 毫米，两面各有 3 条细脉，肋间有横皱纹；冠毛白色。花果期 5—12 月。

分　　布：几遍全球分布。生长于山坡或山谷林缘、林下或平地田间、空旷处或近水处。

照片来源：潍坊

菊科 Compositae

321

苣荬菜 *Sonchus arvensis*

中文种名：苣荬菜

拉丁学名：*Sonchus arvensis*

分类地位：被子植物门 / 木兰纲 / 菊目 / 菊科 / 苦苣菜属

识别特征：多年生草本，植物具乳汁。茎直立，高 30～150 厘米，有细条纹，上部或顶部有伞房状花序分枝，花序分枝与花序梗被稠密的头状具柄的腺毛。基生叶多数，与中下部茎叶全形倒披针形或长椭圆形，羽状或倒向羽状深裂、半裂或浅裂，侧裂片 2～5 对；全部叶裂片边缘有小锯齿或无锯齿而有小尖头；上部茎叶及接花序分枝下部的叶披针形或钻形，小或极小；全部叶基部渐窄成长或短翼柄，但中部以上茎叶无柄，基部圆耳状扩大半抱茎，顶端急尖、短渐尖或钝，两面光滑无毛。头状花序在茎枝顶端排成伞房状花序。总苞钟状，总苞片 3 层；全部总苞片顶

端长渐尖，外面沿中脉有 1 行头状具柄的腺毛。舌状小花多数，黄色。瘦果稍压扁，呈长椭圆形。冠毛白色，基部连合成环。花期 6—9 月，果期 7—10 月。

分　　布：几遍全球分布。生长于山坡草地、林间草地、潮湿地或近水旁、村边或河边砾石滩。

照片来源：潍坊

花叶滇苦菜 *Sonchus asper*

中文种名：花叶滇苦菜

拉丁学名：*Sonchus asper*

分类地位：被子植物门 / 木兰纲 / 菊目 / 菊科 / 苦苣菜属

识别特征：一年生草本。茎单生或簇生，茎枝无毛或上部及花序梗被腺毛。基生叶与茎生叶同，较小；中下部茎生叶长椭圆形、倒卵形、匙状或匙状椭圆形，连翼柄长 7 ～ 13 厘米，柄基耳状抱茎或基部无柄；上部叶披针形，不裂，基部圆耳状抱茎；下部叶或全部茎生叶羽状浅裂、半裂或深裂，侧裂片 4 ～ 5 对，椭圆形、三角形、宽镰刀形或半圆形；

叶及裂片与抱茎圆耳边缘有尖齿刺，两面无毛。头状花序排成稠密伞房花序；总苞宽钟状，长约 1.5 厘米，总苞片 3 ～ 4 层，绿色，草质，背面无毛，外层长披针形或长三角形，长 3 毫米，中内层长椭圆状披针形或宽线形，长达 1.5 厘米。舌状小花黄色。瘦果呈倒披针状，褐色，两面各有 3 条细纵肋，肋间无横皱纹；冠毛白色。花果期 5—10 月。

分　　布：分布于我国新疆、山东、江苏、安徽、浙江、江西、湖北、四川、云南、西藏等地。生长于山坡、林缘及水边。

照片来源：潍坊

菊科 Compositae

毛脉翅果菊 *Pterocypsela raddeana*

中文种名：毛脉翅果菊

拉丁学名：*Pterocypsela raddeana*

分类地位：被子植物门 / 木兰纲 / 菊目 / 菊科 / 翅果菊属

识别特征：二年生草本，根有萝卜状增粗的分枝。茎单生，高0.8～2米，上部圆锥状或圆锥状伞房花序分枝，中下部常有稠密的长柔毛，上部无毛。中下部茎叶大，羽状分裂或大头羽状深裂或浅裂，长5～11厘米，宽2～8.5厘米，有长或短具宽翼或狭翼的叶柄，柄长4～10厘米，顶裂片大或较大，极少与侧裂片等大，三角状、卵状三角形，几菱形或卵状披针形，顶端急尖，边缘有不等大的三角形锯齿，侧裂片1～3对；向上的叶渐小，卵形、椭圆形、长椭圆形或卵状椭圆形，顶端急尖或渐尖，基部楔形收窄成宽短的翼柄，全部叶两面沿脉有长柔毛。头状花序沿茎顶端排成狭圆锥花序或伞房状圆锥花序，含15枚舌状小花。总苞果期长卵

球形。总苞片4层，外层短，三角形或宽三角形，中内层披针形或椭圆状披针形，全部总苞片淡紫红色。舌状小花黄色，9～10枚。瘦果呈椭圆形、椭圆状披针形。花果期5—9月。

分　　布：分布于我国吉林、河北、山西、甘肃、山东、安徽、江西、福建、河南、四川。生长于海拔380～2 240米的山坡林缘、灌丛中或潮湿处及田间。

照片来源：长岛

渤海山东海域海洋保护区生物多样性图集

陆生植被

多裂翅果菊 *Pterocypsela laciniata*

中文种名：多裂翅果菊

拉丁学名：*Pterocypsela laciniata*

分类地位：被子植物门 / 木兰纲 / 菊目 / 菊科 / 翅果菊属

识别特征：多年生草本，根粗厚，分枝成萝卜状。茎单生，直立，粗壮，高 0.6 ～ 2 米，上部圆锥状花序分枝，全部茎枝无毛。中下部茎叶全形倒披针形、椭圆形或长椭圆形，规则或不规则二回羽状深裂，无柄，基部宽大，顶裂片狭线形，

一回侧裂片 5 对或更多，中上部的侧裂片较大，向下的侧裂片渐小，二回侧裂片线形或三角形，长短不等，全部茎叶或中下部茎叶极少一回羽状深裂，全形披针形、倒披针形或长椭圆形；向上的茎叶渐小，与中下部茎叶同形并等样分裂或不裂而为线形。头状花序多数，在茎枝顶端排成圆锥花序。总苞果期卵球形；总苞片 4 ～ 5 层，外层卵形、宽卵形或卵状椭圆形，中内层长披针形，全部总苞片顶端急尖或钝，边缘或上部边缘染红紫色。舌状小花 21 枚，黄色。瘦果呈椭圆形。花果期 7—10 月。

分　　布：分布于我国北京、黑龙江、吉林、河北、陕西、山东、江苏、安徽、浙江、江西、福建、河南、湖南、广东、四川、云南。生长于海拔 300 ～ 2 000 米的山谷、山坡林缘、灌丛、草地及荒地。

照片来源：长岛

菊　科　Compositae

325

乳 苣 *Mulgedium tataricum*

中文种名： 乳苣

拉丁学名： *Mulgedium tataricum*

分类地位： 被子植物门 / 木兰纲 / 菊目 / 菊科 / 乳苣属

识别特征： 多年生草本，高 15～60 厘米。茎直立，有细条棱或条纹，上部有圆锥状花序分枝，全部茎枝光滑无毛。中下部茎叶长椭圆形或线状长椭圆形或线形，基部渐狭成短柄，长 6～19 厘米，宽 2～6 厘米，羽状浅裂或半裂或边缘有多数或少数大锯齿，顶端钝或急尖，侧裂片 2～5 对，中部侧裂片较大，向两端的侧裂片渐小；向上的叶与中部茎叶同形或宽线形，但渐小。全部叶质地稍厚，两面光滑无毛。头状花序约含 20 枚小花，多数，在茎枝顶端狭或宽圆锥花序。总苞圆柱状或楔形，总苞片 4 层，不成明显的覆瓦状排列，中外层较小，内层披针形或披针状椭圆形。全部苞片外面光滑无毛，带紫红色，

顶端渐尖或钝。舌状小花紫色或紫蓝色，管部有白色短柔毛。瘦果呈长圆状披针形，稍压扁，灰黑色。冠毛 2 层，纤细，白色。花果期 6—9 月。

分　布： 分布于我国辽宁、内蒙古、河北、山西、陕西、甘肃、青海、新疆、河南、山东、西藏。生长于海拔 1 200～4 300 米的河滩、湖边、草甸、田边、固定沙丘或砾石地。

照片来源： 潍坊

渤海山东海域海洋保护区生物多样性图集

陆生植被

中文种名：苦荬菜

拉丁学名：*Ixeris polycephala*

分类地位：被子植物门 / 木兰纲 / 菊目 / 菊科 / 苦荬菜属

识别特征：一年生草本，植株具乳汁。茎直立，高 10 ~ 80 厘米，上部伞房花序状分枝，或自基部分枝，全部茎枝无毛。基生叶花期生存，线形或线状披针形，包括叶柄长 7 ~ 12 厘米，宽 5 ~ 8 毫米，顶端急尖，基部渐狭成长或短柄；中下部茎叶披针形或线形，长 5 ~ 15 厘米，宽 1.5 ~ 2 厘米，顶端急尖，基部箭头状半抱茎，向上叶渐小，与中下部茎叶同形，基部箭头状半抱茎或长椭圆形，但不成箭头状半抱茎；全部叶两面无毛，边缘全缘，极少下部边缘有稀疏的小尖头。头状花序多数，在茎枝顶端排成伞房状花序。总苞圆柱状，总苞片 3 层，外层及最外层极小，卵形，顶端急尖，内层卵状披针形，顶端急尖或钝。舌状小花黄色，极少白色，10 ~ 25 枚。瘦果压扁，褐色，长椭圆形，无毛，有 10 条高起的尖翅肋。冠毛白色，白色，纤细，微糙，不等长。花果期 3—6 月。

分　布：分布于我国陕西、江苏、山东、浙江、福建、安徽、台湾、江西、湖南、广东、广西、贵州、四川、云南。生长于山坡林缘、灌丛、草地、田野路旁。

照片来源：潍坊

菊　科 Compositae

中华小苦荬 *Ixeridium chinense*

中文种名： 中华小苦荬

拉丁学名： *Ixeridium chinense*

分类地位： 被子植物门 / 木兰纲 / 菊目 / 菊科 / 小苦荬属

识别特征： 多年生草本，有乳汁，高5～47厘米。茎直立单生或少数茎成簇生，上部伞房花序状分枝。基生叶长椭圆形、倒披针形、线形或舌形，包括叶柄长2.5～15厘米，宽2～5.5厘米，顶端钝或急尖或向上渐窄，

基部渐狭成有翼的短或长柄，全缘，不分裂亦无锯齿或边缘有尖齿或凹齿，或羽状浅裂、半裂或深裂，侧裂片2～7对。茎生叶2～4枚，极少1枚或无茎叶，长披针形或长椭圆状披针形，不裂，边缘全缘，顶端渐狭，基部扩大，耳状抱茎或至少基部茎生叶的基部有明显的耳状抱茎；全部叶两面无毛。头状花序通常在茎枝顶端排成伞房花序，含舌状小花21～25枚。总苞圆柱状，总苞片3～4层，外层及最外层宽卵形，内层长椭圆状倒披针形。

舌状小花黄色。瘦果呈褐色，长椭圆形。冠毛白色，微糙。花果期1—10月。

分　　布： 分布于我国黑龙江、山西、陕西、山东、江苏、安徽、浙江、江西、福建、台湾、河南、四川、贵州、云南、西藏。生长于山坡路旁、田野、河边灌丛或岩石缝隙中。

照片来源： 潍坊

渤海山东海域海洋保护区生物多样性图集

陆生植被

中文种名：抱茎小苦荬

拉丁学名：*Ixeridium sonchifolium*

分类地位：被子植物门 / 木兰纲 / 菊目 / 菊科 / 小苦荬属

识别特征：多年生草本，高 15 ～ 60 厘米。根垂直直伸，不分枝或分枝。根状茎极短。茎单生，直立，全部茎枝无毛。基生叶莲座状，匙形、长倒

披针形或长椭圆形，包括基部渐狭的宽翼柄长 3 ～ 15 厘米，宽 1 ～ 3 厘米，或不分裂，边缘有锯齿，顶端圆形或急尖，或大头羽状深裂，顶裂片大，侧裂片 3 ～ 7 对；中下部茎叶长椭圆形、匙状椭圆形、倒披针形或披针形，与基生叶等大或较小；上部茎叶及接花序分枝处的叶心状披针形，边缘全缘，极少有锯齿或尖锯齿；全部叶两面无毛。头状花序多数或少数，在茎枝顶端排成伞房花序或伞房圆锥花序，含舌状小花约 17 枚。总苞圆柱形，长 5 ～ 6 毫米；总苞片 3 层，外层及最外层短，卵形或长卵形，顶端急尖，内层长披针形，顶端急尖，全部总苞片外面无毛。舌状小花黄色。瘦果呈黑色，纺锤形。冠毛白色，微糙毛状。花果期 3—5 月。

分　　布：分布于我国辽宁、河北、山西、内蒙古、陕西、甘肃、山东、江苏、浙江、河南、湖北、四川、贵州。生长于海拔 100 ～ 2 700 米的山坡或平原路旁、林下、河滩地、岩石上或庭院中。

照片来源：潍坊

菊科 **Compositae**

329

窄叶小苦荬 *Ixeridium gramineum*

中文种名：窄叶小苦荬

拉丁学名：*Ixeridium gramineum*

分类地位：被子植物门 / 木兰纲 / 菊目 /
菊科 / 小苦荬属

识别特征：多年生草本，高 6 ~ 30 厘
米。根垂直或弯曲，不分枝
或有分枝，生多数或少数须
根。茎低矮，主茎不明显，
自基部多分枝，全部茎枝无
毛。基生叶匙状长椭圆形、
长椭圆形、长椭圆状倒披针
形等，包括叶柄长 3.5 ~ 7.5
厘米，宽 0.2 ~ 6 厘米，边

缘全缘或有尖齿或羽状浅裂或深裂或至少基生叶
中含有羽状分裂的叶，基部渐狭成长或短柄，侧
裂片 1 ~ 7 对，集中在叶的中下部；茎生叶少数，
1 ~ 2 枚，通常不裂，较小，与基生叶同形，基部
无柄，稍见抱茎；全部叶两面无毛。头状花序多
数，在茎枝顶端排成伞房花序或伞房圆锥花序，
含 15 ~ 27 枚舌状小花。总苞圆柱状；总苞片 2 ~ 3
层，外层及最外层小，宽卵形，顶端急尖，内层长，
线状长椭圆形，顶端钝。舌状小花黄色，极少白
色或红色。瘦果呈红褐色，稍压扁，长椭圆形。
冠毛白色，微粗糙。花果期 3—9 月。

分　　布：分布于我国黑龙江、吉林、内蒙古、河北、山西、陕西、甘肃、青海、新疆、山东、江苏、
浙江、江西、福建、河南、湖北、湖南、广东、四川、贵州、云南、西藏。生长于海拔
100 ~ 4000 米的山坡草地、林缘、林下、河边、沟边、荒地及沙地上。

照片来源：潍坊

渤海山东海域海洋保护区生物多样性图集

陆生植被

中文种名：婆罗门参

拉丁学名：*Tragopogon pratensis*

分类地位：被子植物门 / 木兰纲 / 菊目 / 菊科 / 婆罗门参属

识别特征：二年生草本，高 25 ~ 100 厘米。根垂直直伸，圆柱状。茎直立，不分枝或分枝，有纵沟纹，无毛。下部叶长，线形或线状披针形，基部扩大，半抱茎，向上渐尖，边缘全缘，有时皱波状，中上部茎叶与下部叶同形，但渐小。头状花序单生茎顶或植株含少数头状花序，但头状花序生枝端，花序梗在果期不扩大。总苞圆柱状，长 2 ~ 3 厘米，总苞片 8 ~ 10 枚，披针形或线状披针形，长 2 ~ 3 厘米，宽 8 ~ 12 毫米，先端渐尖，下部棕褐色。舌状小花黄色，干时蓝紫色。瘦果呈长灰黑色或灰褐色，长约 1.1 厘米，有纵肋，沿肋有小而钝的疣状凸起，向上急狭成细喙，喙长 0.8 ~ 1.1 厘米，喙顶不增粗，与冠毛连结处有蛛丝状毛环。冠毛灰白色，长 1 ~ 1.5 厘米。花果期 5—9 月。

分　布：主要分布于我国新疆。生长于海拔 1 200 ~ 4 500 米的山坡草地及林间草地。

照片来源：长岛

蒲公英 *Taraxacum mongolicum*

中文种名：蒲公英

拉丁学名：*Taraxacum mongolicum*

分类地位：被子植物门 / 木兰纲 / 菊目 / 菊科 / 蒲公英属

识别特征：多年生草本。叶倒卵状披针形、倒披针形或长圆状披针形，长 4～20 厘米，边缘有时具波状齿或羽状深裂，有时倒向羽状深裂或大头羽状深裂，顶端裂片较大，每侧裂片 3～5，通常具齿，平展或倒向，裂片间常生小齿，

基部渐窄成叶柄，叶柄及主脉常带红紫色，疏被蛛丝状白色柔毛或几无毛。花葶 1 个至数个，高 10～25 厘米，上部紫红色，密被总苞钟状，长 1.2～1.4 厘米，淡绿色，总苞片 2～3 层，外层卵状披针形或披针形，长 0.8～1 厘米，边缘宽膜质，基部淡绿色，上部紫红色，先端背面增厚或具角状凸起；内层线状披针形，长 1～1.6 厘米，先端紫红色，背面具小角状凸起。舌状花黄色，舌片长约 8 毫米，边缘花舌片背面具紫红色条纹。瘦果呈倒卵状披针形，暗褐色，上部具小刺，下部具成行小瘤；冠毛白色。花期 4—9 月，果期 5—10 月。

分　布：分布于我国黑龙江、吉林、辽宁、内蒙古、河北、山西、陕西、甘肃、青海、山东、江苏、安徽、浙江、福建北部、台湾、河南、湖北、湖南、广东北部、四川、贵州、云南等地。广泛生长于中、低海拔地区的山坡草地、路边、田野、河滩。

照片来源：潍坊

渤海山东海域海洋保护区生物多样性图集

陆生植被

泽泻科 Alismataceae

　　多年生，稀一年生，沼生或水生草本；具乳汁或无；具根状茎、匍匐茎、球茎、珠芽。叶基生，直立，挺水、浮水或沉水；叶片条形、披针形、卵形、椭圆形、箭形等，全缘；叶脉平行；叶柄长短随水位深浅有明显变化，基部具鞘，边缘膜质或否。花序总状、圆锥状或呈圆锥状聚伞花序，稀 1～3 花单生或散生。花两性、单性或杂性，辐射对称；花被片 6 枚，排成 2 轮，覆瓦状，外轮花被片宿存，内轮花被片易枯萎、凋落；雄蕊 6 或多数，花药 2 室，外向，纵裂，花丝分离，向下逐渐增宽，或上下等宽；心皮多数，轮生，或螺旋状排列，分离，花柱宿存，通常有胚珠 1 颗，着生于子房基部。瘦果两侧压扁，或为小坚果，多少胀圆。通常种子呈褐色、深紫色或紫色；胚马蹄形，无胚乳。

　　本科约 11 属，约 100 种，主要产于北半球温带至热带地区，大洋洲、非洲亦有分布。我国有 4 属 20 种 1 亚种 1 变种 1 变型，野生或引种栽培，在南北地区均有分布。

　　山东渤海海洋生态保护区共发现本科植物 2 属，共 2 种。

慈 姑 *Sagittaria trifolia* var. *sinensis*

中文种名：慈姑

拉丁学名：*Sagittaria trifolia* var. *sinensis*

分类地位：被子植物门 / 百合纲 / 泽泻目 / 泽泻科 / 慈姑属

识别特征：多年生水生或沼生草本。植株高大，粗壮，高达1米；根状茎横走，较粗壮，末端膨大或否。匍

匍茎末端膨大呈球茎，球茎卵圆形或球形。叶片宽大，肥厚，顶裂片先端钝圆，卵形至宽卵形；挺水叶箭形；叶柄基部渐宽，鞘状，边缘膜质，具横脉，或不明显。花序圆锥状，长20～60厘米，有时可达80厘米以上，分枝1～2(3)，着生于下部，具1～2轮雌花，主轴雌花3～4轮，位于侧枝之上；雄花多轮，生于上部，组成大型圆锥花序，果期常斜卧水中；花药黄色，花丝长短不一，通常外轮短，向里渐长。果期花托扁球形，直径4～5毫米，高约3毫米。瘦果两侧压扁，呈倒卵形；果喙短，自腹侧斜上。种子呈褐色，具小凸起。

分　　布：分布于我国长江流域及其以南各地，太湖沿岸及珠江三角洲为主产区，北方地区有少量栽培。

照片来源：东营

渤海山东海域海洋保护区生物多样性图集

陆生植被

中文种名：泽泻

拉丁学名：*Alisma plantago-aquatica*

分类地位：被子植物门／百合纲／泽泻目／泽泻科／泽泻属

识别特征：多年生水生或沼生草本。块茎直径 1～3.5 厘米，或更大。叶通常多数；沉水叶条形或披针形；挺水叶宽披针形、椭圆形至卵形，先端渐尖，稀急尖，基部宽楔形、浅心形，叶脉通常 5 条，叶柄长 1.5～30 厘米，基部渐宽，边缘膜质。花葶高 78～100 厘米，

或更高；花序长 15～50 厘米，或更长，具 3～8 轮分枝，每轮分枝 3～9 枚。花两性，花梗长 1～3.5 厘米；外轮花被片广卵形，通常具 7 脉，边缘膜质，内轮花被片近圆形，远大于外轮，边缘具不规则粗齿，白色，粉红色或浅紫色；心皮 17～23 枚，排列整齐，花柱直立，长于心皮，柱头短，约为花柱的 1/9～1/5；花丝长 1.5～1.7 毫米，基部宽约 0.5 毫米，花药椭圆形，黄色，或淡绿色；花托平凸，近圆形。瘦果呈椭圆形，或近矩圆形，背部具 1～2 条不明显浅沟，下部平，果喙自腹侧伸出，喙基部凸起，膜质。种子呈紫褐色，具凸起。花果期 5—10 月。

分　　布：分布于我国黑龙江、吉林、辽宁、内蒙古、河北、山西、陕西、新疆、云南等地。生长于湖泊、河湾、溪流、水塘的浅水带，沼泽、沟渠及低洼湿地。

照片来源：东营

天南星科 Araceae

草本植物，具块茎或伸长的根茎；稀为攀援灌木或附生藤本，富含苦味水汁或乳汁。叶单一或少数，有时花后出现，通常基生，如茎生则为互生，二列或螺旋状排列，叶柄基部或一部分鞘状；叶片全缘时多为箭形、戟形，或掌状、鸟足状、羽状或放射状分裂；大都具网状脉，稀具平行脉。花小或微小，常极臭，排列为肉穗花序；花序外面有佛焰苞包围。花两性或单性。花单性时雌雄同株（同花序）或异株。雌雄同序者雌花居于花序的下部，雄花居于雌花群之上。两性花有花被或否。花被如存在则为2轮，花被片2或3枚，整齐或不整齐的覆瓦状排列，常倒卵形，先端拱形内弯；稀合生成坛状。雄蕊通常与花被片同数且与之对生、分离；在无花被的花中；雄蕊2～4～8或多数，分离或合生为雄蕊柱；花药2室，药室对生或近对生，室孔纵长；花粉分离或集成条状；花粉粒头状椭圆形或长圆形，光滑。假雄蕊（不育雄蕊）常存在；在雌花序中围绕雌蕊，有时单一，位于雌蕊下部；在雌雄同序的情况下，有时多数位于雌花群之上，或常合生成假雄蕊柱，但经常完全退化，这时全部假雄蕊合生且与肉穗花序轴的上部形成海绵质的附属器。子房上位或稀陷入肉穗花序轴内，1至多室，基底胎座、顶生胎座、中轴胎座或侧膜胎座，胚珠直生、横生或倒生，1至多数，内珠被之外常有外珠被，后者常于珠孔附近作流苏状，珠柄长或短；花柱不明显，或伸长成线形或圆锥形，宿存或脱落；柱头各式，全缘或分裂。果为浆果，极稀紧密结合而为聚合果；种子1至多粒，呈圆形、椭圆形、肾形或伸长，外种皮肉质，有的上部流苏状；内种皮光滑，有窝孔，具疣或肋状条纹，种脐扁平或隆起，短或长。胚乳厚，肉质，贫乏或不存在。

本科约105属2 000余种，其中88属分布于热带地区，温带地区分布的仅有17属。我国有35属208种。

山东渤海海洋生态保护区共发现本科植物1属，共1种。

半　夏 *Pinellia ternata*

中文种名：半夏

拉丁学名：*Pinellia ternata*

分类地位：被子植物门／百合纲／天南星目／天南星科／半夏属

识别特征：块茎圆球形，直径 1～2 厘米，具须根。叶 2～5 枚，有时 1 枚。叶柄长 15～20 厘米，基部具鞘，鞘内、鞘部以上或叶片基部有直径 3～5 毫米的珠芽，珠芽在母株上萌发或落地后萌发；幼苗叶片卵状心形至戟形，为全缘单叶，长 2～3 厘米，宽 2～2.5 厘米；老株叶片 3 全裂，裂片长圆状椭圆形或披针形，两头锐尖，中裂片长 3～10 厘米，宽 1～3 厘米；侧裂片稍短；全缘或具不明显的浅波状圆齿，侧脉 8～10 对，细弱，细脉网状，密集。花序柄长 25～30 (35) 厘米，长于叶柄。佛焰苞绿色或绿白色，管部狭圆柱形，长 1.5～2 厘米；檐部长圆形，绿色，有时边缘青紫色，长 4～5 厘米，钝或锐尖。肉穗花序，雌花序长 2 厘米，雄花序长 5～7 毫米，其中间隔 3 毫米；附属器绿色变青紫色，长 6～10 厘米，直立，有时呈"S"形弯曲。浆果呈卵圆形，黄绿色，先端渐狭为明显的花柱。花期 5—7 月，果期 8 月。

分　　布：除我国内蒙古、新疆、青海、西藏尚未发现野生的外，全国各地广布。在海拔 2 500 米以下，常见于草坡、荒地、玉米地、田边或疏林下，为旱地中的杂草之一。

照片来源：潍坊

天南星科 Araceae

337

鸭跖草科 Commelinaceae

一年生或多年生草本，有的茎下部木质化。茎有明显的节和节间。叶互生，有明显的叶鞘；叶鞘开口或闭合。花通常在蝎尾状聚伞花序上，聚伞花序单生或集成圆锥花序，有的伸长而很典型，有的缩短呈头状，有的无花序梗而花簇生，甚至有的退化为单花。顶生或腋生，腋生的聚伞花序有的穿透包裹它的那个叶鞘而钻出鞘外。花两性，极少单性。萼片3，分离或仅在基部连合，常为舟状或龙骨状，有的顶端盔状。花瓣3，分离，或花瓣在中段合生成筒，而两端仍然分离。雄蕊6，全育或仅2～3能育而有1～3退化雄蕊；花丝有念珠状长毛或无毛；花药并行或稍稍叉开，纵缝开裂，罕见顶孔开裂；退化雄蕊顶端4裂呈蝴蝶状、3全裂、2裂叉开呈哑铃状，或不裂；子房3室，或退化为2室，每室有1至数颗直生胚珠。果实大多为室背开裂的蒴果，稀为浆果状而不裂。种子大而少数，富含胚乳，种脐条状或点状，胚盖位于种脐的背面或背侧面。

本科约40属600种，主要分布于全球热带地区，少数种分布于亚热带地区，仅个别种分布在温带地区。我国有13属53种，主要分布于云南、广东、广西和海南。

山东渤海海洋生态保护区共发现本科植物1属，共1种。

鸭跖草 *Commelina communis*

中文种名：鸭跖草

拉丁学名：*Commelina communis*

分类地位：被子植物门/百合纲/鸭跖草目/鸭跖草科/鸭跖草属

识别特征：一年生披散草本。茎匍匐生根，多分枝，长可达1米，下部无毛，上部被短毛。叶

披针形至卵状披针形，长3～9厘米，宽1.5～2厘米。总苞片佛焰苞状，有1.5～4厘米的柄，与叶对生，折叠状，展开后为心形，顶端短急尖，基部心形，长1.2～2.5厘米，边缘常有硬毛；聚伞花序，下面一枝仅有花1朵，具长8毫米的梗，不孕；上面一枝具花3～4朵，具短梗，几乎不伸出佛焰苞。花梗花期时长仅3毫米，果期时弯曲，长不过6毫米；萼片膜质，长约5毫米，内面2枚常靠近或合生；花瓣深蓝色；内面2枚具爪，长近1厘米。蒴果呈椭圆形，长5～7毫米，2室，2片裂，有种子4粒。种子长2～3毫米，棕黄色，一端平截，腹面平，有不规则窝孔。花期夏季。

分　　布：分布于我国云南、四川、甘肃以东的南北各地。生长于路旁、田边、河岸、宅旁、山坡及林缘阴湿处。

照片来源：长岛

鸭跖草科 Commelinaceae

灯心草科 Juncaceae

　　多年生、稀一年生草本，极稀灌木状。根状茎直伸或横走。茎丛生，圆柱形或扁圆柱形，不分枝，具纵沟，具间断或不间断的髓心或中空。叶基生或兼茎生，茎生叶常3列，稀2列，低出叶（芽苞叶）鞘状或鳞片状；叶线形、圆筒形或披针形，稀毛发状或芒刺状；叶鞘开放或闭合，叶鞘与叶片连接处有或无叶耳。花单生，穗状或头状花序，头状花序常组成圆锥状、总状、伞形或伞房状复花序，具苞片及小苞片（先出叶）。花两性，稀单性异株；花被片6，2轮，稀内轮退化；雄蕊6，与花被片对生，有时内轮的3退化，花药基着，药室纵裂；雌蕊具3心皮，子房上位，1或3室，有时不完全3室，柱头3，通常扭曲，胚珠3至多颗。蒴果，室背开裂。种子一端或两端具尾状附属物。

　　本科有8属，约400种，分布在世界各地的温带和寒带的湿地及贫瘠土壤地带。我国只有灯心草属和地杨梅属2属，共约80种，分布在全国各地，南部地区较少。

　　山东渤海海洋生态保护区共发现本科植物1属，共1种。

灯心草 *Juncus effusus*

中文种名：灯心草

拉丁学名：*Juncus effusus*

分类地位：被子植物门 / 百合纲 / 灯心草目 /
灯心草科 / 灯心草属

识别特征：多年生草本；根状茎粗壮横走，
具黄褐色稍粗的须根。茎丛生，
直立，圆柱形，淡绿色，具纵条纹，
高 40 ～ 100 厘米，直径 1.5 ～ 4
毫米，内充满乳白色髓。低出叶
鞘状或鳞片状，包围在茎的基部，

基部红褐色至黑褐色；叶片退化为刺芒状。聚伞花序假侧生，含多花，排列紧密或疏散；
总苞片生于顶端，似茎的延伸，直立，顶端尖锐；花淡绿色；花被片线状披针形，顶端锐
尖，背脊增厚凸出，黄绿色，边缘膜质，外轮者稍长于内轮；雄蕊 3（偶有 6），长约为花
被片的 2/3；花药长圆形，黄色，稍短于花丝；雌蕊具 3 室子房；花柱极短；柱头 3 分叉。
蒴果呈长圆形或卵形，顶端钝或微凹，黄褐色。种子呈卵状长圆形，黄褐色。花期 4—7 月，
果期 6—9 月。

分　　布：分布于我国黑龙江、吉林、辽宁、河北、陕西、甘肃、山东、江苏、安徽、浙江、江西、
福建、台湾、河南、湖北、湖南、广东、广西、四川、贵州、云南、西藏。生长于海拔
1 650 ～ 3 400 米的河边、池旁、水沟、稻田旁、草地及沼泽湿处。

照片来源：长岛

灯心草科 Juncaceae

341

莎草科 Cyperaceae

　　多年生草本，稀一年生。多具根状茎，有的具地下匍匐茎，稀地下匍匐茎顶端具小块茎。秆多三棱形，稀圆柱形，丛生或散生。叶基生和秆生或仅有基生叶或秆生叶，通常具闭合叶鞘和窄长叶片，或仅具叶鞘无叶片。花序由几个至多数单生或簇生小穗组成头状、穗状或总状花序，长侧枝聚伞花序或圆锥花序，稀小穗单一顶生。小穗具 1 至多花，花两性或单性，雌雄同株，稀雌雄异株，单生于鳞片腋内；鳞片覆瓦状螺旋排列或 2 列生于小穗轴，花被退化成下位鳞片或下位刚毛或无花被，有的雌花为先出叶形成的果囊所包；雄蕊 3，稀 1～2，花丝线形，花药基着；子房 1 室，1 颗胚珠，花柱单一，柱头 2～3。小坚果，长三棱状、双凸状、平凸状或球形。

　　本科约 90 属 4 000 余种，广布全世界。我国约有 28 属 800 余种，南北地区均产。大多生长在潮湿处或沼泽中，也生长在山坡草地或林下。

　　山东渤海海洋保护区共发现本科植物 3 属，共 7 种。

水 葱 *Scirpus validus*

中文种名：水葱

拉丁学名：*Scirpus validus*

分类地位：被子植物门 / 百合纲 / 莎草目 / 莎草科 / 藨草属

识别特征：匍匐根状茎粗壮，具许多须根。秆高大，圆柱状，高 1 ～ 2 米，平滑，基部具 3 ～ 4 个叶鞘，鞘长可达 38 厘米，管状，膜质，最上面一个叶鞘具叶片。叶片线形，长 1.5 ～ 11 厘米。苞片 1，为秆的延长，直立，钻状，常短于花序，极少数稍长于花序；长侧枝聚伞花序简单或复出，假侧生，具 4 ～ 13 或更多个辐射枝；辐射枝长可达 5 厘米，一面凸，一面凹，边缘有锯齿；小穗单生或 2 ～ 3 个簇生于辐射枝顶端，卵形或长圆形，顶端急尖或钝圆，具多数花；鳞片椭圆形或宽卵形，顶端稍凹，具短尖，膜质，长约 3 毫米，棕色或紫褐色，有时基部色淡，背面有铁锈色凸起小点，脉 1 条，边缘具缘毛；下位刚毛 6 条，等长于小坚果，红棕色，有倒刺；雄蕊 3，花药线形，药隔突出；花柱中等长，柱头 2，罕 3，长于花柱。小坚果呈倒卵形或椭圆形，双凸状，少有三棱形。花果期 6—9 月。

分　布：分布于我国东北各省、内蒙古、山东、山西、陕西、甘肃、新疆、河北、江苏、贵州、四川、云南。生长在湖边或浅水塘中。

照片来源：潍坊

莎草科 Cyperaceae

343

扁秆藨草 *Scirpus planiculmis*

中文种名： 扁秆藨草

拉丁学名： *Scirpus planiculmis*

分类地位： 被子植物门 / 百合纲 / 莎草目 / 莎草科 / 藨草属

识别特征： 具匍匐根状茎和块茎。秆高 60 ~ 100 厘米，一般较细，三棱形，平滑，靠近花序部分粗糙，基部膨大，具秆生叶。叶扁平，宽 2 ~ 5 毫米，向顶部渐狭，具长叶鞘。叶状苞片 1 ~ 3，常长于花

序，边缘粗糙；长侧枝聚伞花序短缩呈头状，或有时具少数辐射枝，通常具 1 ~ 6 个小穗；小穗卵形或长圆状卵形，锈褐色，长 10 ~ 16 毫米，宽 4 ~ 8 毫米，具多数花；鳞片膜质，长圆形或椭圆形，长 6 ~ 8 毫米，褐色或深褐色，外面被稀少的柔毛，背面具一条稍宽的中肋，顶端或多或少缺刻状撕裂，具芒；下位刚毛 4 ~ 6 条，上生倒刺，长为小坚果的 1/2 ~ 2/3；雄蕊 3，花药线形，长约 3 毫米，药隔稍突出于花药顶端；花柱长，柱头 2。小坚果呈宽倒卵形，或倒卵形，扁，两面稍凹，或稍凸，长 3 ~ 3.5 毫米。花期 5—6 月，果期 7—9 月。

分　　布： 分布于我国东北各省、内蒙古、山东、河北、河南、山西、青海、甘肃、江苏、浙江、云南；生长于湖、河边近水处，海拔高度 2 ~ 1600 米处都能生长。

照片来源： 潍坊

渤海山东海域海洋保护区生物多样性图集

陆生植被

344

糙叶薹草 *Carex scabrifolia*

中文种名：糙叶薹草
拉丁学名：*Carex scabrifolia*
分类地位：被子植物门 / 百合纲 / 莎
草目 / 莎草科 / 薹草属
识别特征：根状茎具地下匍匐茎。
秆常 2～3 株簇生于匍
匐茎节上，高 30～60
厘米，较细，三棱形，
平滑，上端稍粗糙，基
部具红褐色无叶片的鞘。
叶短于秆或上面的稍长
于秆，宽 2～3 毫米，
质坚挺，中间具沟或边
缘稍内卷，边缘粗糙，

具较长的叶鞘。苞片下面的叶状，长于花序，
无苞鞘，上面的近鳞片状。小穗 3～5 个，
上端的 2～3 个小穗为雄小穗，狭圆柱形，
长 1～3.5 厘米；其余 1～2 个为雌小穗，
长圆形或近卵形，长 1.5～2 厘米，宽约
1 厘米，具较密生的 10 余朵花。果囊斜展，
长于鳞片，长圆状椭圆形，鼓胀三棱形，近
木栓质，棕色，无毛，具微凹的多条脉，基
部急缩成宽钝形，顶端急狭成短而稍宽的喙，
喙口呈半月形微凹，具两短齿。小坚果紧密
地为果囊所包裹，呈长圆形或狭长圆形，钝

三棱形，棕色；花柱短，基部稍增粗，柱头 3。花果期 4—7 月。

分　　布：分布于我国辽宁、河北、山东、江苏、浙江、福建、台湾。生长于海滩沙地或沿海地区
的湿地与田边。

照片来源：长岛

莎草科 Cyperaceae

345

白颖薹草 *Carex duriuscula* subsp. *rigescens*

中文种名：白颖薹草

拉丁学名：*Carex duriuscula* subsp. *rigescens*

分类地位：被子植物门 / 百合纲 / 莎草目 / 莎草科 / 薹草属

识别特征：多年生草本。根茎细长，匍匐。秆高 5 ～ 40 厘米，基部有黑褐色纤维状残存叶鞘。叶短于秆，宽 1 ～ 3 毫米，扁平。苞片鳞片状，穗状花序卵形或卵状椭圆形，由 5 ～ 8 个小穗密集于秆端；小穗卵形，长 5 ～ 8 毫米，顶端少数为雄花，其余均为雌花；雌花鳞片卵形或卵状椭圆形，长 3 ～ 4 毫米，淡锈色，有宽白色膜质边缘，先端锐尖，有脉 1 ～ 3 条。果囊呈卵形，与鳞片近等长，革质，长 3 ～ 4 毫米，平凸状，锈色，两面均有多脉，基部圆，先端急缩成短喙，喙先端具 2 小齿。小坚果呈宽椭圆形，长约 2.5 毫米；花柱基部略膨大，柱头 2 个。花果期 4—6 月。

分　　布：分布于我国辽宁、吉林、内蒙古、河北、山西、河南、山东、陕西、甘肃、宁夏、青海。生长于山坡、半干旱地区或草原上。

照片来源：潍坊

矮生薹草 *Carex pumila*

中文种名：矮生薹草

拉丁学名：*Carex pumila*

分类地位：被子植物门／百合纲／莎草目／莎草科／薹草属

识别特征：根状茎具细长分枝地下匍匐茎。秆疏丛生，高10～30厘米，三棱形，几全为叶鞘所包，下部多枚叶鞘淡红褐色无叶片，鞘一侧裂为网状。叶长于秆或近等长，宽3～4毫米，平展或对折，坚挺，脉和边缘粗糙，具鞘；苞片下部的叶状，长于小穗。小穗3～6，间距较短，上端2～3雄小穗，棍棒形或窄圆柱形，具短柄；余1～3雌小穗，长圆形或长圆状圆柱形，多花稍疏生，具短柄或近无柄。雌花鳞片宽卵形，先端渐尖，具短尖或短芒，膜质，淡褐或带锈色短线点，中间绿色，边缘白色透明，3条脉。果囊斜展，卵形，鼓胀三棱状，木栓质，淡黄或淡黄褐色，无毛，

多脉微凹，柄粗短，喙稍宽短，喙口带血红色，具2短齿。小坚果紧包果囊中，呈宽倒卵形或近椭圆形，三棱状，长约3.5毫米，具短柄；花柱中等长，基部稍增粗，宿存，柱头3。

分　布：分布于我国辽宁、河北、山东、江苏、浙江、福建、台湾等沿海地区的海边沙地。

照片来源：长岛

莎草科 Cyperaceae

347

中文种名： 香附子

拉丁学名： *Cyperus rotundus*

分类地位： 被子植物门 / 百合纲 / 莎草目 / 莎草科 / 莎草属

识别特征： 匍匐根状茎长，具椭圆形块茎。秆稍细弱，高 15 ～ 95 厘米，锐三棱形，平滑，基部呈块茎状。叶较多，短于秆，宽 2 ～ 5 毫米，平张；鞘棕色，常裂成纤维状。叶状苞片 2 ～ 3 (5) 枚，常长于花序，或有时短于花序；长侧枝聚伞花序简单或复出，具 (2) 3 ～ 10 个辐射枝；辐射枝最长达 12 厘米；穗状花序轮廓为陀螺形，稍疏松，具 3 ～ 10 个小穗；小穗斜展开，线形，长 1 ～ 3 厘米，宽约 1.5 毫米，具 8 ～ 28 朵花；小穗轴具较宽的、白色透明的翅；鳞片稍密地覆瓦状排列，膜质，卵形或长圆状卵形，长约 3 毫米，顶端急尖或钝，无短尖，中间绿色，两侧紫红色或红棕色，具 5 ～ 7 条脉；雄蕊 3，花药长，线形，暗血红色，药隔突出于花药顶端；花柱长，柱头 3，细长，伸出鳞片外。小坚果呈长圆状倒卵形，三棱形，长为鳞片的 1/3 ～ 2/5，具细点。花果期 5—11 月。

分　　布： 分布于我国陕西、甘肃、山西、河南、河北、山东、江苏、浙江、江西、安徽、云南、贵州、四川、福建、广东、广西、台湾等地。生长于山坡荒地草丛中或水边潮湿处。

照片来源： 潍坊

禾本科 Gramineae

　　一年生、二年生或多年生草本或木本植物，有或无地下茎，地上茎通称秆，秆中空有节，很少实心；单叶，叶通常由叶片和叶鞘组成（竹类尚有叶柄），叶鞘包着秆（包着竹秆的称箨鞘），除少数种类闭合外，通常一侧开裂；叶片扁平，线形、披针形或狭披针形（箨鞘顶端的叶片称箨叶），脉平行，除少数种类外，脉间无横脉；叶片与叶鞘交接处内面常有1小片称叶舌（竹类称箨舌）；叶鞘顶端两侧各有1附属物称叶耳（竹类称箨耳）；花序常由小穗排成穗状、总状、指状、圆锥状等型式；小穗有花1至多朵，排列于小穗轴上，基部有1～2枚或多枚不孕的苞片，称为颖；花两性、单性或中性，通常小，为外稃和内稃包被着，颖和外稃基部质地坚厚部分称基盘，外稃与内稃中有2或3（很少有6或无）小薄片（即花被），称鳞被或浆片；雄蕊通常3，很少1、2、4或6，花丝纤细，花药常丁字着生，子房1室，有1胚珠，花柱2，很少1或3；柱头常为羽毛状或刷帚状；果实为颖果，果皮常与种皮贴生，少数种类的果皮与种皮分离，称囊果，更有少数为浆果或坚果。种子有丰富的胚乳，基部有一细小的胚，胚的对面为种脐。

　　本科约660余属，近10 000种，广布于全世界，我国有230余属，约1 500种，全国各地皆产。

　　山东渤海海洋生态保护区共发现本科植物26属，共35种。

淡 竹 *Phyllostachys glauca*

中文种名：淡竹

拉丁学名：*Phyllostachys glauca*

分类地位：被子植物门 / 百合纲 / 莎草目 / 禾本科 / 刚竹属

识别特征：竿高 5 ～ 12 米，粗 2 ～ 5 厘米，幼竿密被白粉，无毛，老竿灰黄绿色；竿环与箨环均稍隆起。箨鞘背面淡紫褐色至淡紫绿色，无毛，具紫色脉纹及疏生的小斑点或斑块，无箨耳及鞘口繸毛；箨舌暗紫褐色，高约 2 ～ 3 毫米，截形，边缘有波状裂齿及细短纤毛；箨片线状披针形或带状，开展或外翻，绿紫色，边缘淡黄色。末级小枝具 2 枚、2 枚或 3 枚叶；叶耳及鞘口繸毛均存在但早落；叶舌紫褐色；叶片长 7 ～ 16 厘米，宽 1.2 ～ 2.5 厘米，下表面沿中脉两侧稍被柔毛。花枝呈穗状，基部有 3 ～ 5 片逐渐增大的鳞片状苞片；小穗长约 2.5 厘米，狭披针形，含 1 或 2 朵小花，常以最上端一朵成熟；小穗轴最后延伸呈刺芒状，节间密生短柔毛；颖不存在或仅 1 片；外稃长约 2 厘米；内稃稍短于其外稃；花药长 12 毫米；柱头 2 个，羽毛状。笋期 4 月中旬至 5 月底，花期 6 月。

分　　布：分布于我国黄河流域至长江流域各地，是常见的栽培竹种之一。

照片来源：潍坊

渤海山东海域海洋保护区生物多样性图集

陆生植被

稗 *Echinochloa crusgalli*

中文种名：稗

拉丁学名：*Echinochloa crusgalli*

分类地位：被子植物门 / 百合纲 / 莎草目 / 禾本科 / 稗属

识别特征：一年生。秆高 50 ~ 150 厘米，光滑无毛，基部倾斜或膝曲。叶鞘疏松裹秆，平滑无毛，短于节间；叶舌缺；叶片扁平，线形，长 10 ~ 40 厘米，宽 5 ~ 20 毫米，无毛，边缘粗糙。圆锥花序直立，长 6 ~ 20 厘米；主轴具棱，粗糙或具疣基长刺毛；分枝斜上举或贴向主轴；小穗卵形，长 3 ~ 4 毫米，脉上密被

疣基刺毛，具短柄或近无柄，密集在穗轴的一侧；第一颖三角形，长为小穗的 1/3 ~ 1/2，具 3 ~ 5 脉，脉上具疣基毛，基部包卷小穗，先端尖；第二颖与小穗等长，先端渐尖或具小尖头，具 5 脉，脉上具疣基毛；第一小花通常中性，其外稃草质，上部具 7 脉，脉上具疣基刺毛，顶端延伸成一粗壮的芒，芒长 0.5 ~ 1.5 (3) 厘米，内稃薄膜质，狭窄，具 2 脊；第二外稃椭圆形，平滑，光亮，成熟后变硬，顶端具小尖头，尖头上有一圈细毛，边缘内卷，包着同质的内稃，但内稃顶端露出。花果期夏秋季。

分　　布：分布几遍全国，以及全世界温暖地区。多生长于沼泽地、沟边及水稻田中。

照片来源：潍坊

禾本科 Gramineae

351

中文种名：无芒稗

拉丁学名：*Echinochloa crusgalli* var. *mitis*

分类地位：被子植物门 / 百合纲 / 莎草目 / 禾本科 / 稗属

识别特征：秆高 50 ～ 120 厘米，直立，粗壮；叶片长 20 ～ 30 厘米，宽 6 ～ 12 毫米。圆锥花序直立，长 10 ～ 20 厘米，分枝斜上举而开展，常再分枝；小穗卵状椭圆形，长约 3 毫米，无芒或具极短芒，芒长常不超过 0.5 毫米，脉上被疣基硬毛。

分　布：分布于我国东北、华北、西北、华东、西南及华南等地。多生长于水边或路边草地上。

照片来源：潍坊

渤海山东海域海洋保护区生物多样性图集

陆生植被

352

中文种名：棒头草

拉丁学名：*Polypogon fugax*

分类地位：被子植物门 / 百合纲 / 莎草目 / 禾本科 / 棒头草属

识别特征：一年生。秆丛生，基部膝曲，大都光滑，高 10 ～ 75 厘米。叶鞘光滑无毛，大都短于或下部者长于节间；叶舌膜质，长圆形，长 3 ～ 8 毫米，常 2 裂或顶端具不整齐的裂齿；叶片扁平，微粗糙或下面光滑，长 2.5 ～ 15 厘米，宽 3 ～ 4 毫米。圆锥花序穗状，长圆形或卵形，较疏松，具缺刻或有间断，分枝长可达 4 厘米；小穗长约 2.5 毫米（包括基盘），灰绿色或部分带紫色；颖长圆形，疏被短纤毛，先端 2 浅裂，芒从裂口处伸出，细直，微粗糙，长 1 ～ 3 毫米；外稃光滑，长约 1 毫米，先端具微齿，中脉延伸成长约 2 毫米而易脱落的芒；雄蕊 3，花药长 0.7 毫米。颖果呈椭圆形，1 面扁平，长约 1 毫米。花果期 4—9 月。

分　　布：分布于我国南北各地。生长于海拔 100 ～ 3 600 米的山坡、田边、潮湿处。

照片来源：长岛

禾本科 Gramineae

353

牛筋草 *Eleusine indica*

中文种名：牛筋草

拉丁学名：*Eleusine indica*

分类地位：被子植物门 / 百合纲 / 莎草目 / 禾本科 / 穇属

识别特征：一年生草本。根系极发达。秆丛生，基部倾斜，高 10 ~ 90 厘米。叶鞘两侧压扁而具脊，松弛，无毛或疏生疣毛；叶舌长约 1 毫米；叶片平展，线形，长 10 ~ 15 厘米，宽 3 ~ 5 毫米，无毛或上面被疣基柔毛。穗状花序 2 ~ 7 个指状着生于秆顶，很少单生，长 3 ~ 10

厘米，宽 3 ~ 5 毫米；小穗长 4 ~ 7 毫米，宽 2 ~ 3 毫米，含 3 ~ 6 朵小花；颖披针形，具脊，脊粗糙；第一颖长 1.5 ~ 2 毫米；第二颖长 2 ~ 3 毫米；第一外稃长 3 ~ 4 毫米，卵形，膜质，具脊，脊上有狭翼，内稃短于外稃，具 2 脊，脊上具狭翼。囊果卵形，长约 1.5 毫米，基部下凹，具明显的波状皱纹。鳞被 2 枚，折叠，具 5 脉。花果期 6—10 月。

分　　布：分布于我国南北各地。多生长于荒芜之地及道路旁。

照片来源：潍坊

渤海山东海域海洋保护区生物多样性图集

陆生植被

中文种名：鹅观草

拉丁学名：*Roegneria kamoji*

分类地位：被子植物门／百合纲／莎草目／禾本科／鹅观草属

识别特征：多年生草本。秆直立或基部倾斜，高30～100厘米。叶鞘外侧边缘常具纤毛；叶片扁平，长5～40厘米，宽3～13毫米。穗状花序长7～20厘米，弯曲或下垂；小穗绿色或带紫色，长13～25毫米（芒除外），含3～10小花；颖呈卵状披针形至长圆状

披针形，先端锐尖至具短芒（芒长2～7毫米），边缘为宽膜质，第一颖长4～6毫米，第二颖长5～9毫米；外稃披针形，具有较宽的膜质边缘，背部以及基盘近于无毛或仅基盘两侧具有极微小的短毛，上部具明显的5脉，脉上稍粗糙，第一外稃长8～11毫米，先端延伸成芒，芒粗糙，劲直或上部稍有曲折，长20～40毫米；内稃约与外稃等长，先端钝头，脊显著具翼，翼缘具有细小纤毛。

分　　布：除我国青海、西藏等地外，分布几遍及全国。多生长在海拔100～2 300米的山坡和湿润草地。

照片来源：潍坊

纤毛鹅观草 *Roegneria ciliaris*

中文种名：纤毛鹅观草

拉丁学名：*Roegneria ciliaris*

分类地位：被子植物门 / 百合纲 / 莎草目 / 禾本科 / 鹅观草属

识别特征：秆单生或成疏丛，直立，基部节常膝曲，高40～80厘米，平滑无毛，常被白粉。叶鞘无毛，稀基部叶鞘于接近边缘处具有柔毛；叶片扁平，长10～20厘米，宽3～10毫米，两面均无毛，边缘粗糙。穗状花序直立或多少下垂，长10～20厘米；小穗通常绿色，长15～22毫米（除芒外），含(6)7～12小花；颖椭圆状披针形，先端常具短尖头，两侧或1侧常具齿，具5～7脉，边缘与边脉上具有纤毛，第一颖长7～8毫米，第二颖长8～9毫米；外稃长圆状披针形，背部被粗毛，边缘具长而硬的纤毛，上部具有明显的5脉，通常在顶端两侧或1侧具齿，第一外稃长8～9毫米，顶端延伸成粗糙反曲的芒，长10～30毫米；内稃长为外稃的2/3，先端钝头，脊的上部具少许短小纤毛。

分　　布：在我国广为分布。生长于路旁或潮湿草地以及山坡上。

照片来源：潍坊

东瀛鹅观草 *Roegneria mayebarana*

中文种名：东瀛鹅观草

拉丁学名：*Roegneria mayebarana*

分类地位：被子植物门 / 百合纲 / 莎草目 / 禾本科 / 鹅观草属

识别特征：秆单生或成疏丛，直立或基部略倾斜，高 60 ~ 90 厘米。叶片质地较硬，扁平或边缘内卷，长 10 ~ 25 厘米，宽 4 ~ 8 毫米，两面粗糙或下面光滑。穗状花序直立或稍弯曲，长 8 ~ 20 厘米；小穗长 13 ~ 19 毫米（芒除外），含 5 ~ 8 朵小花；颖宽长圆状披针形，具 5 ~ 7 粗壮而密集的脉，脉上粗糙，先端具小尖头或具长约 3 毫米的短芒，边缘膜质；外稃长圆状披针形，有时先端两侧具有小裂片，背部平滑无毛，上部明显 5 脉，边缘具狭膜质，先端芒粗糙，直立，长 (1.2) 2 ~ 3 厘米；内稃与外稃等长或稍短，脊不具翼，上部具简短刺状纤毛。

分　　布：分布于我国山东、河南、湖北、江苏、安徽等地。多生长于路边或山坡草地。

照片来源：长岛

假苇拂子茅 *Calamagrostis pseudophragmites*

中文种名：假苇拂子茅

拉丁学名：*Calamagrostis pseudophragmites*

分类地位：被子植物门 / 百合纲 / 莎草目 / 禾本科 / 拂子茅属

识别特征：秆直立，高 40 ～ 100 厘米，径 1.5 ～ 4 毫米。叶鞘平滑无毛，或稍粗糙，短于节间，有时在下部者长于节间；叶舌膜质，长 4 ～ 9 毫米，长圆形，顶端钝而易破碎；叶片长 10 ～ 30 厘米，宽 1.5 ～ 5 (7) 毫米，扁平或内卷，上面及边缘粗糙，下面平滑。

圆锥花序长圆状披针形，疏松开展，长 10 ～ 20 (35) 厘米，宽 (2) 3 ～ 5 厘米，分枝簇生，直立，细弱，稍糙涩；小穗长 5 ～ 7 毫米，草黄色或紫色；颖线状披针形，成熟后张开，顶端长渐尖，不等长，第二颖较第一颖短 1/4 ～ 1/3，具 1 脉或第二颖具 3 脉，主脉粗糙；外稃透明膜质，长 3 ～ 4 毫米，具 3 脉，顶端全缘，稀微齿裂，芒自顶端或稍下伸出，细直，细弱，长 1 ～ 3 毫米，基盘的柔毛等长或稍短于小穗；内稃长为外稃的 1/3 ～ 2/3；雄蕊 3，花药长 1 ～ 2 毫米。花果期 7—9 月。

分　　布：分布于我国东北、华北、西北、四川、云南、贵州、湖北等地。生长于山坡草地或河岸阴湿之处。

照片来源：潍坊

狗尾草 *Setaria viridis*

中文种名：狗尾草

拉丁学名：*Setaria viridis*

分类地位：被子植物门 / 百合纲 / 莎草目 / 禾本科 / 狗尾草属

识别特征：一年生。秆直立或基部膝曲，高 10 ~ 100 厘米，基部径达 3 ~ 7 毫米。叶鞘松弛，无毛或疏具柔毛或疣毛，边缘具较长的密绵毛状纤毛；叶舌极短，缘有长 1 ~ 2 毫米的纤毛；叶片扁平，长三角状狭披针形或线状披针形，先端长渐尖或渐尖，基部钝圆形，长 4 ~ 30 厘米，宽 2 ~ 18 毫米，通常无毛或疏被疣毛，边缘粗糙。圆锥花序紧密呈圆柱状或基部稍疏离，直立或稍弯垂；小穗 2 ~ 5 个簇生于主轴上或更多的小穗着生在短小枝上，椭圆形，先端钝，长 2 ~ 2.5 毫米；第一颖卵形、宽卵形，长约为小穗的 1/3，先端钝或稍尖，具 3 脉；第二颖几与小穗等长，椭圆形，具 5 ~ 7 脉；第一外稃与小穗等长，具 5 ~ 7 脉，先端钝，其内稃短小狭窄；第二外稃椭圆形，顶端钝，具细点状皱纹，边缘内卷，狭窄；花柱基分离。颖果呈灰白色。花果期5—10 月。

分　　布：分布于我国各地。生长于海拔 4 000 米以下的荒野、道旁，为旱地作物常见的一种。

照片来源：潍坊

禾本科 Gramineae

金色狗尾草 *Setaria glauca*

中文种名：金色狗尾草

拉丁学名：*Setaria glauca*

分类地位：被子植物门 / 百合纲 / 莎草目 / 禾本科 / 狗尾草属

识别特征：一年生；单生或丛生。秆直立或基部倾斜膝曲，近地面节可生根，高 20 ~ 90 厘米，光滑无毛，仅花序下面稍粗糙。叶鞘下部扁压具脊，上部圆形，光滑无毛，边缘薄膜质，光滑无纤毛；叶舌具一圈长约 1 毫米的纤毛，叶片线状披针形或狭披针形，长 5 ~ 40 厘米，宽 2 ~ 10 毫米，先端长渐尖，基部钝圆，上面粗糙，下面光滑，近基部疏生长柔毛。圆锥花序紧密呈圆柱状或狭圆锥状，长 3 ~ 17 厘

米，宽 4 ~ 8 毫米（刚毛除外），直立，第一颖宽卵形或卵形，长为小穗的 1/3 ~ 1/2，先端尖，具 3 脉；第二颖宽卵形，长为小穗的 1/2 ~ 2/3，先端稍钝，具 5 ~ 7 脉，第一小花雄性或中性，第一外稃与小穗等长或微短，具 5 脉，其内稃膜质，等长且等宽于第二小花，具 2 脉，通常含 3 雄蕊或无；第二小花两性，外稃革质，等长于第一外稃。先端尖，成熟时，背部极隆起，具明显的横皱纹；花柱基部联合。花果期 6—10 月。

分　　布：分布于我国各地；生长于林边、山坡、路边和荒芜的园地及荒野。

照片来源：长岛

渤海山东海域海洋保护区生物多样性图集

陆生植被

中文种名：狗牙根

拉丁学名：*Cynodon dactylon*

分类地位：被子植物门 / 百合纲 / 莎草目 / 禾本科 / 狗牙根属

识别特征：低矮草本，具根茎。秆细而坚韧，下部匍匐地面蔓延甚长，节上常生不定根，直立部分高 10 ～ 30 厘米，直径 1 ～ 1.5 毫米，秆壁厚，光滑无毛，有时略两侧压扁。叶鞘微具脊，无毛或有疏柔毛，鞘口常具柔毛；叶舌仅为一轮纤毛；叶片线形，长 1 ～ 12 厘米，宽 1 ～ 3 毫米，通常两面无毛。穗状花序 (2) 3 ～ 5 (6) 枚，长 2 ～ 5 (6) 厘米；小穗灰绿色或带紫色，长 2 ～ 2.5 毫米，仅含 1 小花；颖长 1.5 ～ 2 毫米，第二颖稍长，均具 1 脉，背部成脊而边缘膜质；外稃舟形，具 3 脉，背部明显成脊，脊上被柔毛；内稃与外稃近等长，具 2 脉。鳞被上缘近截平；花药淡紫色；子房无毛，柱头紫红色。颖果呈长圆柱形。花果期 5—10 月。

分　　布：分布于我国黄河以南各地。多生长于村庄附近、道旁河岸、荒地山坡，其根茎蔓延力很强，广铺地面，为良好的固堤保土植物。

照片来源：长岛

虎尾草 *Chloris virgata*

中文种名： 虎尾草

拉丁学名： *Chloris virgata*

分类地位： 被子植物门／百合纲／莎草目／禾本科／虎尾草属

识别特征： 一年生草本。秆直立或基部膝曲，高 12～75 厘米，光滑无毛。叶鞘背部具脊，包卷松弛，无毛；叶舌长约 1 毫米，无毛或具纤毛；叶片线形，长 3～25 厘米，宽 3～6 毫米，两面无毛或边缘及上面粗糙。穗状花序 5 至 10 余枚，长 1.5～5 厘米，指状

着生于秆顶，常直立而并拢成毛刷状；小穗无柄，长约 3 毫米；颖膜质，1 条脉；第一颖长约 1.8 毫米，第二颖等长或略短于小穗；第一小花两性，外稃纸质，两侧压扁，呈倒卵状披针形，长 2.8～3 毫米，3 条脉，芒自背部顶端稍下方伸出，长 5～15 毫米；内稃膜质，略短于外稃，具 2 脊，脊上被微毛；基盘具长约 0.5 毫米的毛；第二小花不孕，长楔形，仅存外稃，长约 1.5 毫米，顶端截平或略凹，芒长 4～8 毫米，自背部边缘稍下方伸出。颖果呈纺锤形，淡黄色，光滑无毛而半透明。花果期 6—10 月。

分　　布： 遍布于我国各地。多生长于路旁荒野、河岸沙地、土墙及房顶上。

照片来源： 潍坊

小画眉草 *Eragrostis minor*

中文种名：小画眉草

拉丁学名：*Eragrostis minor*

分类地位：被子植物门 / 百合纲 / 莎草目 / 禾本科 / 画眉草属

识别特征：一年生。秆纤细，丛生，膝曲上升，高 15 ～ 50 毫米，具 3 ～ 4 节，节下具有一圈腺体。叶鞘较节间短，松裹茎，叶鞘脉上有腺体，鞘口有长毛；叶舌为一圈长柔毛，长 0.5 ～ 1 毫米；叶片线形，平展或卷缩，长 3 ～ 15 厘米，宽 2 ～ 4 毫米，下面光滑，上面粗糙并疏生柔毛，主脉及边缘都有腺体。圆锥花序开展而疏松，长 6 ～ 15 厘米，宽 4 ～ 6 厘米，每节一分枝，分枝平展或上举，腋间无毛，花序轴、小枝以及柄上都有腺体；小穗长圆形，长 3 ～ 8 毫米，宽 1.5 ～ 2 毫米，含 3 ～ 16 朵小花，绿色或深绿色；小穗柄长 3 ～ 6 毫米；颖锐尖，具 1 脉，脉上有腺点，第一颖长 1.6 毫米，第二颖长约 1.8 毫米；第一外稃长约 2 毫米，广卵形，先端圆钝，具 3 脉，侧脉明显并靠近边缘，主脉上有腺体；内稃长约 1.6 毫米，弯曲，脊上有纤毛，宿存；雄蕊 3，花药长约 0.3 毫米。颖果呈红褐色，近球形。花果期 6—9 月。

分　　布：产于我国各地。生长于荒芜田野，草地和路旁。

照片来源：潍坊

禾本科 Gramineae

朝鲜碱茅 *Puccinellia chinampoensis*

中文种名：朝鲜碱茅

拉丁学名：*Puccinellia chinampoensis*

分类地位：被子植物门／百合纲／莎草目／禾本科／碱茅属

识别特征：多年生。须根密集发达。秆丛生，直立或膝曲上升，高60～80厘米，直径约1.5毫米，具2～3节，顶节位于下部的1/3处。叶鞘灰绿色，无毛，顶生者长达15厘米；叶舌干膜质，长约1毫米；叶片线形，扁平或内卷，长4～9厘米，宽1.5～3毫米，上面微粗糙。圆锥花序疏松，金字塔形，长10～15厘米，宽5～8厘米，每节具3～5分枝；分枝斜上，花后开展或稍下垂，长6～8厘米，微粗糙，中部以下裸露；侧生小穗柄长约1毫米，微粗糙；小穗含5～7朵小花，长5～6毫米；颖先端与边缘具纤毛状细齿裂，第一颖长约1毫米，具1脉，第二颖长约1.4毫米，具3脉，先端钝；外稃长1.6～2毫米，具不明显的5脉，近基部沿脉生短毛，先端截平，具不整齐细齿裂，膜质，其下黄色，后带紫色；内稃等长或稍长于外稃，脊上部微粗糙，下部有少许柔毛；花药线形。颖果呈卵圆形。花果期6—8月。

分　　布：分布于我国黑龙江、吉林、辽宁、内蒙古、河北、山西、山东、江苏、安徽、青海、宁夏、新疆、甘肃。生长于较湿润的盐碱地和湖边、滨海的盐渍土上。

照片来源：长岛

渤海山东海域海洋保护区生物多样性图集

陆生植被

364

大穗结缕草 *Zoysia macrostachya*

中文种名：大穗结缕草

拉丁学名：*Zoysia macrostachya*

分类地位：被子植物门 / 百合纲 / 莎草目 / 禾本科 / 结缕草属

识别特征：多年生。具横走根茎；直立部分高 10 ~ 20 厘米，具多节，基部节上常残存枯萎的叶鞘；节间短，每节具 1 至数个分枝。叶鞘无毛，下部者松弛而互相跨覆，上部者紧密裹茎；

叶舌不明显，鞘口具长柔毛；叶片线状披针形，质地较硬，常内卷，长 1.5 ~ 4 厘米，宽 1 ~ 4 毫米。总状花序紧缩呈穗状，基部常包藏于叶鞘内，长 3 ~ 4 厘米，宽 5 ~ 10 毫米，穗轴具棱，小穗柄粗短，顶端扁宽而倾斜，具细柔毛；小穗黄褐色或略带紫褐色，长 6 ~ 8 毫米，宽约 2 毫米；第一颖退化，第二颖革质，长 6 ~ 8 毫米，具不明显的 7 脉，中脉近顶端处与颖离生而成芒状小尖头；外稃膜质，具 1 脉，长约 4 毫米；内稃退化；雄蕊 3，花药长约 2.5 毫米；花柱 2，柱头帚状。颖果呈卵状椭圆形，长约 2 毫米。花果期 6—9 月。

分　　布：分布于我国山东、江苏、安徽、浙江。生长于山坡或平地的砂质土壤或海滨沙地上。

照片来源：滨州

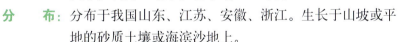

结缕草 *Zoysia japonica*

中文种名：结缕草

拉丁学名：*Zoysia japonica*

分类地位：被子植物门 / 百合纲 / 莎草目 / 禾本科 / 结缕草属

识别特征：多年生草本。具横走根茎，须根细弱。秆直立，高 15 ～ 20 厘米，基部常有宿存枯萎的叶鞘。叶鞘无毛，下部者松弛而互相跨覆，上部者紧密裹茎；

叶舌纤毛状，长约 1.5 毫米；叶片扁平或稍内卷，长 2.5 ～ 5 厘米，宽 2 ～ 4 毫米，表面疏生柔毛，背面近无毛。总状花序呈穗状，长 2 ～ 4 厘米，宽 3 ～ 5 毫米；小穗柄通常弯曲，长可达 5 毫米；小穗长 2.5 ～ 3.5 毫米，宽 1 ～ 1.5 毫米，卵形，淡黄绿色或带紫褐色，第一颖退化，第二颖质硬，略有光泽，具 1 脉，顶端钝头或渐尖，于近顶端处由背部中脉延伸成小刺芒；外稃膜质，长圆形，长 2.5 ～ 3 毫米；雄蕊 3，花丝短，花药长约 1.5 毫米；花柱 2，柱头帚状，开花时伸出稃体外。颖果呈卵形，长 1.5 ～ 2 毫米。花果期 5—8 月。

分　布：分布于我国东北、河北、山东、江苏、安徽、浙江、福建、台湾。生长于平原、山坡或海滨草地上。

照片来源：潍坊

渤海山东海域海洋保护区生物多样性图集

陆生植被

中华结缕草 *Zoysia sinica*

中文种名：中华结缕草

拉丁学名：*Zoysia sinica*

分类地位：被子植物门 / 百合纲 / 莎草目 / 禾本科 / 结缕草属

识别特征：多年生。具横走根茎。秆直立，高 13～30 厘米，茎部常具宿存枯萎的叶鞘。叶鞘无毛，长于或上部者短于节间，鞘口具长柔毛；叶舌短而不明显；叶片淡绿或灰绿色，背面色较淡，长可达 10 厘米，宽 1～3 毫米，无毛，质地稍坚硬，扁平或边缘内卷。总状花序穗形，小穗排列稍疏，长 2～4 厘米，宽 4～5 毫米，伸出叶鞘外；小穗披针形或卵状披针形，黄褐色或略带紫色，长 4～5 毫米，宽 1～1.5 毫米，具长约 3 毫米的小穗柄；颖光滑无毛，侧脉不明显，中脉近顶端与颖分离，延伸成小芒尖；外稃膜质，长约 3 毫米，具 1 明显的中脉；雄蕊 3，花药长约 2 毫米；花柱 2，柱头帚状。颖果呈棕褐色，长椭圆形，长约 3 毫米。花果期 5—10 月。

分　　布：分布于我国辽宁、河北、山东、江苏、安徽、浙江、福建、广东、台湾。生长于海边沙滩、河岸、路旁的草丛中。

照片来源：长岛

禾本科 Gramineae

367

羊 草 *Leymus chinensis*

中文种名：羊草

拉丁学名：*Leymus chinensis*

分类地位：被子植物门 / 百合纲 / 莎草目 / 禾本科 / 赖草属

识别特征：多年生，具下伸或横走根茎；须根具沙套。秆散生，直立，高 40 ～ 90 厘米，具 4 ～ 5 节。叶鞘光滑，基部残留叶鞘呈纤维状，枯黄色；叶舌截平，顶具裂齿，纸质，长 0.5 ～ 1 毫米；叶

片长 7 ～ 18 厘米，宽 3 ～ 6 毫米，扁平或内卷，上面及边缘粗糙，下面较平滑。穗状花序直立，长 7 ～ 15 厘米，宽 10 ～ 15 毫米；穗轴边缘具细小睫毛，节间长 6 ～ 10 毫米，最基部的节长可达 16 毫米；小穗长 10 ～ 22 毫米，含 5 ～ 10 小花，通常 2 朵生于 1 节，或在上端及基部者常单生，粉绿色，成熟时变黄；小穗轴节间光滑，长 1 ～ 1.5 毫米；颖锥状，长 6 ～ 8 毫米，等于或短于第一小花，不覆盖第一外稃的基部，质地较硬，具不显著 3 脉，背面中下部光滑，上部粗糙，边缘微具纤毛；外稃披针形，具狭窄膜质的边缘，顶端渐尖或形成芒状小尖头，背部具不明显的 5 脉，基盘光滑，第一外稃长 8 ～ 9 毫米；内稃与外稃等长，先端常微 2 裂，上半部脊上具微细纤毛或近于无毛。花果期 6—8 月。

分　　布：分布于我国东北、内蒙古、河北、山西、陕西、新疆等地。生长于平原绿洲。

照片来源：东营

芦　苇 *Phragmites australis*

中文种名：芦苇

拉丁学名：*Phragmites australis*

分类地位：被子植物门／百合纲／莎草目／禾本科／芦苇属

识别特征：多年生，根状茎十分发达。秆直立，高 1～3 (8) 米，直径 1～4 厘米，具 20 多节，基部和上部 的节间较短，最长节间位于下部第 4 至第 6 节，长 20～25 (40) 厘米，节下被蜡粉。叶鞘下部 者短于上部者，长于其节间；叶舌边缘密生一 圈长约 1 毫米的短纤毛，两侧缘毛长 3～5 毫米，易脱落；叶片披针状线形，长 30 厘米，宽 2 厘米，

无毛，顶端长渐尖成丝形。圆锥花序大型，长 20～40 厘米，宽约 10 厘米，分枝多数，长 5～20 厘米，着生稠密下垂的小穗；小穗柄长 2～4 毫米，无毛；小穗长约 12 毫米，含 4 花；颖 具 3 脉，第一颖长 4 毫米；第二颖长约 7 毫米；第一不孕外稃雄性，长约 12 毫米；第二外 稃长 11 毫米，具 3 脉，顶端长渐尖，基盘延长，两侧密生等长于外稃的丝状柔毛，与无 毛的小穗轴相连接处具明显关节，成熟后易自关节上脱落；内稃长约 3 毫米，两脊粗糙；雄蕊 3；颖果长约 1.5 毫米。

分　　布：分布于我国各地。生长于江河湖泽、池塘沟渠沿岸和低湿地。

照片来源：潍坊

禾本科 Gramineae

369

芦 竹 *Arundo donax*

中文种名：芦竹

拉丁学名：*Arundo donax*

分类地位：被子植物门 / 百合纲 / 莎草目 / 禾本科 / 芦竹属

识别特征：多年生，具发达根状茎。秆粗大直立，高
3～6米，直径 (1) 1.5～2.5 (3.5) 厘米，
坚韧，具多数节，常生分枝。叶鞘长于节
间，无毛或颈部具长柔毛；叶舌截平，长
约1.5毫米，先端具短纤毛；叶片扁平，长
30～50厘米，宽3～5厘米，上面与边缘
微粗糙，基部白色，抱茎。圆锥花序极大
型，长30～60 (90) 厘米，宽3～6厘米，
分枝稠密，斜升；小穗长10～12毫米；

含2～4小花，小穗轴节长约1毫米；外稃
中脉延伸成1～2毫米之短芒，背面中部以
下密生长柔毛，毛长5～7毫米，基盘长约
0.5毫米，两侧上部具短柔毛，第一外稃长约
1厘米；内稃长约为外稃之半；雄蕊3，颖果
细小黑色。花果期9—12月。

分　　布：分布于我国广东、海南、广西、贵州、云南、四川、湖南、江西、福建、台湾、浙江、江苏、
山东。生长于河岸道旁、砂质壤土上。

照片来源：潍坊

渤海山东海域海洋保护区生物多样性图集

陆生植被

370

马 唐 *Digitaria sanguinalis*

中文种名：马唐

拉丁学名：*Digitaria sanguinalis*

分类地位：被子植物门 / 百合纲 / 莎草目 / 禾本科 / 马唐属

识别特征：一年生。秆直立或下部倾斜，膝曲上升，高 10～80 厘米，直径 2～3 毫米，无毛或节生柔毛。叶鞘短于节间，无毛或散生疣基柔毛；叶舌长 1～3 毫米；叶片线状披针形，长 5～15 厘米，宽 4～12 毫米，基部圆形，边缘较厚，微粗糙，具柔毛或无毛。总状花序长 5～18 厘米，4～12 枚呈指状着生于长 1～2 厘米的主轴上；穗轴直伸或开展，两侧具宽翼，边缘粗糙；小穗椭圆状披针形，长 3～3.5 毫米；第一颖小，短三角形，无脉；第二颖具 3 脉，披针形，

长为小穗的 1/2 左右，脉间及边缘大多具柔毛；第一外稃等长于小穗，具 7 脉，中脉平滑，两侧的脉间距离较宽，无毛，边脉上具小刺状粗糙，脉间及边缘生柔毛；第二外稃近革质，灰绿色，顶端渐尖，等长于第一外稃；花药长约 1 毫米。花果期 6—9 月。

分　布：分布于我国西藏、四川、新疆、陕西、甘肃、山西、河北、河南及安徽等地。生长于路旁、田野，是一种优良牧草，但又是危害农田、果园的杂草。

照片来源：潍坊

禾本科 Gramineae

371

升马唐 *Digitaria ciliaris*

中文种名：升马唐

拉丁学名：*Digitaria ciliaris*

分类地位：被子植物门 / 百合纲 / 莎草目 / 禾本科 / 马唐属

识别特征：一年生。秆基部横卧地面，节处生根和分枝，高30～90厘米。叶鞘常短于其节间，多少具柔毛；叶舌长约2毫米；叶片线形或披针形，长5～20厘米，宽3～10毫米，上面散生柔毛，边缘稍厚，微粗糙。总状花序5～8，长5～12厘米，呈指状排列于茎顶；穗轴宽约1毫米，边缘粗糙；小穗披针形，长3～3.5毫米，孪生于穗轴之一侧；

小穗柄微粗糙，顶端截平；第一颖小，三角形；第二颖披针形，长约为小穗的2/3，具3脉，脉间及边缘生柔毛；第一外稃等长于小穗，具7脉，脉平滑，中脉两侧的脉间较宽而无毛，其他脉间贴生柔毛，边缘具长柔毛；第二外稃椭圆状披针形，革质，黄绿色或带铅色，顶端渐尖；等长于小穗。花药长0.5～1毫米。花果期5—10月。

分　　布：分布于我国南北各地。生长于路旁、荒野、荒坡，是一种优良牧草，但也是果园旱田中危害庄稼的主要杂草。

照片来源：潍坊

渤海山东海域海洋保护区生物多样性图集

陆生植被

大米草 *Spartina anglica*

中文种名：大米草

拉丁学名：*Spartina anglica*

分类地位：被子植物门 / 百合纲 / 莎草目 / 禾本科 / 米草属

识别特征：秆直立，分蘖多而密聚成丛，高约 10 ~ 120 厘米，直径 3 ~ 5 毫米，无毛。叶鞘大多长于节间，无毛，基部叶鞘常撕裂成纤维状而宿存；叶舌长约 1 毫米，具长约 1.5 毫米的白色纤毛；叶片线形，先端渐尖，基部圆形，两面无毛，长约 20 厘米，宽 8 ~ 10 毫米，中脉在上面不显著。穗状花序长 7 ~ 11 厘米，劲直而靠近主轴，先端常延伸成芒刺状，穗轴具 3 棱，无毛，2 ~ 6 枚总状着生于主轴上；小穗单生，长卵状披针形，疏生短柔毛，长 14 ~ 18 毫米，无柄，成熟时整个脱落；第一颖草质，先端长渐尖，长 6 ~ 7 毫米，具 1 脉；第二颖先端略钝，长 14 ~ 16 毫米，具 1 ~ 3 脉；外稃草质，长约 10 毫米，具 1 脉，脊上微粗糙；内稃膜质，长约 11 毫米，具 2 脉；花药黄色，长约 5 毫米，柱头白色羽毛状；子房无毛。颖果呈圆柱形，长约 10 毫米，光滑无毛。花果期 8—10 月。

分　　布：原产于欧洲。生长于潮水能经常到达的海滩沼泽中。

照片来源：潍坊

菵 草 *Beckmannia syzigachne*

中文种名：菵草

拉丁学名：*Beckmannia syzigachne*

分类地位：被子植物门 / 百合纲 / 莎草目 / 禾本科 / 菵草属

识别特征：一年生。秆直立，高 15 ～ 90 厘米，具 2 ～ 4 节。叶鞘无毛，多长于节间；叶舌透明膜质，长 3 ～ 8 毫米；叶片扁平，长 5 ～ 20 厘米，宽 3 ～ 10 毫米，粗糙或下面平滑。圆锥花序长 10 ～ 30 厘米，分枝稀疏，直立或斜升；小穗扁平，圆形，灰绿色，常含 1 小花，长约 3 毫米；颖草质，边缘质薄，白色，背部灰绿色，具淡色的横纹；外稃披针形，具 5 脉，常具伸出颖外之短尖头；花药黄色，长约 1 毫米。颖果呈黄褐色，长圆形，长约 1.5 毫米，先端具丛生短毛。花果期 4—10 月。

分　　布：分布于我国各地。生长于海拔 3 700 米以下之湿地，水沟边及浅的流水中。

照片来源：潍坊

渤海山东海域海洋保护区生物多样性图集

陆生植被

374

雀 麦 *Bromus japonicus*

中文种名： 雀麦

拉丁学名： *Bromus japonicus*

分类地位： 被子植物门 / 百合纲 / 莎草目 / 禾本科 / 雀麦属

识别特征： 一年生。秆直立，高 40 ~ 90 厘米。叶鞘闭合，被柔毛；叶舌先端近圆形，长 1 ~ 2.5 毫米；叶片长 12 ~ 30 厘米，宽 4 ~ 8 毫米，两面生柔毛。圆锥花序疏展，长 20 ~ 30 厘米，宽 5 ~ 10 厘米，具 2 ~ 8 分枝，向下弯垂；分枝细，长 5 ~ 10 厘米，上部着生 1 ~ 4 小穗；小穗黄绿色，密生 7 ~ 11 小花，长 12 ~ 20 毫米，宽约 5 毫米；颖近等长，脊粗糙，边缘膜质，第一颖长 5 ~ 7 毫米，具 3 ~ 5 脉，第二颖长 5 ~ 7.5 毫米，具 7 ~ 9 脉；外稃椭圆形，草质，边缘膜质，长 8 ~ 10 毫米，一侧宽约 2 毫米，具 9 脉，微粗糙，顶端钝三角形，芒自先端下部伸出，长 5 ~ 10 毫米，基部稍扁平，成熟后外弯；内稃长 7 ~ 8 毫米，宽约 1 毫米，两脊疏

生细纤毛；小穗轴短棒状，长约 2 毫米；花药长 1 毫米。颖果长 7 ~ 8 毫米。花果期 5—7 月。

分　　布： 分布于我国辽宁、内蒙古、河北、山西、山东、河南、陕西、甘肃、安徽、江苏、江西、湖南、湖北、新疆、西藏、四川、云南、台湾。生长于山坡林缘、荒野路旁、河漫滩湿地。

照片来源： 长岛

禾本科 Gramineae

苇状羊茅 *Festuca arundinacea*

中文种名： 苇状羊茅

拉丁学名： *Festuca arundinacea*

分类地位： 被子植物门 / 百合纲 / 莎草目 / 禾本科 / 羊茅属

识别特征： 多年生。植株较粗壮，秆直立，平滑无毛，高 80 ~ 100 厘米。叶鞘通常平滑无毛，稀基部粗糙；叶舌长 0.5 ~ 1 毫米，平截，纸质；叶片扁平，边缘内卷，上面粗糙，下面平滑，长 10 ~ 30 厘米，基生者长达 60 厘米，宽 4 ~ 8 毫米，基部具披针

形且镰形弯曲而边缘无纤毛的叶耳，叶横切面具维管束 11 ~ 21。圆锥花序疏松开展，长 20 ~ 30 厘米，分枝粗糙，下部 1/3 裸露，中、上部着生多数小穗；小穗绿色带紫色，成熟后呈麦秆黄色，长 10 ~ 13 毫米，含 4 ~ 5 小花；颖片披针形，顶端尖或渐尖，边缘宽膜质，第一颖具 1 脉，长 3.5 ~ 6 毫米，第二颖具 3 脉，长 5 ~ 7 毫米；外稃背部上部及边缘粗糙，顶端无芒或具短尖，第一外稃长 8 ~ 9 毫米；内稃稍短于外稃，两脊具纤毛；花药长约 4 毫米；子房顶端无毛；颖果长约 3.5 毫米。花期 7—9 月。

分　布： 分布于我国新疆，内蒙古、陕西、甘肃、青海、江苏等地，为引种栽培。生长于海拔 700 ~ 1200 米的河谷阶地、灌丛、林缘等潮湿处。

照片来源： 潍坊

渤海山东海域海洋保护区生物多样性图集

陆生植被

中文种名：东方羊茅

拉丁学名：*Festuca arundinacea* subsp. *orientalis*

分类地位：被子植物门 / 百合纲 / 莎草目 / 禾本科 / 羊茅属

识别特征：多年生。植株较粗壮，秆直立，平滑无毛，高 80 ～ 100 厘米。叶鞘通常平滑无毛，稀基部粗糙；叶舌长 0.5 ～ 1 毫米，平截，纸质；叶片扁平，边缘内卷，上面粗糙，下面平滑，长 10 ～ 30 厘米，基生者长达 60 厘米，宽 4 ～ 8 毫米，基部具披针形且镰形弯曲而边缘无纤毛的叶耳，

叶横切面具维管束 11 ～ 21 条。圆锥花序疏松开展，长 20 ～ 30 厘米，分枝粗糙，下部 1/3 裸露，中、上部着生多数小穗；小穗绿色带紫色，成熟后呈麦秆黄色，长 10 ～ 13 毫米，含 4 ～ 5 朵小花；颖片披针形，顶端尖或渐尖，边缘宽膜质，第一颖具 1 脉，长 3.5 ～ 6 毫米，第二颖具 3 脉，长 5 ～ 7 毫米；外稃背部上部及边缘粗糙，外稃芒长 0.7 ～ 2.5 (5) 毫米，第一外稃长 8 ～ 9 毫米；内稃稍短于外稃，两脊具纤毛；花药长约 4 毫米；子房顶端无毛；颖果长约 3.5 毫米。花期 7—9 月。

分　　布：分布于我国新疆。生长于海拔 500 ～ 2 400 米的林缘和潮湿的河谷草甸。

照片来源：长岛

禾本科 Gramineae

紫羊茅 *Festuca rubra*

中文种名： 紫羊茅

拉丁学名： *Festuca rubra*

分类地位： 被子植物门 / 百合纲 / 莎草目 / 禾本科 / 羊茅属

识别特征： 根茎短或具根头。疏丛或密丛，秆高 30 ～ 60 (70) 厘米，2 节。叶鞘粗糙；叶舌平截，具纤毛，长约 0.5 毫米，叶片对折或边缘内卷，稀扁平，两面平滑或上面被短毛，长 5 ～ 20 厘米，宽 1 ～ 2 毫米；叶横切面具维管束 7 ～ 11，厚壁组织束 9 ～ 11 (13)，与维管束相对，存在于下表皮内，边缘有 2 束，上表皮疏生毛。圆锥花序长 7 ～ 13 厘米；分枝粗糙，长 2 ～ 4 厘米，基部者长达 5 厘米，1/3 ～ 1/2 以下裸露。小穗淡绿色或深紫色，长 0.7 ～ 1 厘米；小穗轴节间长约 0.8 毫米，被短毛；颖片背部平滑或微粗糙，边缘窄膜质，先端渐尖，第一颖窄披针形，1 脉，长 2 ～ 3 毫米；第二颖宽披针形，3 脉，长 3.5 ～ 4.5 毫米。外稃背部平滑或粗糙或被毛，芒长 1 ～ 3 毫米，第一外稃长 4.5 ～ 5.5 毫米；内稃近等长于外稃，两脊上部粗糙；子房顶端无毛。花果期 6—9 月。

分　布： 分布于我国黑龙江、吉林、辽宁、河北、内蒙古、山西、陕西、甘肃、新疆、青海以及西南、华中大部分地区。生长于海拔 600 ～ 4 500 米的山坡草地、高山草甸、河滩、路旁、灌丛、林下等处。

照片来源： 长岛

渤海山东海域海洋保护区生物多样性图集

陆生植被

冰 草 *Agropyron cristatum*

中文种名：冰草

拉丁学名：*Agropyron cristatum*

分类地位：被子植物门/百合纲/莎草目/禾本科/冰草属

识别特征：秆成疏丛，上部紧接花序部分被短柔毛或无毛，高 20～60 (75) 厘米，有时分蘖横走或下伸成长达 10 厘米的根茎。叶片长 5～15 (20) 厘米，宽 2～5 毫米，质较硬而粗糙，常内卷，上面叶脉强烈隆起成纵沟，脉上密被微小短硬毛。穗状花序较粗壮，矩圆形或两端微窄，长 2～6 厘米，宽 8～15 毫米；小穗紧密平行排列成两行，整齐呈篦齿状，含 (3) 5～7 小花，长 6～9 (12) 毫米；颖呈舟形，脊上连同背部脉间被长柔毛，第一颖长 2～3 毫米，第二颖长 3～4 毫米，具略短于颖体的芒；外稃被有稠密的长柔毛或显著地被稀疏柔毛，顶端具短芒长 2～4 毫米；内稃脊上具短小刺毛。

分　　布：分布于我国东北、华北、内蒙古、甘肃、青海、新疆等地。生长于干燥草地、山坡、丘陵以及沙地。

照片来源：潍坊

禾本科 Gramineae

379

鸭 茅 *Dactylis glomerata*

中文种名：鸭茅

拉丁学名： *Dactylis glomerata*

分类地位：被子植物门/百合纲/莎草目/禾本科/鸭茅属

识别特征：多年生。秆直立或基部膝曲，单生或少数丛生，高40～120厘米。叶鞘无毛，通常闭合达中部以上；叶舌薄膜质，长4～8毫米，顶端撕裂；叶

片扁平，边缘或背部中脉均粗糙，长(6) 10～30厘米，宽4～8毫米。圆锥花序开展，长5～15厘米，分枝单生或基部者稀可孪生，长(3) 5～15厘米，伸展或斜向上升，1/2以下裸露，平滑；小穗多聚集于分枝上部，含2～5花，长5～7 (9)毫米，绿色或稍带紫色；颖片披针形，先端渐尖，长4～5 (6.5)毫米，边缘膜质，中脉稍凸出成脊，脊粗糙或具纤毛；外稃背部粗糙或被微毛，脊具细刺毛或具稍长的纤毛，顶端具长约1毫米的芒，第一外稃近等长于小穗；内稃狭窄，约等长于外稃，具2脊，脊具纤毛；花药长约2.5毫米。花果期5—8月。

分　　布：分布于我国西南、西北等地。生长于海拔1 500～3 600米的山坡、草地、林下。在河北、河南、山东、江苏等地有栽培或因引种而逸为野生。

照片来源：长岛

渤海山东海域海洋保护区生物多样性图集

陆生植被

獐毛 *Aeluropus sinensis*

中文种名：獐毛

拉丁学名：*Aeluropus sinensis*

分类地位：被子植物门 / 百合纲 / 莎草目 / 禾本科 / 獐毛属

识别特征：多年生。秆直立或斜歪，通常有长匍匐枝，秆高 15 ～ 35 厘米，径 1.5 ～ 2 毫米，具多节，节处密生柔毛，叶鞘鞘口常有柔毛，其余部分无毛或近基部有柔毛；叶舌截平，长约 0.5 毫米；叶片无毛，通常扁平，长 3 ～ 6 厘米，宽 3 ～ 6 毫米。圆锥花序穗形，其上分枝密接而重叠，长 2 ～ 5 厘米，宽 0.5 ～ 1.5 厘米；小穗长 4 ～ 6 毫米，有 4 ～ 6 小花，颖及外稃均无毛，或仅背脊粗糙，第一颖长约 2 毫米，第二颖长约 3 毫米，第一外稃长约 3.5 毫米。花果期 5—8 月。

分　　布：分布于我国东北、河北、山东、江苏诸省沿海一带以及河南、山西、甘肃、宁夏、内蒙古、新疆等地；生于海岸边至海拔 3 200 米的内陆盐碱地。

照片来源：滨州

禾本科 Gramineae

381

白 茅 *Imperata cylindrica*

中文种名：白茅

拉丁学名：*Imperata cylindrica*

分类地位：被子植物门/百合纲/莎草目/禾本科/白茅属

识别特征：多年生，具粗壮的长根状茎。秆直立，高30～80厘米，具1～3节，节无毛。叶鞘聚集于秆基，甚长于其节间，质地较厚；叶舌膜质，长约2毫米，紧贴其背部或鞘口具柔毛，分蘖叶片长约20厘米，宽约8毫米，扁平，质地较薄；秆生叶片长1～3厘米，窄线形，通常内卷，顶端渐尖呈刺状，下部渐窄，或具柄，质硬，被有白粉，基部上面具柔毛。圆锥花序稠密，长20厘米，宽达3厘米，小穗长4.5～5(6)毫米；两颖草质及边缘膜质，近相等，具5～9脉，顶端渐尖或

稍钝，常具纤毛，第一外稃卵状披针形，长为颖片的2/3，透明膜质，无脉，顶端尖或齿裂，第二外稃与其内稃近相等，长约为颖之半，卵圆形，顶端具齿裂及纤毛；雄蕊2；花柱细长，基部多少连合，柱头2，紫黑色，羽状，自小穗顶端伸出。颖果呈椭圆形，长约1毫米。花果期4—6月。

分　布：分布于我国辽宁、河北、山西、山东、陕西、新疆等北方地区。生长于低山带平原河岸草地、砂质草甸、荒漠与海滨。

照片来源：潍坊

渤海山东海域海洋保护区生物多样性图集

陆生植被

382

中文种名：黑麦草

拉丁学名：*Lolium perenne*

分类地位：被子植物门／百合纲／莎草目／禾本科／黑麦草属

识别特征：多年生，具细弱根状茎。秆丛生，高30～90厘米，具3～4节，质软，基部节上生根。叶舌长约2毫米；叶片线形，长5～20厘米，宽3～6毫米，柔软，具微毛，有时具叶耳。穗形穗状花序直立或稍弯，

长10～20厘米，宽5～8毫米；小穗轴节间长约1毫米，平滑无毛；颖呈披针形，为其小穗长的1/3，具5脉，边缘狭膜质；外稃长圆形，草质，长5～9毫米，具5脉，平滑，基盘明显，顶端无芒，或上部小穗具短芒，第一外稃长约7毫米；内稃与外稃等长，两脊生短纤毛。颖果长约为宽的3倍。花果期5—7月。

分　　布：为我国各地普遍引种栽培的优良牧草。生长于草甸草场，常见于路旁湿地。

照片来源：潍坊

禾本科 Gramineae

中文种名：看麦娘

拉丁学名：*Alopecurus aequalis*

分类地位：被子植物门 / 百合纲 / 莎草目 / 禾本科 / 看麦娘属

识别特征：一年生。秆少数丛生，细瘦，光滑，节处常膝曲，高 15～40 厘米。叶鞘光滑，短于节间；叶舌膜质，长 2～5 毫米；叶片扁平，长 3～10 厘米，宽 2～6 毫米。圆锥花序圆柱状，灰绿色，长 2～7 厘米，宽 3～6 毫米；小穗椭圆形或卵状长圆形，长 2～3 毫米；颖膜质，基部互相连合，具 3 脉，脊上有细纤毛，侧脉下部有短毛；外稃膜质，先端钝，等大或稍长于颖，下部边缘互相连合，芒长 1.5～3.5 毫米，约于稃体下部的 1/4 处伸出，隐藏或稍外露；花药橙黄色，长 0.5～0.8 毫米。颖果长约 1 毫米。花果期 4—8 月。

分　布：分布于我国大部分省市自治区。生长于海拔较低之田边及潮湿之地。

照片来源：长岛

香蒲科 Typhaceae

　　多年生，沼生、水生或湿生草本。根状茎横走，须根多。地上茎直立，粗壮或细弱。叶二列，互生；鞘状叶很短，基生，先端尖；条形叶直立，或斜上，全缘，边缘微向上隆起，先端钝圆至渐尖，中部以下腹面渐凹，背面平突至龙骨状凸起，横切面呈新月形、半圆形或三角形；叶脉平行，中脉背面隆起或否；叶鞘长，边缘膜质，抱茎，或松散。花单性，雌雄同株，花序穗状；雄花序生于上部至顶端，花期时比雌花序粗壮，花序轴具柔毛，或无毛；雌性花序位于下部，与雄花序紧密相接，或相互远离；苞片叶状，着生于雌雄花序基部，亦见于雄花序中；雄花无被，通常由 1～3 雄蕊组成，花药矩圆形或条形，2 室，纵裂，花粉粒单体，或四合体，纹饰多样；雌花无被，具小苞片，或无，子房柄基部至下部具白色丝状毛；孕性雌花子房上位，1 室，胚珠 1，倒生；柱头单侧；不孕雌花子房柄不等长，无花柱，柱头不发育。果实呈纺锤形、椭圆形，果皮膜质，透明，或灰褐色，具条形或圆形斑点。种子呈椭圆形，褐色或黄褐色，光滑或具凸起，含 1 枚肉质或粉状的内胚乳，胚轴直，胚根肥厚。

　　本科仅 1 属，约 15 种，分布于温带和热带地区。我国约有 10 种，南北地区广泛分布，以温带地区种类较多。

　　山东渤海海洋生态保护区共发现本科植物 1 属，共 3 种。

小香蒲 *Typha minima*

中文种名：小香蒲

拉丁学名：*Typha minima*

分类地位：被子植物门 / 百合纲 / 香蒲目 / 香蒲科 / 香蒲属

识别特征：多年生沼生或水生草本。地上茎直立，细弱，矮小，高 16 ～ 65 厘米。叶通常基生，鞘状，无叶片，如叶片存在，长 15 ～ 40 厘米，

宽 1 ～ 2 毫米，短于花葶，叶鞘边缘膜质，叶耳向上伸展，长 0.5 ～ 1 厘米。雌雄花序远离，雄花序长 3 ～ 8 厘米，花序轴无毛，基部具 1 枚叶状苞片，长 4 ～ 6 厘米，宽 4 ～ 6 毫米，花后脱落；雌花序长 1.6 ～ 4.5 厘米，叶状苞片明显宽于叶片。雄花无被，通常雄蕊 1 枚单生，有时 2 ～ 3 枚合生，基部具短柄，向下渐宽，花药长 1.5 毫米，花粉粒成四合体；雌花具小苞片；孕性雌花柱头条形，花柱长约 0.5 毫米，子房长 0.8 ～ 1 毫米，纺锤形，子房柄纤细；不孕雌花子房倒圆锥形；白色丝状毛先端膨大呈圆形，着生于子房柄基部，或向上延伸，与不孕雌花及小苞片近等长，均短于柱头。小坚果呈椭圆形，纵裂，果皮膜质。种子呈黄褐色，椭圆形。花果期 5—8 月。

分　布：分布于我国黑龙江、吉林、辽宁、内蒙古、河北、河南、山东、山西、陕西、甘肃、新疆、湖北、四川等地。生长于池塘、水泡子、水沟边浅水处，亦常见于一些水体干枯后的湿地及低洼处。

照片来源：潍坊

渤海山东海域海洋保护区生物多样性图集

陆生植被

长苞香蒲 *Typha angustata*

中文种名：长苞香蒲

拉丁学名：*Typha angustata*

分类地位：被子植物门 / 百合纲 / 香蒲目 / 香蒲科 / 香蒲属

识别特征：多年生水生或沼生草本。根状茎粗壮，乳黄色，先端白色。地上茎直立，高 0.7 ～ 2.5 米，粗壮。叶片长 40 ～ 150 厘米，宽 0.3 ～ 0.8 厘米，上部扁平，中部以下背面逐渐隆起，下部横切面呈半圆形，细胞间隙大，海绵状；叶鞘很长，抱茎。雌雄花序远离；雄花序长 7 ～ 30 厘米，花序轴具弯曲柔毛，先端齿裂或否，叶状苞片 1 ～ 2 枚，长约 32 厘米，宽约 8 毫米，与雄花先后脱落；雌花序位于下部，长 4.7 ～ 23 厘米，叶状苞片比叶宽，花后脱落；雄花通常由 3 枚雄蕊组成，稀 2 枚；雌花具小苞片；孕性雌花柱头长 0.8 ～ 1.5 毫米，宽条形至披针形，比花

柱宽；不孕雌花子房长 1 ～ 1.5 毫米，近于倒圆锥形，具褐色斑点。小坚果呈纺锤形，长约 1.2 毫米，纵裂，果皮具褐色斑点。种子黄褐色，长约 1 毫米。花果期 6—8 月。

分　　布：分布于我国黑龙江、吉林、辽宁、内蒙古、河北、河南、山东、山西、陕西、甘肃、新疆、江苏、江西、贵州、云南等地。生长于湖泊、河流、池塘浅水处，沼泽、沟渠亦常见。

照片来源：东营

香蒲科 Typhaceae

中文种名：水烛

拉丁学名：*Typha angustifolia*

分类地位：被子植物门 / 百合纲 / 香蒲目 / 香蒲科 / 香蒲属

识别特征：多年生，水生或沼生草本。根状茎乳黄色、灰黄色，先端白色。地上茎直立，粗壮，高约 1.5 ~ 2.5 (3) 米。叶片长 54 ~ 120 厘米，宽 0.4 ~ 0.9 厘米，上部扁平，中部以下腹面微凹，背面向下逐渐隆起呈凸形，下部横切面呈半圆形，细胞间隙大，呈海绵状；叶鞘抱茎。雌雄花序相距 2.5 ~ 6.9 厘米；雄花序轴具褐色扁柔毛，单出，或分叉；叶状苞片 1 ~ 3 枚，花后脱落；雌花序长 15 ~ 30 厘米，基部具 1 枚叶状苞片，通常比叶片宽，花后脱落；雄花由 3 枚雄蕊合生，有时 2 枚或 4 枚组成；雌花具小苞片；孕性雌花柱头窄条形或披针形，子房纺锤形，具褐色斑点；不孕雌花子房倒圆锥形，具褐色斑点。小坚果呈长椭圆形，长约 1.5 毫米，具褐色斑点，纵裂。种子呈深褐色，长约 1 ~ 1.2 毫米。花果期 6—9 月。

分　布：分布于我国黑龙江、吉林、辽宁、内蒙古、河北、山东、河南、陕西、甘肃、新疆、江苏、湖北、云南、台湾等地。生长于湖泊、河流、池塘浅水处，水深稀达 1 米或更深，沼泽、沟渠亦常见，当水体干枯时可生长于湿地及地表龟裂环境中。

照片来源：东营

百合科 Liliaceae

多年生草本，稀亚灌木、灌木或乔木状。直立或攀援，常具根状茎、块茎或鳞茎。叶基生或茎生，后者多互生，稀对生或轮生，常具弧形平行脉，极稀具网状脉。花两性，稀单性异株或杂性，常辐射对称，稀稍两侧对称；花被片 6，稀 4 或多枚，离生或多少合生成筒，呈花冠状；雄蕊常与花被片同数，花丝离生或贴生花被筒，花药基着或丁字着生，药室 2，纵裂，稀合成一室而横缝开裂；心皮合生或多少离生；子房上位，稀半下位，3 室（稀 1、2、4、5 室），中轴胎座，侧膜胎座，每室 1 至多颗倒生胚珠。蒴果或浆果，稀坚果。种子具丰富胚乳，胚小。

本科约 230 属 3 500 多种，全球分布，但以温带和亚热带地区最为丰富。我国 60 属，近 600 种，遍布全国。

山东渤海海洋生态保护区共发现本科植物 4 属，共 5 种。

山　丹 *Lilium pumilum*

中文种名：山丹

拉丁学名：*Lilium pumilum*

分类地位：被子植物门 / 百合纲 / 百合目 / 百合科 / 百合属

识别特征：鳞茎卵形或圆锥形，高 2.5 ~ 4.5 厘米，直径 2 ~ 3 厘米；鳞片矩圆形或长卵形，长 2 ~ 3.5 厘米，宽 1 ~ 1.5 厘米，白色。茎高 15 ~ 60 厘米，有小乳头状凸起，有的带紫色条纹。叶散生于茎中部，条形，长 3.5 ~ 9 厘米，宽 1.5 ~ 3 毫米，

中脉下面突出，边缘有乳头状凸起。花单生或数朵排成总状花序，鲜红色，通常无斑点，有时有少数斑点，下垂；花被片反卷，长 4 ~ 4.5 厘米，宽 0.8 ~ 1.1 厘米，蜜腺两边有乳头状凸起；花丝长 1.2 ~ 2.5 厘米，无毛，花药长椭圆形，长约 1 厘米，黄色，花粉近红色；子房圆柱形，长 0.8 ~ 1 厘米；花柱稍长于子房或长 1 倍多，长 1.2 ~ 1.6 厘米，柱头膨大，直径 5 毫米，3 裂。蒴果呈矩圆形，长 2 厘米，宽 1.2 ~ 1.8 厘米。花期 7—8 月，果期 9—10 月。

分　　布：分布于我国河北、河南、山西、陕西、宁夏、山东、青海、甘肃、内蒙古、黑龙江、辽宁和吉林。生长于山坡草地或林缘。

照片来源：长岛

韭 *Allium tuberosum*

中文种名：韭

拉丁学名：*Allium tuberosum*

分类地位：被子植物门 / 百合纲 / 百合目 / 百合科 / 葱属

识别特征：具倾斜的横生根状茎。鳞茎簇生，近圆柱状；鳞茎外皮暗黄色至黄褐色，破裂成纤维状，呈网状或近网状。叶条形，扁平，实心，比花葶短，边缘平滑。花葶圆柱状，常具2纵棱，下部被叶鞘；总苞单侧开裂，或2～3裂，宿存；伞形花序半球状或近球状，具多但较稀疏的花；小花梗近等长，比花被片长2～4倍，基部具小苞片，且数枚小花梗的基部又为1枚共同的苞片所包围；花白色；花被片常具绿色或黄绿色的中脉，内轮的矩圆状倒卵形，稀为矩圆状卵形，先端具短尖头或钝圆；外轮的常较窄，矩圆状卵形至矩圆状披针形，先端具短尖头；花丝等长，为花被片长度的2/3～4/5，基部合生并与花被

片贴生，分离部分狭三角形，内轮的稍宽；子房呈倒圆锥状球形，具3圆棱，外壁具细的疣状凸起。花果期7—9月。

分　　布：原产于亚洲东南部地区。现在世界上已普遍栽培。我国广泛栽培，亦有野生植株，北方地区的为野化植株。

照片来源：潍坊

百合科 Liliaceae

391

中文种名：薤白

拉丁学名：*Allium macrostemon*

分类地位：被子植物门 / 百合纲 / 百合目 / 百合科 / 葱属

识别特征：鳞茎近球状，基部常具小鳞茎；鳞茎外皮带黑色，纸质或膜质，不破裂，叶3～5，半圆柱状，或因背部纵棱发达而为三棱状半圆柱形，中空，上面具沟槽，比花葶短。花葶圆柱状，高30～70厘米，1/4～1/3被叶鞘；总苞2

裂，比花序短；伞形花序半球状至球状，具多而密集的花，或间具珠芽或有时全为珠芽；小花梗近等长，比花被片长3～5倍，基部具小苞片；珠芽暗紫色，基部亦具小苞片；花淡紫色或淡红色；花被片矩圆状卵形至矩圆状披针形，内轮的常较狭；花丝等长，比花被片稍长直到比其长1/3，在基部合生并与花被片贴生，分离部分的基部呈狭三角形扩大，向上收狭成锥形，内轮的基部约为外轮基部宽的1.5倍；子房近球状，腹缝线基部具有帘的凹陷蜜穴；花柱伸出花被外。花果期5—7月。

分　布：除我国新疆、青海外，全国各地均有分布。生长于海拔1 500米以下的山坡、丘陵、山谷或草地上，极少数地区在海拔3 000米的山坡上也有。

照片来源：长岛

凤尾丝兰 *Yucca gloriosa*

中文种名：凤尾丝兰

拉丁学名：*Yucca gloriosa*

分类地位：被子植物门 / 百合纲 / 百合目 / 百合科 / 丝兰属

识别特征：常绿灌木。株高 50 ～ 150 厘米，具茎，有时分枝，叶密集，螺旋排列茎端，质坚硬，有白粉，剑形，长 40 ～ 70 厘米，扁平，顶端硬尖，边缘光滑，老叶有时具疏丝。两性花，总状圆锥花序顶生，花序梗长，

花茎从叶丛中抽出，圆锥花序高 1 米多，花乳白色，常带红晕，伸展；花被漏斗状、钟形，悬垂，花被 6，卵状菱形；雄蕊 6，3 浅裂；蒴果干质，下垂，呈椭圆状卵形，不开裂。花期 6—10 月。

分　　布：原产于北美东部及东南部地区。温暖地区广泛露地栽培。

照片来源：潍坊

百合科 Liliaceae

攀援天门冬 *Asparagus brachyphyllus*

中文种名：攀援天门冬

拉丁学名：*Asparagus brachyphyllus*

分类地位：被子植物门 / 百合纲 / 百合目 / 百合科 / 天门冬属

识别特征：攀援植物。块根肉质，近圆柱状，粗 7 ～ 15 毫米。茎近平滑，长 20 ～ 100 厘米，分枝具纵凸纹，通常有软骨质齿。叶状枝每 4 ～ 10 枚成簇，近扁的圆柱形，略有几条棱，伸直或弧曲，长 4 ～ 12 (20) 毫米，粗约 0.5 毫米，有软骨质齿，较少齿不明显；鳞片状叶基部有长 1 ～ 2 毫米的刺状短距，有时距不明显。通常花每 2 ～ 4 朵腋生，淡紫褐色；花梗长 3 ～ 6 毫米，关节位于近中部；雄花花被长 7 毫米；花丝中部以下贴生于花被片上；雌花较小，花被长约 3 毫米。浆果直径 6 ～ 7

毫米，熟时红色，通常有 4 ～ 5 粒种子。花期 5—6 月，果期 8 月。

分　布：分布于我国吉林、辽宁、河北（北部）、山西（中部至北部）、陕西（北部）和宁夏（贺兰山以东）。生长于海拔 800 ～ 2 000 米的山坡、田边或灌丛中。

照片来源：滨州

渤海山东海域海洋保护区生物多样性图集

陆生植被

鸢尾科 Iridaceae

多年生、稀一年生草本。地下部分通常具根状茎、球茎或鳞茎。叶多基生，少为互生，条形、剑形或为丝状，基部呈鞘状，互相套叠，具平行脉。大多数种类只有花茎，少数种类有分枝或不分枝的地上茎。花两性，色泽鲜艳美丽，辐射对称，少为左右对称，单生、数朵簇生或多花排列成总状、穗状、聚伞及圆锥花序；花或花序下有 1 至多个草质或膜质的苞片，簇生、对生、互生或单一；花被裂片 6，两轮排列，内轮裂片与外轮裂片同形等大或不等大，花被管通常为丝状或喇叭形；雄蕊 3，花药多外向开裂；花柱 1，上部多有 3 个分枝，分枝圆柱形或扁平呈花瓣状，柱头 3 ~ 6，子房下位，3 室，中轴胎座，胚珠多数。蒴果，成熟时室背开裂；种子多数，半圆形或为不规则的多面体，少为圆形，扁平，表面光滑或皱缩，常有附属物或小翅。

本科约有 60 属 800 种，广泛分布于全世界的热带、亚热带及温带地区，分布中心在非洲南部及美洲热带地区；我国产 11 属 71 种 13 变种 5 变型，多数分布于西南、西北及东北各地。

山东渤海海洋生态保护区共发现本科植物 1 属，共 1 种。

黄菖蒲 *Iris pseudacorus*

中文种名：黄菖蒲

拉丁学名：*Iris pseudacorus*

分类地位：被子植物门 / 百合纲 / 百合目 / 鸢尾科 / 鸢尾属

识别特征：多年生草本，基部围有少量老叶残留的纤维。根状茎粗壮，直径可达 2.5 厘米，斜伸。基生叶灰绿色，宽剑形，长 40 ～ 60 厘米，宽 1.5 ～ 3 厘米，顶端渐尖，基部鞘状，色淡，中脉较明显。花茎粗壮，高 60 ～ 70 厘米，直径 4 ～ 6 毫米，有明显的纵棱，上部分枝，茎生叶比基生叶短而窄；苞片 3 ～ 4 枚，膜质，绿色，披针形，长 6.5 ～ 8.5 厘米，宽

1.5 ～ 2 厘米，顶端渐尖；花黄色，直径 10 ～ 11 厘米；花梗长 5 ～ 5.5 厘米；花被管长 1.5 厘米，外花被裂片呈卵圆形或倒卵形，长约 7 厘米，宽 4.5 ～ 5 厘米，爪部狭楔形，中央下陷呈沟状，有黑褐色的条纹，内花被裂片较小，倒披针形，直立，长 2.7 厘米，宽约 5 毫米；雄蕊长约 3 厘米，花丝黄白色，花药黑紫色；花柱分枝淡黄色，顶端裂片半圆形，边缘有疏牙齿，子房绿色，三棱状柱形。花期 5 月，果期 6—8 月。

分　　布：原产于欧洲。我国各地常见栽培。喜生长于河湖沿岸的湿地或沼泽地上。

照片来源：潍坊

渤海山东海域海洋保护区生物多样性图集

陆生植被

索　引

渤海山东海域海洋保护区生物多样性图集

陆生植被

索
引

渤海山东海域海洋保护区生物多样性图集

陆生植被

索
引

渤海山东海域海洋保护区生物多样性图集

陆生植被

索
引

渤海山东海域海洋保护区生物多样性图集

陆生植被

索引

渤海山东海域海洋保护区生物多样性图集

陆
生
植
物